变电站电能计量及采集技能培训教材

王兴昌　主　编

刘喆　江瑞敬　袁龙　副主编

中国电力出版社
CHINA ELECTRIC POWER PRESS

内 容 提 要

为通过变电站电量采集系统实现电能量数据的精准计量与高效管理，保障电力系统安全经济运行，本书作者以河北电网变电站电量采集系统为实践蓝本，编写了《变电站电能计量及采集技能培训教材》。

本书分为 6 章，分别为概况、变电站电能表基础知识、变电站电能采集终端介绍、变电站电能计量系统、数据通信与传输规约、采集设备安装及调试。

本书可供从事电能量数据计量的管理人员和技术人员参考使用，也可供相关专业师生学习参考。

图书在版编目（CIP）数据

变电站电能计量及采集技能培训教材 / 王兴昌主编；
刘喆，江瑞敬，袁龙副主编. -- 北京：中国电力出版社，
2025.8. -- ISBN 978-7-5239-0224-0

Ⅰ. TM933.4

中国国家版本馆 CIP 数据核字第 2025J4Y529 号

出版发行：中国电力出版社
地　　址：北京市东城区北京站西街 19 号（邮政编码 100005）
网　　址：http://www.cepp.sgcc.com.cn
责任编辑：周秋慧　胡　帅（010-63412821）
责任校对：黄　蓓　王小鹏
装帧设计：王红柳
责任印制：石　雷

印　　刷：三河市万龙印装有限公司
版　　次：2025 年 8 月第一版
印　　次：2025 年 8 月北京第一次印刷
开　　本：787 毫米×1092 毫米　16 开本
印　　张：13.25
字　　数：282 千字
定　　价：86.00 元

《变电站电能计量及采集技能培训教材》
编　委　会

主　　编　王兴昌

副主编　刘　喆　江瑞敬　袁　龙

编写人员　张　艳　孙亚丽　王金芷　孟睿铮　代天培

郑兴超　张　丹　邢　凯　张　硕　孙梦雪

杨　芮　孙　瑞　胡　波　王小沛　李建湖

闫树浩

随着智能电网建设进程的加速，电能量数据的精准计量与高效管理成为保障电力系统安全经济运行的核心需求。变电站电量采集（TMR）系统作为电力行业的关键基础设施，通过整合电能量计量主站、厂站端采集终端及通信信道，实现了电网数据的全采集、全存储与深度分析。TMR 系统为电力市场交易、线损考核、电能质量监测及分布式能源接入提供了坚实的数据基础，是支撑新型电力系统数字化转型的重要技术手段。

本书以河北电网 TMR 系统为实践蓝本，系统阐述了 TMR 系统的物理架构与软件架构。第 1 章阐述 TMR 系统架构及功能，第 2 章深度剖析智能电能表的工作原理和型号分类规则，第 3 章讲解变电站电能采集终端通用要求及主流厂家的采集终端，第 4 章阐述 TMR 系统各个功能模块，第 5 章介绍数据通信与传输规约，第 6 章讲述河北电网实际采集设备调试及安装的步骤和要求。

本书凝聚了国网河北省电力有限公司计量专业团队十余年的实践经验，力求为读者呈现一套完整、前沿的变电站电量采集技术体系，助力我国智能电网建设迈向更高发展阶段。

本书编写过程中得到国家电网有限公司专家团队的技术指导，以及多家电力科研院所的案例支持，在此致以诚挚的谢意。

由于编者水平有限，书中疏漏之处恳请读者指正。

编写组

2025 年 5 月

前言

目
录

目录

目录

目录

1 概况

变电站电量采集系统是一种用于厂站电能数据计量、自动采集、远程传输、存储、预处理和统计分析的信息系统，简称 TMR 系统。TMR 系统通用构架图如图 1-1 所示，河北电网 TMR 系统物理构架图如图 1-2 所示，河北电网 TMR 系统软件构架图如图 1-3 所示。

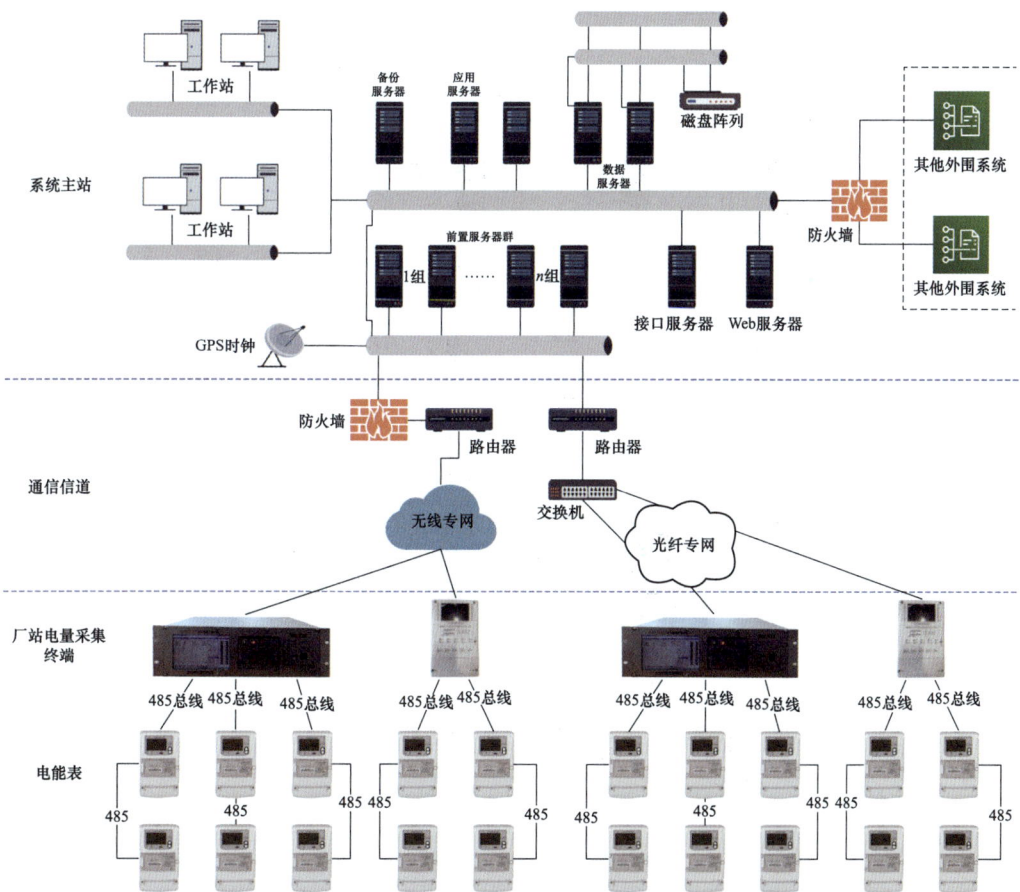

图 1-1　TMR 系统通用构架图

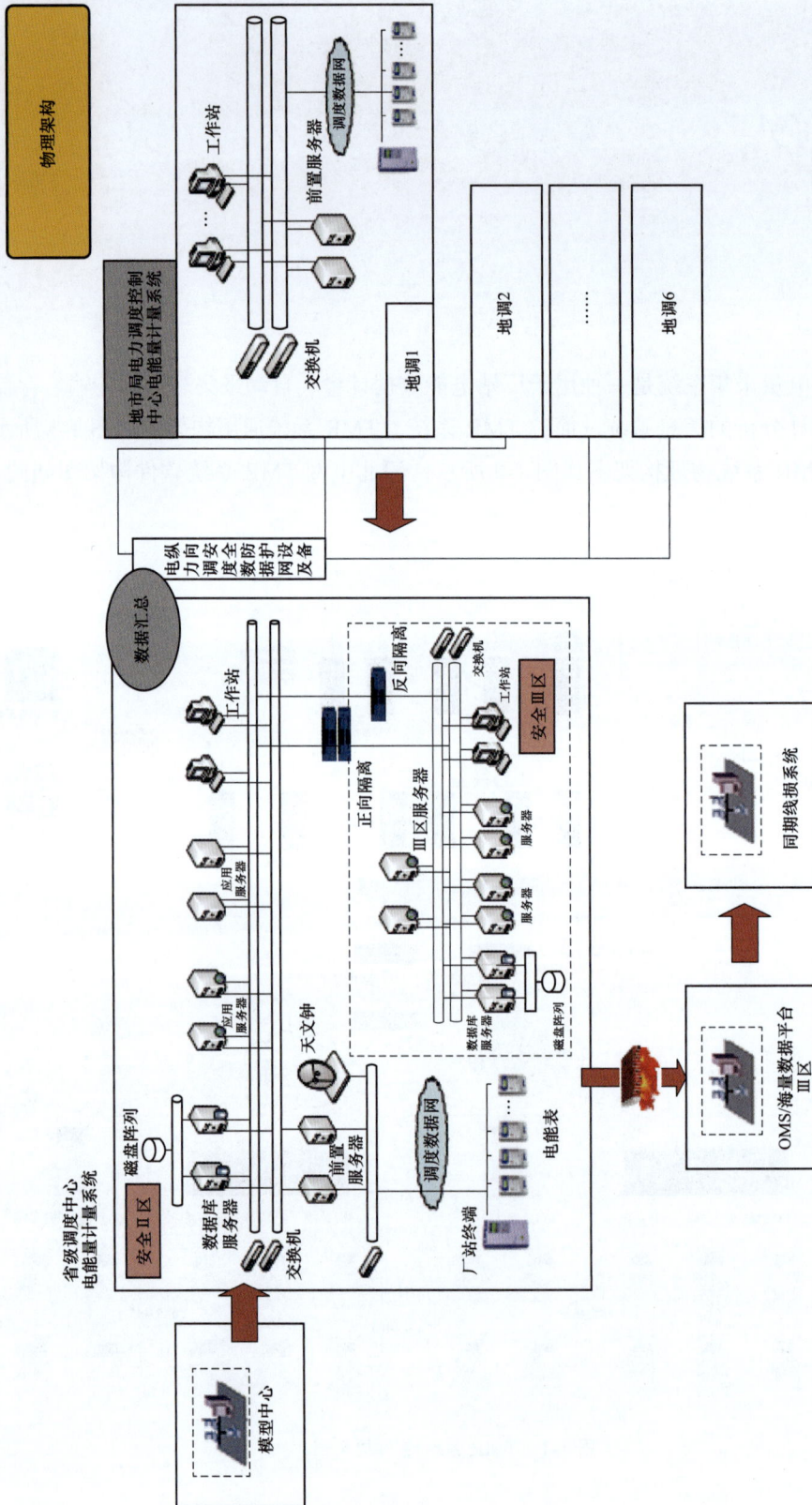

图 1-2　河北电网 TMR 系统物理构架图

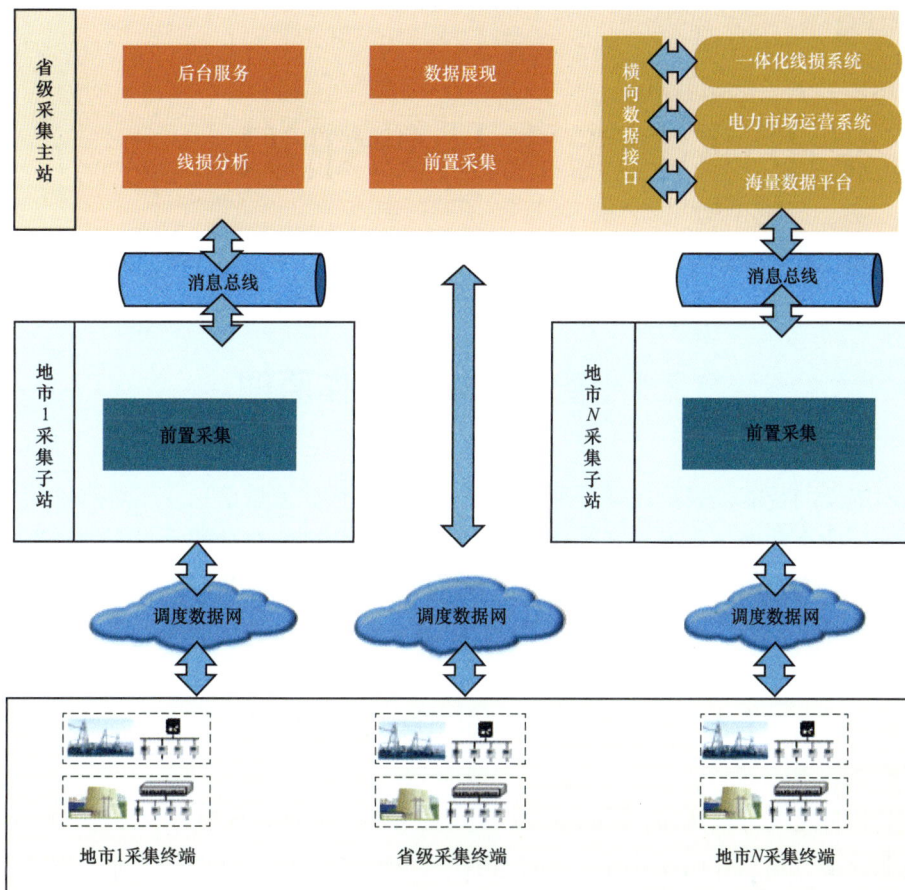

图 1-3　河北电网 TMR 系统软件构架图

TMR 系统的主要功能包括：

（1）数据计量和采集。对厂站的电能数据进行精确计量和自动采集。

（2）远程传输。将采集到的数据远程传输到主站系统。

（3）存储和预处理。对数据进行存储和预处理，确保数据的准确性和完整性。

（4）统计分析。对数据进行统计分析，为电力市场的运营、电量结算及电网线损考核等提供支持与服务。

TMR 系统由电能计量系统主站、厂站端电能采集终端和数据传输通道（通信信道）构成。通过每日跟踪 TMR 系统变电站采集情况，可以及时发现并解决存在的问题，如数据空值情况，确保系统的正常服务计量，为同期分压、分线、母线平衡的计算提供最基础的保障。此外，TMR 系统的建设需实现厂站电能数据的全覆盖、全采集，系统全部建成后，可实现所有电能数据、计量点档案在省级调度中心（简称省调）集中存储，具备统计计算分析、Web 应用发布、数据转发等功能。

2 变电站电能表基础知识

2.1 智能电能表工作原理

国内定义的智能仪表是以微处理器为核心的，可存储测量信息并能对测量结果进行实时分析、综合和做出各种判断的仪器。它一般具有自动测量功能、强大的数据处理能力、进行自动调零和单位换算功能，能进行简单的故障提示，具有人机交互功能，配备有操作面板和显示器，具有一定的人工智能。通常将采用微处理器的电子式多功能电能表定义为智能电能表，并将通信功能（载波、通用分组无线业务、应用于短距离和低速率下的无线通信技术等）、多用户计量、特定用户（如电力机车）计量等特征引入到智能电能表的概念中。

综合各种定义可以认为，智能电能表由测量单元、数据处理单元、通信单元等组成，具有电能计量、信息存储及处理、实时监测、自动控制、信息交互等功能。智能电能表是多功能意义上的电能表，在电能计量基础上重点扩展了信息存储及处理、实时监测、自动控制、信息交互等功能，能够实现双向计量、远程/本地通信、实时数据交互、多种电价计费、远程断供电、电能质量监测、水气热表抄读、与用户互动等功能。以智能电能表为基础构建的智能计量系统，能够实现智能电网对负荷管理、分布式电源接入、能源效率、电网调度、电力市场交易和减少排放等方面的要求。

智能电能表的基本原理为：依托模拟数字（A/D）转换器或者计量芯片对用户电流、电压开展实时采集，经由中央处理器（CPU）开展分析处理，实现正反向、峰谷或者四象限电能的计算，进一步将电量等内容经由通信、显示等方式予以输出。智能电能表工作原理图如图 2-1 所示。

2.2 智能电能表分类及类型标识

电能表型号表示方式参照全国电工仪器仪表标准化技术委员会公布的电能表型号目录（见表 2-1）。最后一排数字为各制造厂设计序号（注册号），向全国电工仪器仪表标准化技术委员会申请注册号，同一注册号不同技术特性的应区别编号或符号。

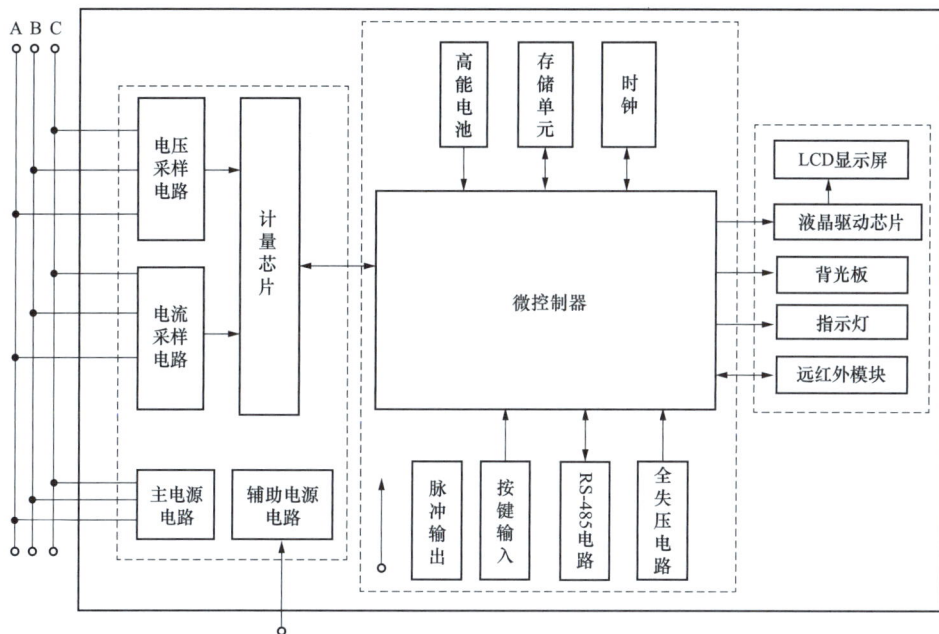

图 2-1 智能电能表工作原理图

表 2-1 电能表型号表

第一个字母	第二个字母	第三个字母	第四个字母	第五个字母
D—电能表	D—单相 S—三相三线有功 T—三相四线有功 X—无功（感应式、电子式）	S—电子式 Y—机电式预付费 F—机电式多费率 M—机电式脉冲 J—机电式防窃电 H—机电式电焊机 I—机电式载波 D—机电式多功能 Z—智能电能表	D—多功能 F—多费率 Y—预付费 （X）—有功无功组合 J—防窃电 I—载波 H—多用户	F—分时 Y—分时和预付费

变电站常用智能电能表为三相四线智能电能表（DTZ747）或三相三线智能电能表（DSZ747），747 为厂家注册号，每个厂家不同。

变电站常用智能电能表精度等级为 0.2S（D 级）和 0.5S（C 级）两种，D 级和 C 级是从 2020 版电能表开始的。

2.3 智能电能表功能介绍

2.3.1 电能计量功能

电能表的电能计量功能要求如下：

（1）具有正向、反向有功电能和四象限无功电能计量功能，并可以据此设置组合有功和组合无功电能。

（2）四象限无功电能计量除能分别记录、显示外，还可通过软件编程，实现组合无功 1 和组合无功 2 的计算、记录、显示。

（3）具有分时计量功能；有功、无功电能应对尖、峰、平、谷等各时段电能及总电能分别进行累计、存储；不应采用各费率或各时段电能算术加的方式计算总电能。

（4）具有计量分相正、反向有功电能功能；不应采用各分相电能算术加的方式计算总电能。

（5）单相电能表电能、三相电能表合相及分相电能应支持 4 位及以上小数存储，单相、三相电能表当前电能均应支持 2 位小数、4 位小数传输，当脉冲常数大于 10000imp/kWh 时，应支持电能尾数存储和传输。

2.3.2　需量测量功能

电能表的电能需量测量功能要求如下：

（1）在约定的时间间隔内（一般为一个月），测量单向或双向最大需量、分时段最大需量及其出现的日期和时间，并存储带时标的数据。

（2）最大需量测量采用滑差方式，需量周期可在 5、10、15、30、60min 中选择；滑差式需量周期的滑差时间可以在 1、2、3、5min 中选择；需量周期应为滑差时间的 5 倍数。需量出厂默认值为周期 15min、滑差时间出厂默认值为 1min。

（3）总的最大需量测量应连续进行；各费率时段最大需量的测量应在相应的费率时段内完整的测量周期内进行。

（4）当发生电压线路上电、清零、时钟调整、时段转换、需量周期变更、功率潮流方向转换等情况时，电能表应从当前时刻开始，按照需量周期进行需量测量；当第一个需量周期完成后，按滑差间隔开始最大需量记录；在不完整的需量周期内，不应做最大需量的记录。

（5）能存储 12 个结算日最大需量数据。

2.3.3　费率和时段功能

电能表的费率和时段功能要求如下：

（1）电能表最多可支持 12 个费率，分别为 T1～T12，其中 T1～T4 对应尖、峰、平、谷费率。

（2）应具有当前套、备用套两套费率和时段，当前套只读，备用套支持读写，并可在设定的时间点起用备用套费率和时段。

（3）每套费率时段全年至少可设置 2 个时区；24h 内最多可以设置 14 个时段；时段最小间隔为 15min，且应大于等于电能表内设定的需量周期；时段可以跨越零点设置；

各时段设置按时间从小到大排列。

（4）应支持公共假日和周休日特殊费率时段的设置。

2.3.4 事件功能

事件记录功能要求如下：

（1）应记录各相失压、欠压、过压、断相、过流、断流、失流的总次数，最近10次对应事件的发生时刻、结束时刻及对应的电能量数据等信息。失压功能应满足DL/T 566《电压失压计时器技术条件》的技术要求。

（2）应记录总功率和分相功率因数超下限事件总次数，最近10次发生时刻、结束时刻及对应的电能量数据。

（3）应记录最近10次全失压发生时刻、结束时刻及对应的电流值。全失压后程序不应紊乱，所有数据都不应丢失。电压恢复后，电能表应正常工作。

（4）应记录电压（电流）逆相序总次数，最近10次发生时刻、结束时刻及其对应的电能量数据。

（5）应记录总功率和分相功率反向的总次数，最近10次功率反向发生时刻及对应的电能量数据等信息。

（6）应记录掉电的总次数、最近100次掉电发生及结束的时刻。

（7）应记录需量超限的总次数、最近10次需量超限发生及结束的时刻。

（8）应记录最近10次电压（电流）不平衡、电流严重不平衡发生、结束时刻及对应的电能量数据。

（9）应记录恒定磁场干扰事件总次数，最近10次发生时刻、结束时刻及对应的电能量数据。

（10）应记录电源异常事件总次数，最近10次发生时刻、结束时刻及对应的电能量数据。

（11）应记录负荷开关误动作事件总次数，最近10次发生时刻、结束时刻及对应的电能量数据。

（12）应能永久记录电能表清零总次数、最近10次电能表清零事件的发生时刻及清零时的电能量数据。

（13）应记录需量清零、事件清零的总次数及最近10次需量清零、事件清零的时刻。

（14）应记录编程总次数及最近10次编程记录，每次编程记录编程期间最早一次数据项编程时刻及编程期间最后10个编程项的数据标识。

（15）应记录普通校时总次数及最近10次校时前后的时刻。

（16）应记录广播校时总次数及最近100次校时前后的时刻。

（17）应记录各相过载总次数、总时间及最近10次过载的持续时间。

（18）应能记录开表盖总次数，最近10次开表盖事件的发生、结束时刻及开表盖发生时刻的电能量数据，停电期间，电能表只记最早的一次开表盖事件。

（19）应能记录开端钮盖总次数，最近 10 次开端钮盖事件的发生、结束时刻及开端钮盖发生时刻的电能量数据，停电期间，电能表只记最早的一次开端钮盖事件。

（20）应记录最近 10 次拉闸和最近 10 次合闸事件，记录拉闸、合闸事件发生时刻和电能量数据。

（21）应记录时钟故障总次数，最近 10 次故障发生、结束时刻及对应电能量。

（22）应记录计量芯片故障总次数，最近 10 次故障发生、结束时刻及对应电能量。

（23）应记录电能表中性线电流异常总次数，最近 10 次发生、结束时刻。

（24）在供电情况下，所有事件均可支持主动上报，上报事件可设置。

（25）在停电和上电时刻，仅掉电事件支持主动上报，是否上报可设置。

（26）可记录每种事件总发生次数和（或）总累计时间。

2020 年版电能表事件判断设定值范围及默认设定值见表 2-2。

表 2-2 　　　　　2020 年版电能表事件判断设定值范围及默认设定值

序号	事件名称	设定值范围	默认设定值	允许误差
1	欠压	欠压事件电压触发上限定值范围：70%～90%标称电压，最小设定值级差 0.1V	78%标称电压	3%
		欠压事件判定延时时间定值范围：10～99s，最小设定值级差 1s	60s	±2s
2	过压	过压事件电压触发下限定值范围：110%～130%标称电压，最小设定值级差 0.1V	120%标称电压	3%
		过压事件判定延时时间定值范围：10～99s，最小设定值级差 1s	60s	±2s
3	过流	过流事件电流触发下限定值范围：0.5～1.5I_{max}，最小设定值级差 0.1A	1.2I_{max}	3%
		过流事件判定延时时间定值范围：10～99s，最小设定值级差 1s	60s	±2s
4	断流	断流事件电压触发下限定值范围：60%～85%标称电压，最小设定值级差 0.1V	临界电压	3%
		断流事件电流触发上限定值范围：0.5%～5%额定（基本）电流，最小设定值级差 0.1mA	0.5%额定（基本）电流	
		断流事件判定延时时间定值范围：10～99s，最小设定值级差 1s	60s	±2s
5	电压不平衡	电压不平衡率限值定值范围：10%～99%，最小设定值级差 0.01%	30%	5%
		电压不平衡率判定延时时间定值范围：10～99s，最小设定值级差 1s	60s	±2s

续表

序号	事件名称	设定值范围	默认设定值	允许误差
6	电流不平衡	电流不平衡率限值定值范围：10%～90%，最小设定值级差0.01%	30%	5%
		电流不平衡率判定延时时间定值范围：10～99s，最小设定值级差1s	60s	±2s
7	电流严重不平衡	电流严重不平衡率限值定值范围：20%～99%，最小设定值级差0.01%	90%	5%
		电流严重不平衡触发判定延时时间定值范围：10～99s，最小设定值级差1s	60s	±2s
8	功率因数超下限	功率因数超下限阀值定值范围：0.2～0.6 最小设定值级差0.001	0.3	±0.02
		功率因数超下限判定延时时间定值范围：10～99s，最小设定值级差1s	60s	±2s
9	有功功率反向	有功功率反向事件有功功率触发下限定值范围：0.5%～5%单相基本功率，最小设定值级差0.0001kW	0.5%单相基本功率	
		有功功率反向事件判定延时时间定值范围：10～99s，最小设定值级差1s	60s	±2s
10	过载	过载事件有功功率触发下限定值范围：0.5～1.5I_{max}单相基本功率，最小设定值级差0.0001kW	1.2I_{max}和100%标称电压下的单相有功功率	3%
		过载事件判定延时时间定值范围：10～99s，最小设定值级差1s	60s	±2s
11	失流	失流事件电流触发上限定值范围：0.5%～2%额定（基本）电流，最小设定值级差0.1mA	0.5%额定（基本）电流	
		失流事件电流恢复下限定值范围：3%～10%额定（基本）电流，最小设定值级差0.1mA	5%额定（基本）电流	
		失流事件电压触发下限定值范围：60%～90%标称电压，最小设定值级差0.1V	70%	3%
		失流事件判定延时时间定值范围：10～99s，最小设定值级差1s	60s	±2s
12	失压	失压事件电压触发上限定值范围：70%～90%标称电压，最小设定值级差0.1V	78%标称电压	3%

续表

序号	事件名称	设定值范围	默认设定值	允许误差
12	失压	失压事件电压恢复下限定值范围：失压事件电压触发上限～90%标称电压，最小设定值级差 0.1V	85%标称电压	3%
		失压事件电流触发下限定值范围：0.5%～5%额定（基本）电流，最小设定值级差 0.1mA	0.5%额定（基本）电流	
		失压事件判定延时时间定值范围：10～99s，最小设定值级差 1s	60s	±2s
13	断相	断相事件电压触发上限定值范围：60%～85%标称电压，最小设定值级差 0.1V	临界电压	3%
		断相事件电流触发上限定值范围：0.5%～5%额定（基本）电流，最小设定值级差 0.1mA	0.5%额定（基本）电流	
		断压事件判定延时时间定值范围：10～99s，最小设定值级差 1s	60s	±2s
14	电压逆相序	电压逆相序事件判定延时时间定值范围：10～99s，最小设定值级差 1s	60s	±2s
15	电流逆相序	电流逆相序事件判定延时时间定值范围：10～99s，最小设定值级差 1s	60s	±2s
16	需量超限	有功需量超限事件需量触发下限定值范围 0.05～99.99kW，最小设定值级差 0.0001kW	$1.2I_{max}$ 和 100%标称电压下的合相有功功率	2%
		无功需量超限事件需量触发下限定值范围 0.05～99.99kVar，最小设定值级差 0.0001kVar	$1.2I_{max}$ 和 100%标称电压下的合相无功功率	2%
		需量超限事件判定延时时间定值范围：10～99s，最小设定值级差 1s	60s	±2s
17	中性线电流异常	中性线电流异常事件电流触发下限最小设定值级差 0.1mA	20%额定（基本）电流	
		中性线电流与相线电流（三相表相线电流为三相电流矢量和）的不平衡率限值定值范围：10%～99%，最小设定值级差 0.01%	50%	5%
		中性线电流异常事件判定延时时间定值范围：10～99s，最小设定值级差 1s	60s	±2s

序号	事件名称	设定值范围	默认设定值	允许误差
18	计量芯片故障	计量芯片故障事件判定延时时间定值范围：10～99s，最小设定值级差 1s	60s	±2s

注：I_{max} 为最大电流。

2.3.5 RS-485 通信

电能表 RS-485 通信功能要求如下：

（1）RS-485 接口必须和电能表内部电路实行电气隔离，并有失效保护电路。

（2）RS-485 接口能耐受交流电压 380V、2min 不损坏的试验。

（3）RS-485 接口通信速率可设置，标准速率为 1200、2400、4800、9600bit/s，缺省值为 9600bit/s。

（4）RS-485 接口通信应遵循 DL/T 698.45《电能信息采集与管理系统　第 4-5 部分：通信协议—面向对象的数据交换协议》。

（5）电能表上电完成后 3s 内可以使用 RS-485 接口进行通信。

（6）RS-485 接口应能保证在 RS-485 总线上正接线、反接线都能正常通信。

2.3.6 显示功能说明

电能表采用 LCD 显示信息，液晶屏可视尺寸为 85mm（长）×50mm（宽）；三相智能电能表 LCD 显示界面参考图如图 2-2 所示，三相电能表 LCD 各图形、符号说明见表 2-3，不同类型电能表可以根据需要选择相应的显示内容。

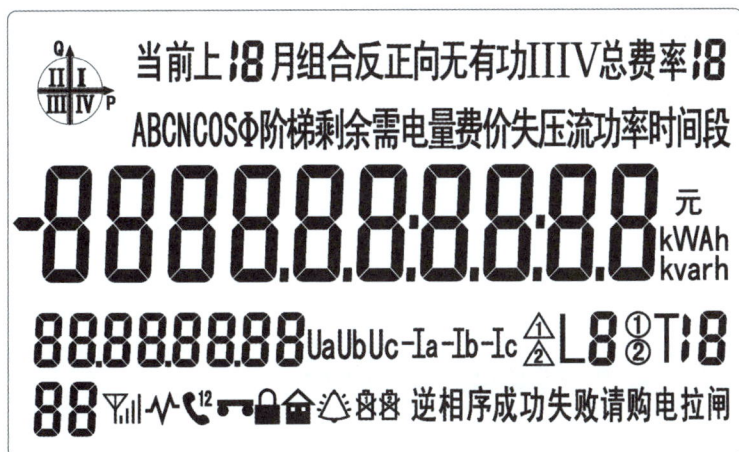

注　LCD 显示界面信息的排列位置为示意位置，可根据用户需要调整。

图 2-2　三相智能电能表 LCD 显示界面参考图

表 2-3 三相电能表 LCD 各图形、符号说明

序号	LCD 图形	说明
1		当前运行象限指示
2	当前上**8**月组合反正向无有功ⅢⅣ总费率**8** ABCNCOSΦ阶梯剩余需电量费价失压流功率时间段	汉字字符，可指示： （1）当前、上 1 月~上 12 月的正反向有功电量，组合有功或无功电量，Ⅰ、Ⅱ、Ⅲ、Ⅳ象限无功电量，最大需量，最大需量发生时间。 （2）时间、时段。 （3）分相电压、电流、功率、功率因数。 （4）失压、失流事件纪录。 （5）阶梯电价、电量。 （6）剩余电量（费），费率 1-1X、电价
3	−88888888.8.8 元 kWAh kvarh	数据显示及对应的单位符号
4	88.88.88.88 88	上排显示轮显/键显数据对应的数据标识，下排显示轮显/键显数据在对应数据标识的组成序号
5		从左向右依次为： （1）无线通信在线及信号强弱指示。 （2）模块通信中。 （3）红外通信，如果同时显示"1"表示第 1 路 485 通信，显示"2"表示第 2 路 485 通信。 （4）红外认证有效指示。 （5）电能表挂起指示。 （6）显示时为测试密钥状态，不显示时为正式密钥状态。 （7）报警指示。 （8）时钟电池欠压符号。 （9）停抄电池欠压符号

续表

序号	LCD 图形	说明
6	成功失败请购电拉闸	（1）IC 卡读卡"成功"提示符。 （2）IC 卡读卡"失败"提示符。 （3）"请购电"剩余金额偏低时闪烁。 （4）"拉闸"继电器拉闸状态指示
7	UaUbUc-Ia-Ib-Ic 逆相序	从左向右、从上及下依次为： （1）三相实时电压状态指示，U_a、U_b、U_c 分别对于 A、B、C 相电压，某相失压时，该相对应的字符闪烁；三相都处于分相失压状态、或全失压时，U_a、U_b、U_c 同时闪烁；三相三线表不显示 U_b。 （2）电压电流逆相序指示。 （3）三相实时电流状态指示，I_a、I_b、I_c 分别对应 A、B、C 相电流。某相失流时，该相对应的字符闪烁；某相断流时则不显示，当失流和断流同时存在时，优先显示失流状态。某相功率反向时，显示该相对应符号前的"−"。 （4）某相断相时对应相的电压、电流字符均不显示。电能表满足掉电条件时，U_a、U_b、U_c、I_a、I_b、I_c 均不显示。 （5）液晶上事件状态指示和电能表内事件记录状态保持一致，同时刷新
8	⚠①L8①T18②	（1）"⚠ ⚠"指示当前套、备用套阶梯电价，⚠ 表示运行在当前套阶梯，⚠ 表示有待切换的阶梯，即备用阶梯率用效。 （2）L8指示当前运行第"1-X"阶梯电价。 （3）"①②"代表当前套、备用套时段/费率，默认为时段。 （4）T18指示当前费率状态（1-1X）

2.3.7　异常代码说明

智能电能表需要通过显示提示的异常有 5 类，所有异常提示均以 Err-作为前缀，两位 BCD 数字为代码。对于已经在液晶屏上有提示符号的代码将不再定义，按照型式规范中相关说明执行。

（1）电能表故障类异常提示。此类异常一旦发生，需要将循环显示功能暂停，液晶屏固定显示该异常代码，电能表故障类异常提示见表 2-4。

表 2-4   电能表故障类异常提示

异常名称	异常类型	异常代码
控制回路错误	电能表故障	Err-01
ESAM 错误	电能表故障	Err-02
内卡初始化错误	电能表故障	Err-03
时钟电池电压低	电能表故障	Err-04
内部程序错误	电能表故障	Err-05
存储器故障或损坏	电能表故障	Err-06
时钟故障	电能表故障	Err-08

（2）事件类异常提示。事件类异常提示见表 2-5。

表 2-5   事件类异常提示

异常名称	异常类型	异常代码	处理方法
过载	事件类异常	Err-51	须告知该表用户减少负荷
电流严重不平衡	事件类异常	Err-52	检查并调整线路各相电流
过压	事件类异常	Err-53	检查电压过高原因
功率因数超限	事件类异常	Err-54	检查线损是否正常
超有功需量报警事件	事件类异常	Err-55	提醒用户减少用电负荷
有功电能方向改变（双向计量除外）	事件类异常	Err-56	检查接线是否正确

此类异常一旦发生，需要在显示的循环第一屏插入显示该异常代码。

（3）电表状态提示。此类异常一旦发生，需要在显示的循环显示的第一屏插入显示该异常代码。目前，此类异常只有停电显示电池欠压、透支状态两种，但是目前这两种异常均有液晶提示符号，因此不另外定义。

（4）已经在液晶屏上有提示符号异常。已经在液晶屏上有提示符号异常见表 2-6。

表 2-6   已经在液晶屏上有提示符号异常

故障名称	故障类型	异常代码	备注
失压	事件类异常		有液晶提示符号
断相	事件类异常		有液晶提示符号
失流	事件类异常		有液晶提示符号

故障名称	故障类型	异常代码	备注
逆相序	事件类异常		有液晶提示符号
停电显示电池欠压	运事件类异常		有液晶提示符号
时钟电池电压低	电表故障	Err-04	单相表规范已定义，三相表有液晶提示符号
透支状态	事件类异常		有液晶提示符号
购电超囤积	IC 卡相关提示	Err-14	有液晶提示符号

2.4 三相智能电能表相关参数

变电站常用三相智能电能表都是经互感器接入，三相电能表规格对照表见表 2-7。

表 2-7   三相电能表规格对照表

等级	电压规格（V）	电流规格（A）	最大电流（A）	推荐常数（imp/kWh、imp/kvarh）
C	3×220/380	0.015～0.075（6）	6	10000
C	3×220/380	0.003～0.015（1.2）	1.2	40000
C、D	3×57.7/100	0.015～0.075（6）	6	20000
C、D	3×57.7/100	0.003～0.015（1.2）	1.2	100000
C、D	3×100	0.015～0.075（6）	6	20000
C、D	3×100	0.003～0.015（1.2）	1.2	100000

注：电流根据《有功电能表》（IR46）标准建议，2020 版智能电能表等级指数用 A 级、B 级、C 级、D 级表示，代替原有 2 级、1 级、0.5S 级、0.2S 级的表示方法。

2.5 三相智能电能表接线

三相智能电能表外观图如图 2-3 所示，三相智能电能表端子接线图如图 2-4 所示。

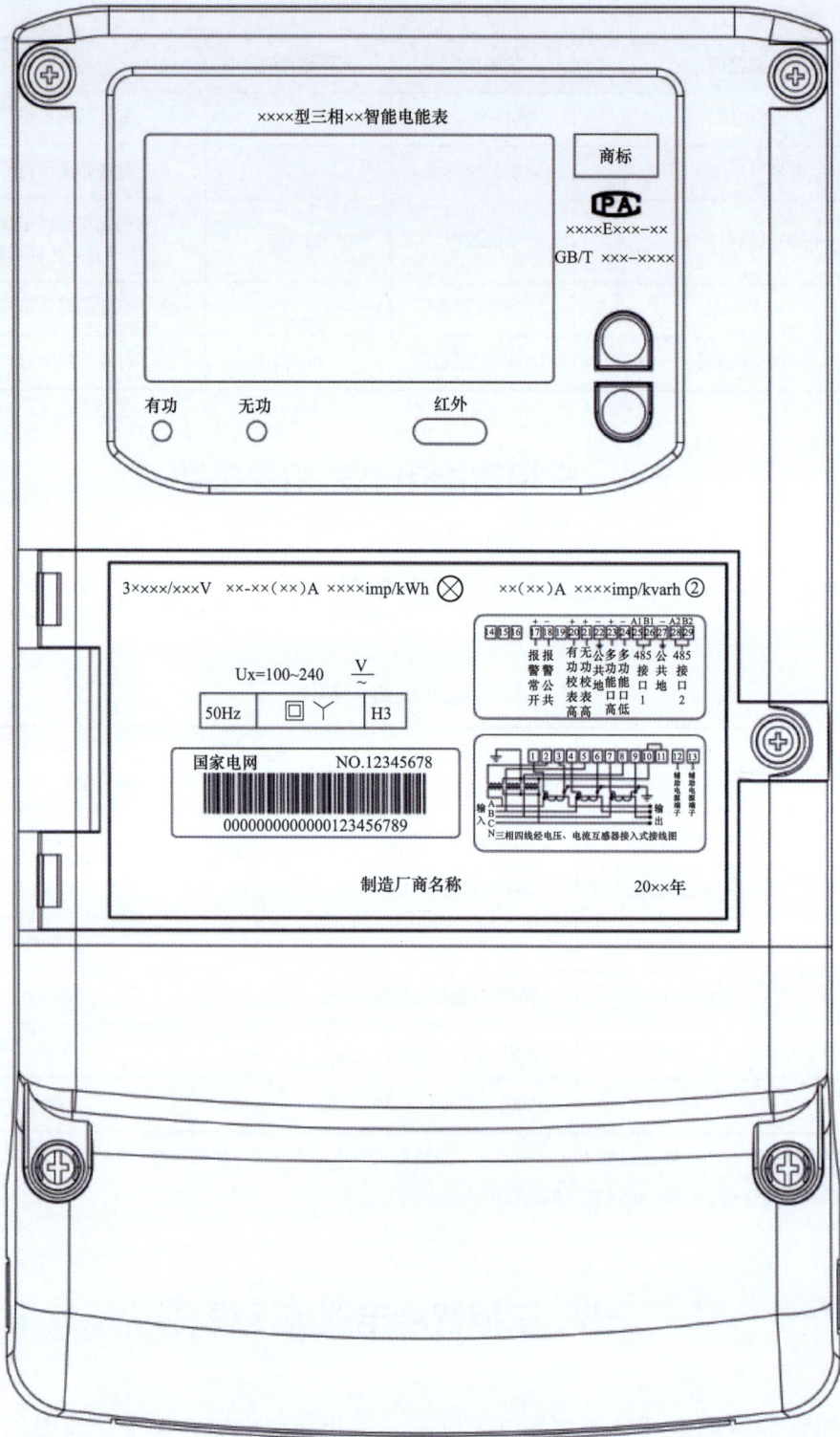

图 2-3 三相智能电能表外观图

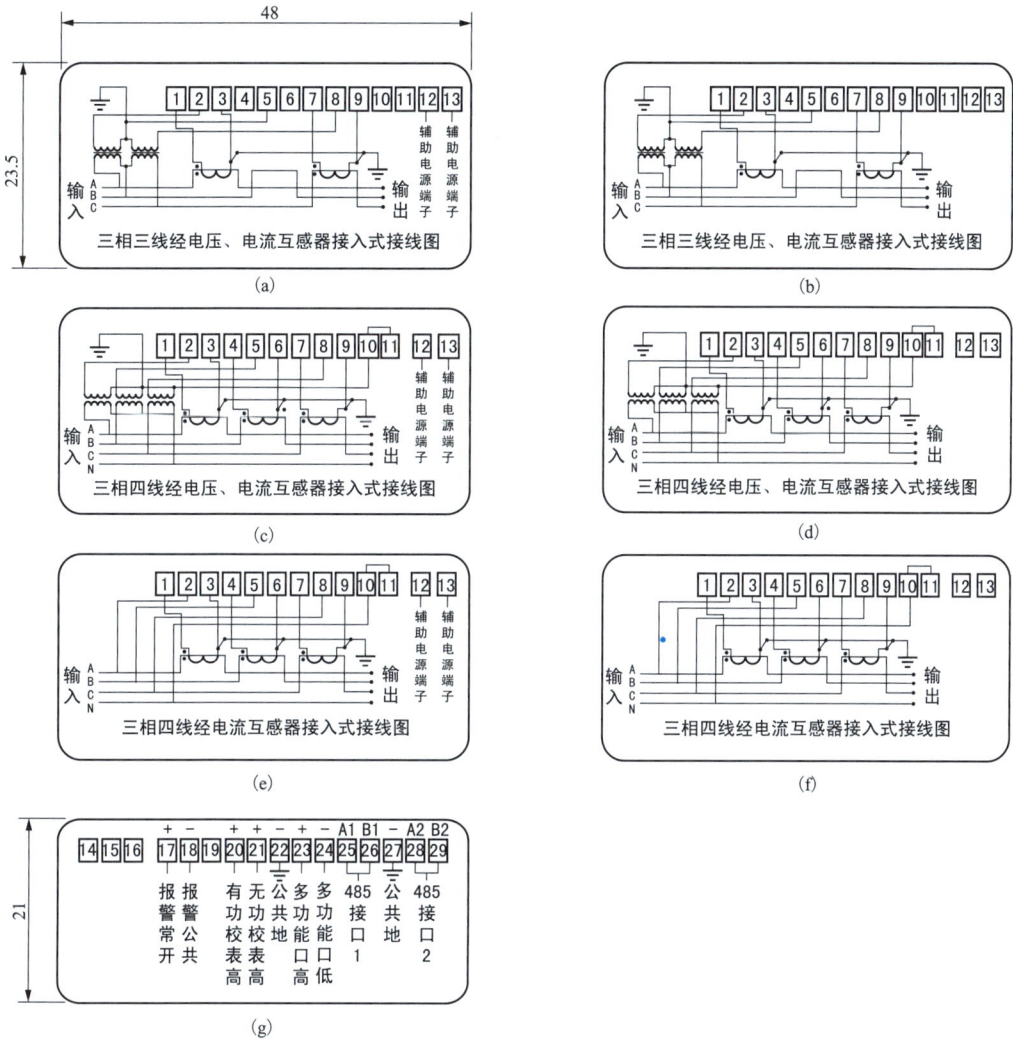

图 2-4 三相智能电能表端子接线图

（a）接线图一；（b）接线图二；（c）接线图三；（d）接线图四；（e）接线图五；

（f）接线图六；（g）接线图七

3　变电站电能采集终端介绍

变电站电能采集终端（简称采集终端）是收集厂站内各电能表的数据，并进行处理储存，同时能和主站或站内设备进行数据交换的设备。

电能采集终端的总体技术原则应满足以下三点：

（1）电能采集终端对变电站或发电厂内安装的电能表信息进行采集、处理、存储和传输，实现电能信息数据管理、传输及电能表运行管理等应用功能。

（2）电能采集终端应能与电能计量主站系统、变电站自动化系统和发电厂监控系统交换数据。

（3）电能采集终端应遵循《电力二次系统安全防护规定》（电监会5号令），部署在生产控制大区的安全Ⅱ区。

3.1　采集终端通用要求

本节将从硬件技术要求、软件功能要求等方面介绍采集终端。

3.1.1　硬件技术要求

1. 工作电源

采集终端应支持交流、直流供电，模块化设计具备双电源冗余热备。交流、直流电源应具有输入过电压、过电流保护，直流反极性输入保护等措施。

交流电源：220V，允许偏差−20%～+20%，频率为50Hz，允许偏差−2%～+2%。

直流电源：220V/110V，允许偏差−20%～+20%，直流电源电压纹波不大于5%。

2. 功率消耗

正常工作时，整机功率消耗≤30W（最大配置）。

3. 其他要求

在无外部供电电源状态下，存储数据保存至少十年，时钟至少正常运行五年。电源恢复时，保存数据不丢失，内部时钟正常运行。

3.1.2 软件功能要求

1. 功能配置

采集终端的功能配置见表 3-1。

表 3-1 采集终端的功能配置

序号	项 目		必备	选配
1	数据采集	电能表数据采集	√	
		状态量采集		√
2	数据管理和存储	实时和当前数据	√	
		历史日数据	√	
		历史月数据	√	
		电能表运行状况监测	√	
3	参数设置和查询	时钟召唤和对时	√	
		终端参数	√	
	参数设置和查询	抄表参数	√	
		其他（限值等）参数	√	
4	事件记录	终端事件记录	√	
		电能表事件记录	√	
5	数据传输	与远方主站通信	√	
		与站内监控设备通信	√	
6	本地功能	运行状态指示	√	
		本地人机界面查询和设置	√	
		本地维护接口	√	
		本地扩展接口		√
7	终端维护	自检自恢复	√	
		终端初始化	√	

2. 采集数据类型

采集终端按设定的采集周期采集电能表数据，缺省采集周期为 15min，并根据主站召唤请求上传相应数据，采集数据项见表 3-2。

3. 采集方式

应支持采集电能表电能示值/增量数据和负荷曲线两种读取方式，采集方式包括：

（1）定时自动采集：采集终端根据预设的抄表方案自动采集电能表的数据。

表 3-2   采集数据项

序号	数据类型	数据项	必选	可选	数据源
1	电能示值/增量	当前正向有功电能示值/增量（总、各费率）	√		电能表
2		当前正向无功电能示值/增量（总、各费率）	√		电能表
3		当前反向有功电能示值/增量（总、各费率）	√		电能表
4		当前反向无功电能示值/增量（总、各费率）	√		电能表
5		当前一至四象限无功电能示值/增量（总、各费率）		√	电能表
6	需量	当月正向有功最大需量及发生时间（总、各费率）	√		电能表
7		当月正向无功最大需量及发生时间（总、各费率）	√		电能表
8		当月反向有功最大需量及发生时间（总、各费率）	√		电能表
9		当月反向无功最大需量及发生时间（总、各费率）	√		电能表
10	瞬时量数据	当前三相电压		√	电能表
11		当前三相电流		√	电能表
12		当前有功功率（总、分相）		√	电能表
13		当前无功功率（总、分相）		√	电能表
14		当前功率因数（总、分相）		√	电能表
15	状态信息	电能表日历时钟	√		电能表
16		终端日历时钟	√		终端

（2）自动补抄：如果在规定时间内未抄读到电能表数据，采集终端应有自动补抄功能。补抄失败时，生成事件记录，并向主站上送。

（3）人工召测：根据实际需要，随时人工召测数据。

（4）抄表失败后的数据采集处理：如果抄读电能表失败，主站召读电能表电能示值时，终端应上传抄表失败前最后一周期电能表的电能示值数据，并将此数据标识置为无效。

4. 时间召唤和对时功能

采集终端应支持以下时间召唤和对时功能：

（1）采集终端可接收主站时间召唤和对时命令。

（2）采集终端可接收本地时间同步系统的对时。

（3）采集终端在失去同步时钟源后，日守时误差 ≤ ±1s。

（4）采集终端应具备通过抄表信道对电能表进行校时的能力。

5. 终端参数设置和查询

支持本地设置和查询下列参数：

（1）采集终端档案，如采集点编号、型号、版本、版本生成日期或出厂日期等。

（2）采集终端通信参数，如主站通信地址（包括主通道和备用通道）、通信协议、IP

地址等。

6. 抄表参数

本地应能设置和查询抄表方案，如采集周期、抄表时间、采集数据项等。

7. 事件记录

采集终端应能根据预先设置的事件分类属性，将事件按终端事件或电能表事件分类记录。事件包括电源故障、系统/人工对时、重新启动、参数改变、电能表计量异常、终端与电能表通信中断/恢复、电池故障、电能表时间超差等。

8. 接口要求

通信功能应采用模块化结构，支持现场热插拔，对于单一接口模块的故障或更换，应不影响其他模块正常工作。

（1）与主站通信接口。

1）必配接口。采集终端与主站的通信的必备接口应满足以下条件：

a. 具备不少于 4 路独立高速以太网或光纤通信口。

b. 采用冗余配置，支持电力调度数据网双接入网，应采用双网口通信的模式。

c. 每个网口支持至少 8 个主站的并发采集，并支持不同主站采用不同的参数配置（包括但不限于通信协议、采集信息表等参数）。

2）选配接口。可选配 1 路拨号通道（仅适用于不具备双网接入条件时）。

（2）与电能表接口。应具备至少 8 路 RS-485 接口，并具备扩展接口的能力，每路 RS-485 接口至少可抄读 32 块不同通信规约和不同速率的电能表。

（3）对时接口。采集终端应支持以下对时接口：

1）应支持全站统一时钟系统对时。

2）应支持远方主站对时。

3）应具备 1 路硬件对时接口，支持 B 码对时。

4）具备多个时钟源时，采集终端应响应唯一的时钟源，优先采用全站统一时钟系统对时。

（4）其他接口。采集终端应支持以下接口：

1）应具备独立的维护接口。

2）应具备与本地监控系统通信的接口。

3）应具备至少 2 路硬接点告警输出。

（5）智能变电站应用接口。采集终端应用在智能变电站时，应支持以下接口：

1）应支持以太网或光纤通信接口，用于抄读数字化电能表。

2）应支持全站统一时钟系统网络对时，并具备时间同步监测管理功能。

（6）通信速率。采集终端通信接口应满足以下通信速率：

1）以太网接口宜采用 100/1000bit/s。

2）光纤接口宜采用 100/1000bit/s。

3）RS-485 接口宜采用 1200、2400、4800、9600bit/s，缺省值 2400bit/s。

3.2 北京煜邦采集终端说明

本节主要介绍北京煜邦的机架采集终端，型号为 EDAD2001-C。

3.2.1 功能原理

EDAD2001-C 采集终端通过串行接口板，采集带有串行接口 RS-485 的电能表数据，按积分周期冻结并采集电能表的各项数据。通过开关量输入板完成采集脉冲表和事件输入，在输入板中设有电平转换和保护装置，用来对不同种类的脉冲信号进行电平变换和输入保护，采集器累加脉冲并按积分周期存储。通过调制解调器、专线、网络、通用分组无线业务（GPRS）、全球移动通信系统（GSM）等接口，可实现与 9 个主站的通信。

原始数据保存在 FLASH 存储器中，系统采用了存储器备份和数据校验恢复技术。EDAD2001-C 采集终端原理框图如图 3-1 所示。

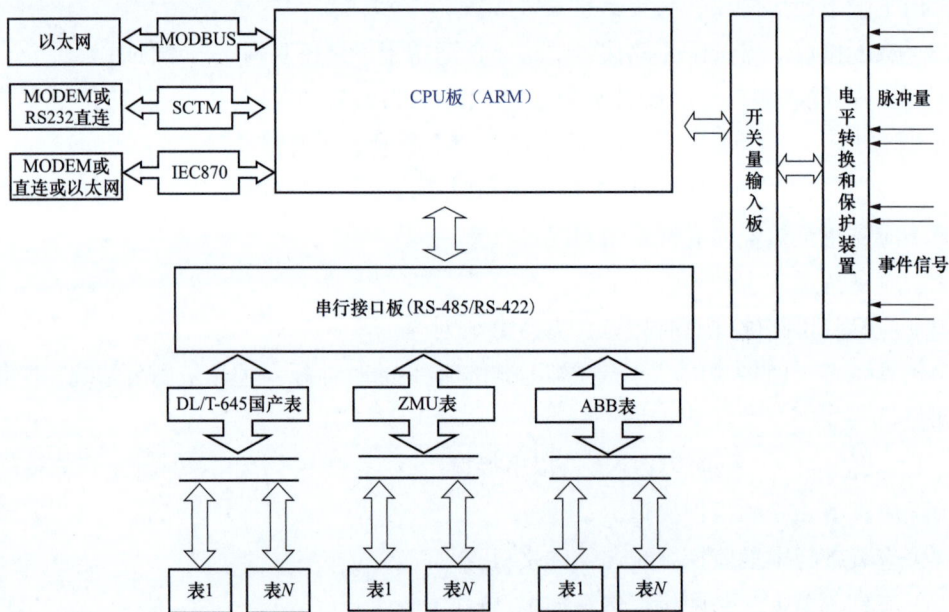

图 3-1　EDAD2001-C 采集终端原理框图

3.2.2 采集终端结构

1. 结构简介

EDAD2001-C 采集终端采用标准 19 英寸、3U 机箱，配有 7 英寸 TFT 真彩液晶显示屏，全功能 Qwerty 键盘以及多种接口，输入输出端口采用端子形式，使用方便，维护简单。EDAD2001-C 实物图如图 3-2 所示。

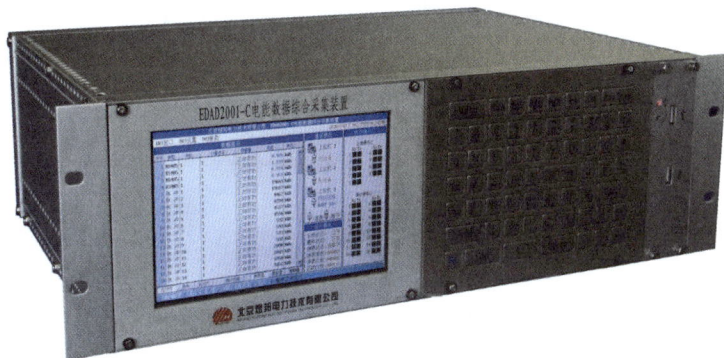

图 3-2　EDAD2001-C 实物图

2. 前面板及按键说明

EDAD2001-C 前面板示意图如图 3-3 所示，前面板会根据实际配置而不同。

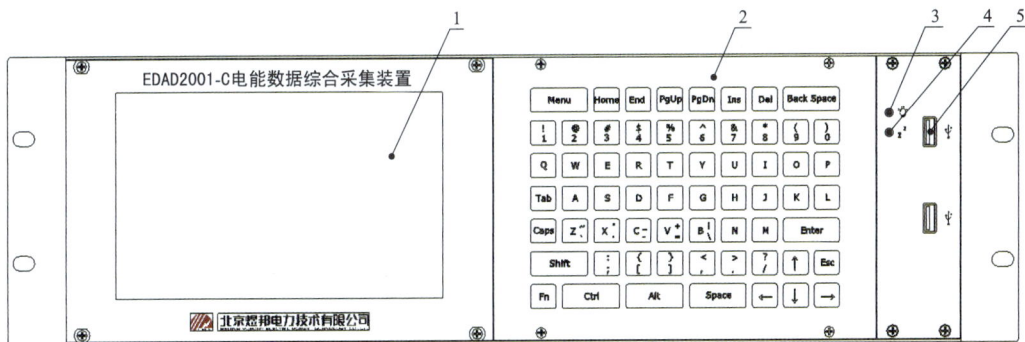

图 3-3　EDAD2001-C 前面板示意图

1—液晶显示屏窗口，功能为监视采集器是否运行正常；2—全功能键盘，组合来操作 EDAD2001-C 软件功能；

3—液晶屏工作指示灯，用于指示液晶屏的工作状态，该灯亮，液晶屏处于工作状态；4—液晶屏休眠指示灯，

用于指示液晶屏的工作状态，该灯亮，液晶屏处于休眠状态 [产品电源具有断电维持功能，断电后

液晶屏工作指示灯或液晶屏休眠指示灯仍然会点亮一段时间（一般在 10s 左右），直至两个指示灯

都熄灭时，表示产品完全断电了]；5—USB 接口，用于外接 USB 键盘和 U 盘等

3. 后面板结构及接线说明

EDAD2001-C 后面板布局示意图如图 3-4 所示，默认配置下，从机箱后面看时，相同的通信接口排列顺序为从左到右，序号依次递增。

后面板各插槽可插的接口板类型和内部端口序号见表 3-3。

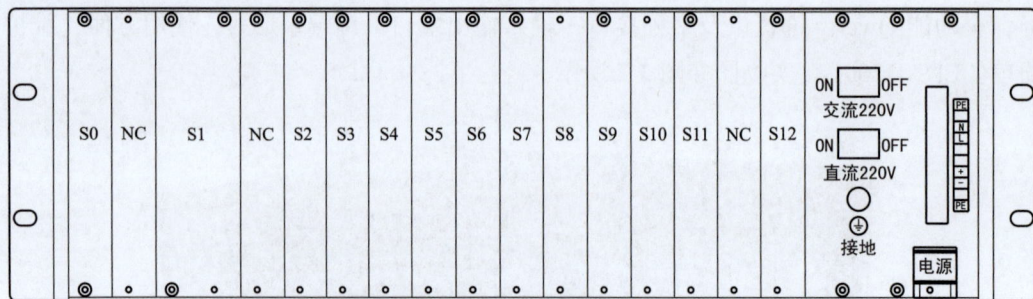

图 3-4　EDAD2001-C 后面板布局示意图

表 3-3　　　后面板各插槽可插的接口板类型和内部端口序号

后面板编号	插槽类型	可匹配接口板类型	推荐接口板类型
S0	—	—	固定为网口串口板
S1	B	B	脉冲板
S2	B	B	四线 Modem 板
S3	A	A、B	Modem 板
S4	B	B	4 口 RS232 板、3 口 RS-485 板、电流环板
S5	A	A、B	2 口 RS-485/422 板、3 口 RS-485 板、4 口 RS232 板、2 口 RS232 板、电流环板
S6	B	B	4 口 RS232 板、3 口 RS-485 板、电流环板
S7	A	A、B	2 口 RS-485/422 板、3 口 RS-485 板、4 口 RS232 板、2 口 RS232 板、电流环板
S8	B	B	3 口 RS-485 板、4 口 RS232 板、电流环板
S9	A	A、B	2 口 RS-485/422 板、3 口 RS-485 板、4 口 RS232 板、2 口 RS232 板、电流环板
S10	B	B	3 口 RS-485 板、4 口 RS232 板、电流环板
S11	A	A、B	2 口 RS-485/422 板、3 口 RS-485 板、4 口 RS232 板、电流环板
S12	—	—	固定为继电器板
NC	—	—	挡板，背板处无插槽

表 3-3 中，A 型插槽上可以插 A 型接口板或 B 型接口板，B 型插槽上只可以插 B 型接口板。A 型插槽和其左侧的 B 型插槽存在端口复用，在 A 型插槽上使用了 A 型接口板时，其左侧相邻的 B 型槽一般不应再插接口板（不会损坏设备，但功能可能会受到影响，软件会在配置接口板时会自动检查到可能的错误配置）。

3.2.3　安装尺寸

EDAD2001-C 采集终端安装尺寸图如图 3-5 所示，图中标注尺寸均为 mm。

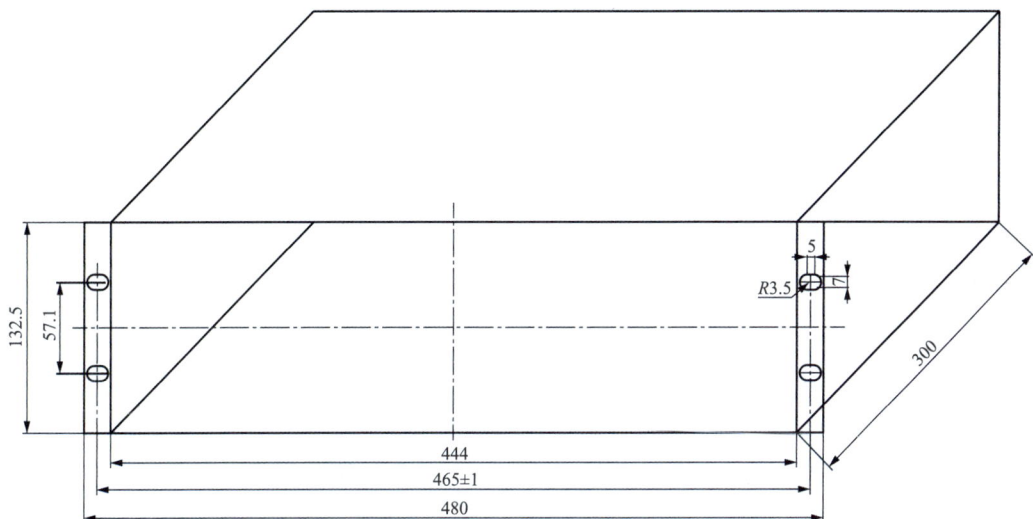

图 3-5　安装尺寸图

3.2.4　软件操作说明

1. 程序的运行

采集器上电后程序自动运行，无需用户干预。

程序运行后，开始进行初始化操作，该过程可能需要几秒到十几秒的时间，视计算机速度和外部设备配置而定。在初始化过程中，程序会显示一个对话框来提示进度，程序启动图如图 3-6 所示。

若初始化没有发生错误，程序将正常执行。在初始化中若发生了严重错误，程序将弹出重启对话框，并在 15s 后自动重启主机以试图恢复错误。如采集器遇断电而重启时，程序自动运行，用户无需干预。

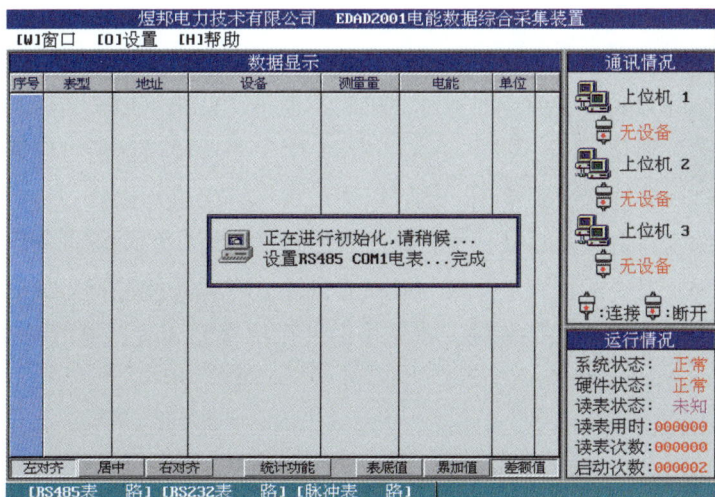

图 3-6　程序启动图

2. 界面介绍

程序正常运行的界面显示如图 3-7 所示。程序界面包括六个部分，分别是版权信息、菜单和时间显示、工作窗口、通讯情况窗口、运行情况窗口。

通讯情况窗口用来显示采集器与上位机的通信情况，使用"ALT+J"快捷键可切换通讯情况窗口；运行情况窗口用来显示程序当前的运行状态；帮助信息用来显示表的种类与路数情况，并对菜单命令提供说明，它随菜单选项的不同而改变；时间显示部分用来显示当前的系统时间；工作窗口可选择"数据显示""设备定义""参数设置""数据查询""事件查询"和"直方图表示"六个窗口中的任意一个，各个工作窗口的切换主要依靠菜单命令中的"窗口"来驱动。

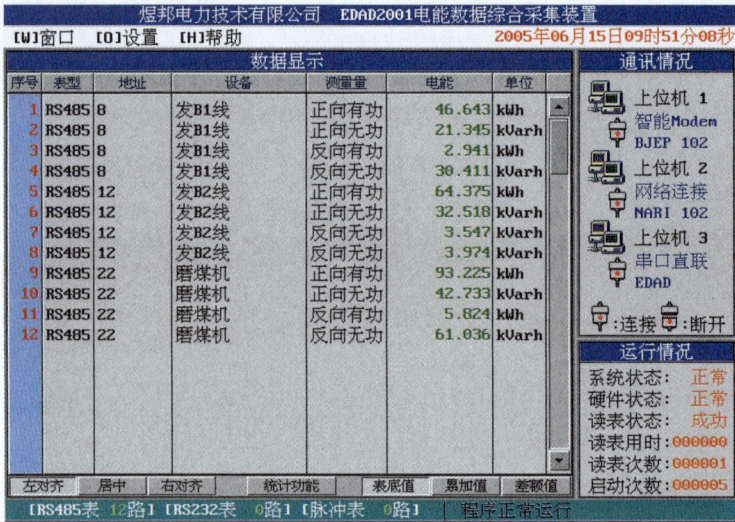

图 3-7　程序正常运行的界面显示

3. 菜单介绍

菜单分为三个主菜单，每个主菜单都带有一个下拉的子菜单，菜单显示图如图 3-8 所示。激活菜单的方式有三种，即通过"F10"、通过"Shift + Esc"、通过快捷键。三个主菜单的快捷键分别是"Alt+W""Alt+O""Alt+H"。当菜单激活后可以通过上下左右键改变选项，通过回车键选中菜单项，也可以通过鼠标直接进行操作。

如果当前的工作窗口已经被选中，再次选中该窗口对应的菜单选项将不会有反应。如果设置了密码，对一些具有危险性的操作必须输入密码才能进行，如设备定义和参数设置。第 8 项是中文输入法的切换，当选中时使用拼音输入法。退出可以用 F9 键，也可以用"Alt+X"组合键。

4. 数据显示工作窗口

程序开始运行的工作窗口是数据显示窗口，数据显示工作窗口如图 3-9 所示，用来显示电表的参数和读数值。用户可以使用快捷键实现上下翻页，对应的快捷键定义如下：

①Home 定义为到第一块表；②End 定义为到最后一块表；③PageUp 定义为向上翻一页；④PageDown 定义为向下翻一页；⑤Up 定义为向上滚动一行；⑥Down 定义为向下滚动一行。

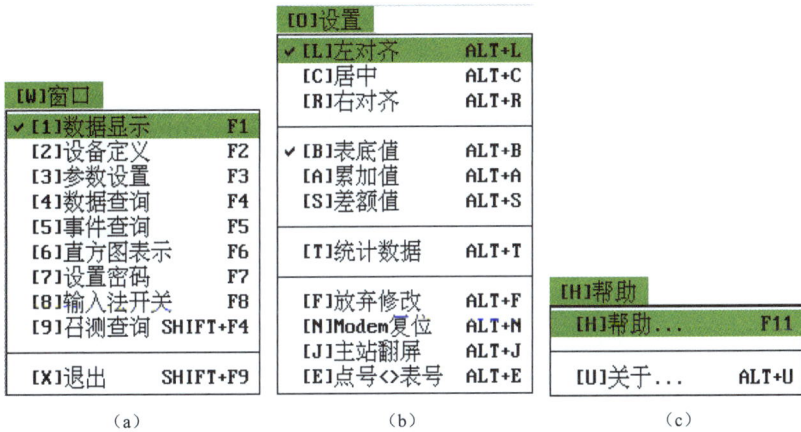

图 3-8　菜单显示图

（a）窗口菜单显示；（b）设置菜单显示；（c）帮助菜单显示

如果键盘上没有 Home 和 End 键，可以分别用 Ctrl+PageUp 和 Ctrl+PageDown 代替。

图 3-9　数据显示工作窗口

窗口底部 7 个按钮用来控制窗口的显示格式和工作方式，分别对应设置菜单的相应选项。当用鼠标单击或按下相应的快捷键后，对应的按钮会改变状态来标识当前的工作模式。

5. 设备定义工作窗口

设备定义工作窗口如图 3-10 所示。

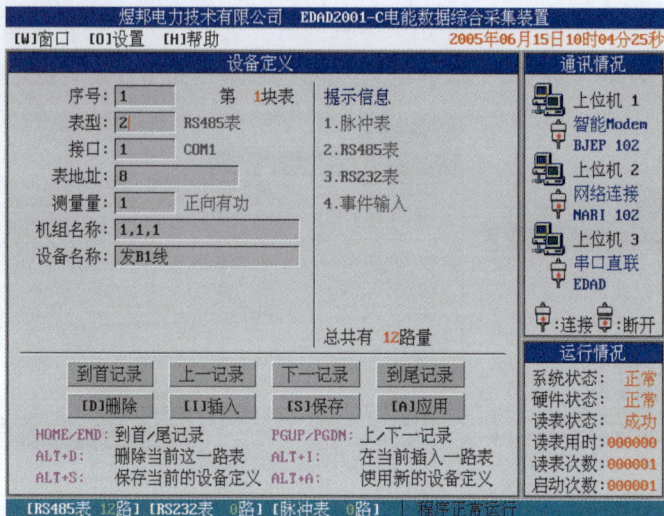

图 3-10 设备定义工作窗口

以 Tab 键切换输入窗口，以回车键确认输入。用户在表型对话框中选择输入相应的表型代码后，程序将自动调用不同的输入界面以方便用户的输入，图 3-10 中表型为 RS-485 表输入界面。当光标停留在不同的输入窗口时，提示信息也将改变；对选定的参数，输入窗口的右边将出现当前的设置信息，同时程序会自动判断当前设备的合法性，并给用户相应的提示信息。

设备定义中所称的脉冲表、RS485 表和 RS232 表并非代表真实的物理表，而是指真实物理表的一个测量量。事件输入指一个单独的事件测点。

在机组名称一栏，程序会自动生成 "1，1，1" 的缺省输入，代表当前注册的测量量在 3 个虚拟积分周期（详见 "参数设置" 窗口的介绍）中都存在。如果要求当前注册的测量量不在某个虚拟积分周期中存在，将相应位置的 "1" 改为 "0" 即可。

设备定义完毕后，点击应用保存按键（Alt+S），新定义将被保存。点击应用按键（Alt+A）后，程序会自动判断当前系统状态，如正在读表，则自动延迟到读表结束，然后对设备进行重新初始化，使新设备生效。在新设备定义保存前，可以选择设置菜单中放弃功能来恢复原来的设置。

"删除" 和 "插入" 功能是十分危险的，因为它将改变电能表的排序，从而使先前的表底值失效。这两项功能一般仅用于初始设置。

设备定义中的设备名称将在数据显示窗口中显示。

设备名称支持中文输入，通过菜单或快捷键 F8 或 "Ctl+Alt" 可激活或关闭中文输入法，中文输入法打开后显示如图 3-11 所示。

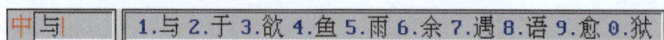

图 3-11 中文输入法打开后显示

输入拼音后，按空格显示可选汉字，通过数字键选择正确的汉字，再次按空格键选中当前页中的第一个汉字；用"〔"和"〕"前后翻页，Esc 键取消当前输入，Shift 键进行中英文输入切换。其他的操作参考程序提示进行。

6. 参数设置工作窗口

参数设置工作窗口如图 3-12 所示。

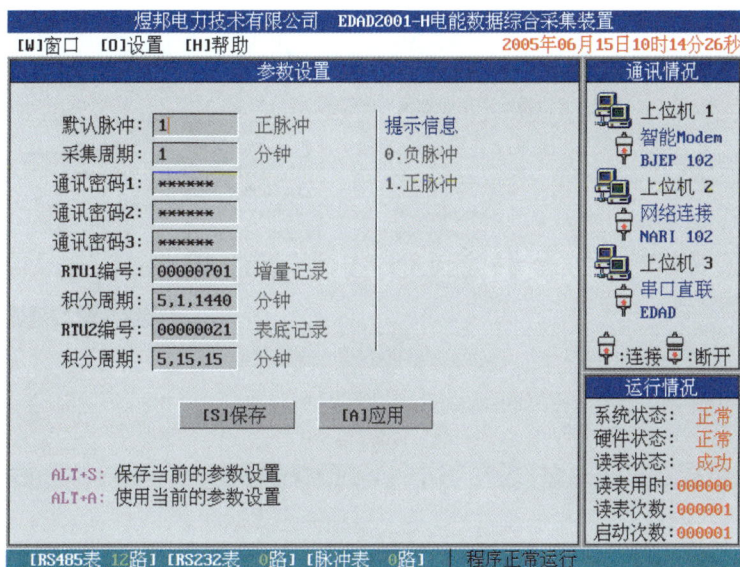

图 3-12　参数设置工作窗口

通过 Tab 键切换输入窗口，以回车键确认输入，其他快捷键请参考提示信息。错误的输入会得到提示。

检测沿对话框用于选择默认的脉冲形式，在设备定义窗口中定义脉冲表时，与默认脉冲形式相同的脉冲表无需额外输入信息。

采集周期指采集器自动抄表的间隔。取值范围是 1～1440min，且必须是 1440 的约数。

通讯密码用于上位机（主站）通信授权。通讯密码 1 对应 1、4 上位机，通信密码 2 对应 2、5 上位机，通讯密码 3 对应 3、6 上位机。

EDAD2001 软件支持两个 RTU 编号，RTU1 对应增量记录（间隔电量），RTU2 对应表底记录（表底电量）。如果输入的编号为 0，则 EDAD2001 不存储相应的记录。

积分周期（TM）是针对 SCTM 和 IED870 等规约的设置，它为每个 RTU 提供 3 个不同的虚拟积分周期。3 个虚拟积分周期要用"，"隔开，且必须是采集周期的整数倍。

点击应用按钮（Alt+S）时，程序会自动判断系统当前状态，如不适合改变参数（如正在读表），程序将等待，并在合适的时候进行重新初始化工作。如果采集周期被改变，当天的数据记录将被删除后重建，请在改变采集周期前将当天的数据读出。对于该界面中的参数请慎重修改。

7. 数据查询工作窗口

数据查询工作窗口如图 3-13 所示。

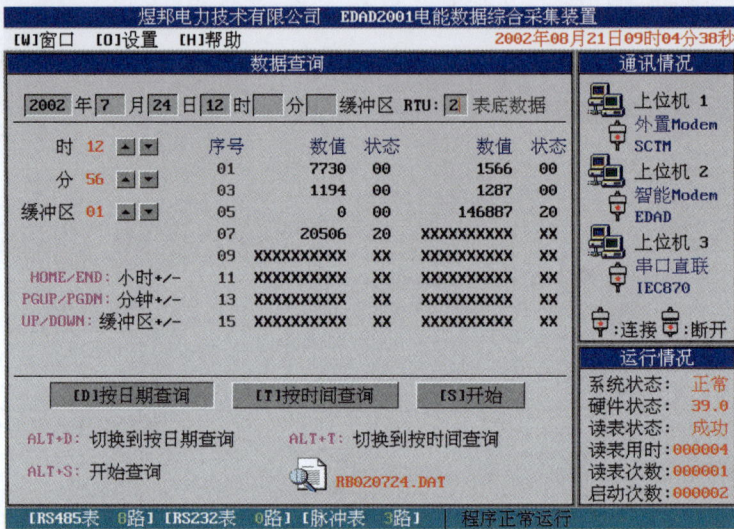

图 3-13 数据查询工作窗口

数据查询窗口是以通信缓冲区为单位对数据进行显示的，一个缓冲区有 16 个测量量，它可以显示同一数据文件中不同时间的数据，也可以显示不同数据文件中同一时间的数据，可以通过窗口中的按钮或快捷键切换。快捷键"Alt+D"将工作模式切换到显示同一数据文件的方式，快捷键"Alt+T"将工作模式切换到显示不同数据文件的方式，按钮的状态指示当前的工作模式。用户在输入窗口中输入参数，程序自动查找相应的数据记录，部分参数有缺省值，对于非法参数或参数不全程序将给出提示信息。

操作中的快捷键请参考提示信息，查询得到的数据在界面上一次显示一个缓冲区的数据，对于该通讯缓冲区中的无效数据，将以"×××"的形式显示出来。数值为十进制显示，状态为十六进制显示。

8. 召测量查询工作窗口

召测量查询工作窗口如图 3-14 所示。

召测量采集可以读取电能表提供的各种信息，目前 EDAD2001 软件已经支持多达 255 种召测量的读取，可以满足各种用户的要求。关于召测量设置详见《EDAD2001 软件配置文件使用说明》。

召测量查询使用"表号"为索引。"表号"是按电能表注册顺序自动生成的，在"数据显示"窗口按"Alt+E"，可在"序号"中显示表号。

召测量查询窗口可分别查询当前数据、历史数据和零点数据，按"Alt+C"可在这三种查询方式中切换。

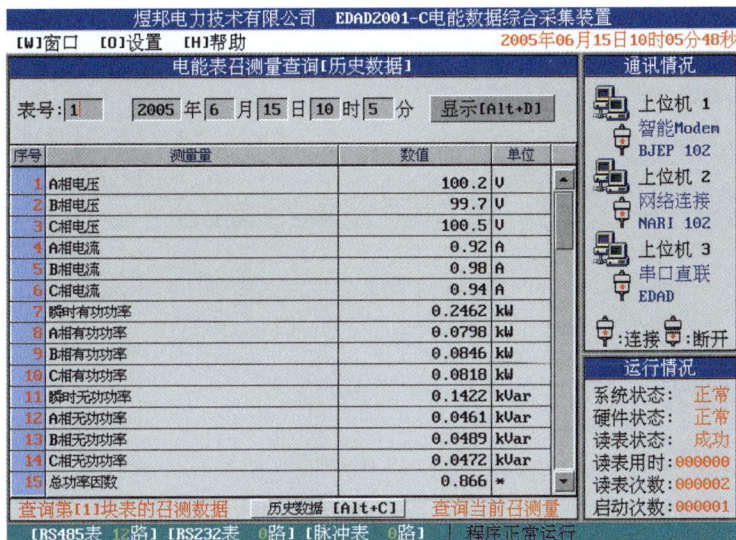

图 3-14　召测量查询工作窗口

输入必要的查询信息后，按"Alt+D"显示查询结果。

9．事件查询工作窗口

事件查询工作窗口如图 3-15 所示。

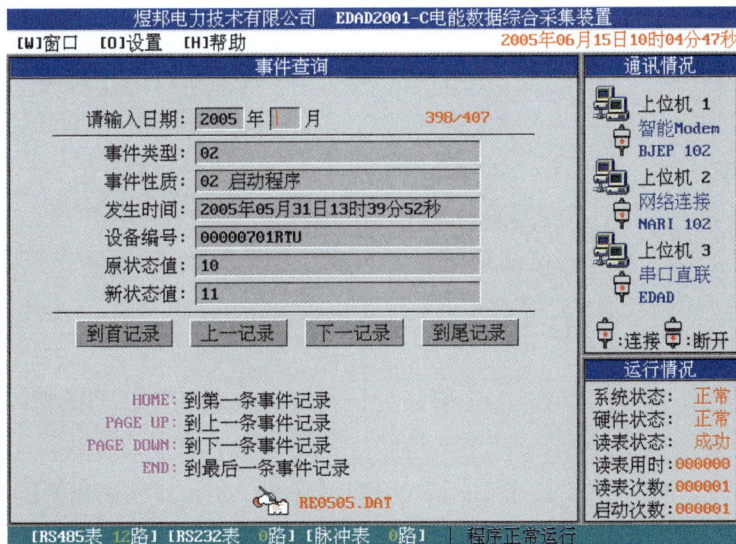

图 3-15　事件查询工作窗口

事件查询用来浏览指定月份中的事件记录，例如开、关机，电表故障，旁代路事件等。输入要查询的年份（缺省为当前年）和月份信息后回车，即可显示当月的事件记录，按界面提示操作即可。

事件包括用户从设备定义窗口定义的事件和程序预设的事件。

同一种事件如果连续发生，程序将只记录第一次。如某电能表发生故障，造成连续的读表失败，则程序只记录第一次，直至下一次成功读表。

3.3　威思顿采集终端说明

本节主要介绍威思顿的机架采集终端，型号为 DF6207。

3.3.1　产品功能

DF6207 采集终端主要有数据采集、维护功能、系统校时、异常记录、告警输出、通信功能、数据存储、数据运算、系统安全性 9 大功能模块。

（1）数据采集。支持最多 16 路 RS-485，可采集 256 块全电子式电能表；支持 DL/T 860（IEC 61850）《变电站通信网络和系统》采集测控装置电能量数据。

（2）维护功能。支持当地维护、远程维护、远程升级功能。

（3）系统校时。支持多种对时方式：人工对时、远方主站、网络服务器（SNTP）、当地卫星钟（B 码）。

（4）异常记录。包含通信故障/恢复记录、设备异常/恢复记录、事件记录功能、用户登录记录、网络连接记录。

（5）告警输出。支持主电源故障告警、副电源故障告警、CPU 故障告警。

（6）通信功能。支持 2～6 路以太网/光纤通信接口；支持 0～2 路 RS232 通信接口；支持 0～2 路拨号调制调解器（MODEM）通信接口；支持 0～2 路电力载波 MODEM 通信接口；支持 0～1 路 4G（全网通）无线通信接口。

（7）数据存储。内置可移动存储卡（容量 2GB，可扩展），能保存电能表的各种类型电能数据、遥测数据、需量数据及失压断相数据等；存储周期 1～1440min，可设置；掉电后数据保持 10 年以上。

（8）数据运算。可根据设定的运算条件，将数据进行相应的逻辑计算，并显示和保存运算结果。

（9）系统安全性。具备密码保护和权限管理功能，防止非法用户的侵入；具备抵抗网络压力、抵御网络风暴的能力。

3.3.2　采集终端结构

DF6207 电能量采集终端采用插箱式结构（19 英寸标准机箱，高度为 3U）。

1. 前面板说明

DF6207 电能量采集终端前面板图如图 3-16 所示，正面配备 7 英寸彩色液晶显示器，触摸屏输入，一个 USB 接口，另一个 RJ45 维护接口，五个状态指示灯。

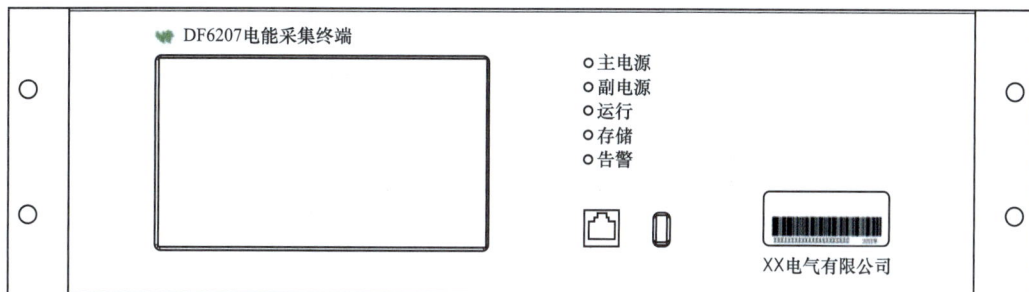

图 3-16　DF6207 电能量采集终端前面板图

终端面板上有 5 个指示灯用以显示设备的运行状态："主电源"为电源指示灯，绿色表示主电源接通；"副电源"为电源指示灯，绿色表示副电源接通；"运行"为运行指示灯，绿色表示正常时闪烁；"存储"为存储指示灯，橙色表示读写数据时闪烁；"告警"为报警指示灯，红色表示系统自检异常。"USB"接口用于现场程序升级或数据转存；"RJ45"接口用于现场维护或抄读数据。

2. 后面板说明

DF6207 电能量采集终端后面板图如图 3-17 所示。

图 3-17 中，电源模块包含 2 路交/直流通用电源，自动无缝切换；交直流自适应，不区分输入电源极性。CPU 模块包含 2 路 10/100M 自适应以太网接口、3 路告警输出接口、B 码对时接口、PPS 秒脉冲输出接口。通道配置包含 8 路 RS-485 接口。

3.3.3　安装尺寸

DF6207 电能采集终端依靠四个公制螺纹（M6）的螺钉固定在机柜屏中，安装尺寸如图 3-18 所示。

前面板开孔尺寸如图 3-19 所示。

3.3.4　软件操作说明

1. 界面介绍

DF6207 电能采集终端配备 800×480 像素大屏幕彩色液晶，全中文显示，简单直观，操作方便。提供的人机交互界面，便于用户设置参数、浏览数据及查看设备运行状态等。

DF6207 电能采集终端配备触摸屏输入，支持数字、字符、汉字等多种类型输入法，使用时可通过 USB 口外接鼠标，方便现场配置参数。运行主界面如图 3-20 所示。

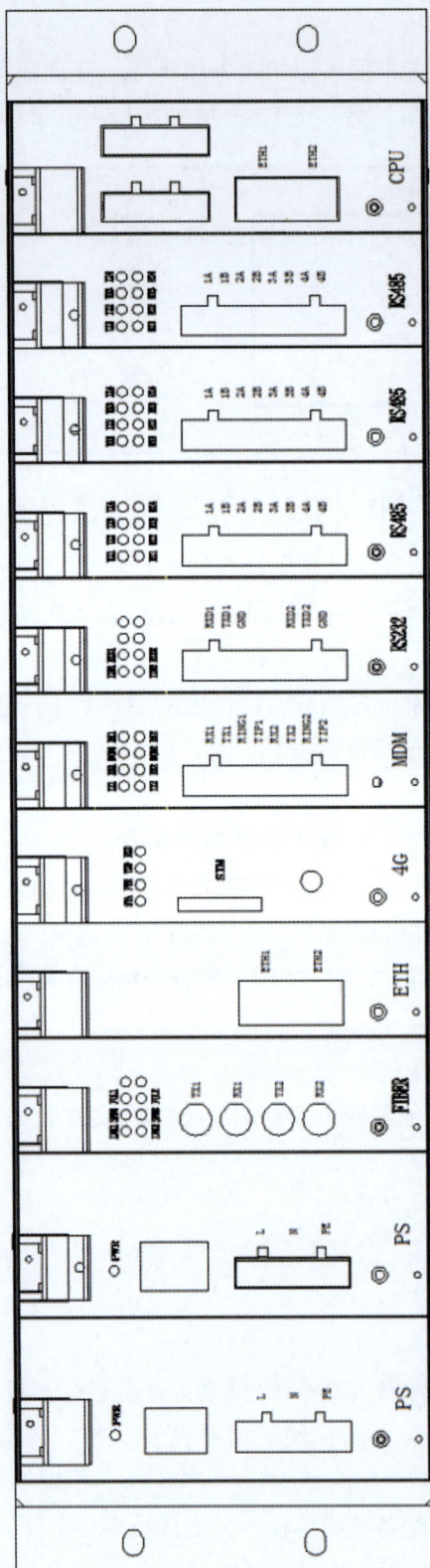

图 3-17 DF6207 电能量采集终端后面板图

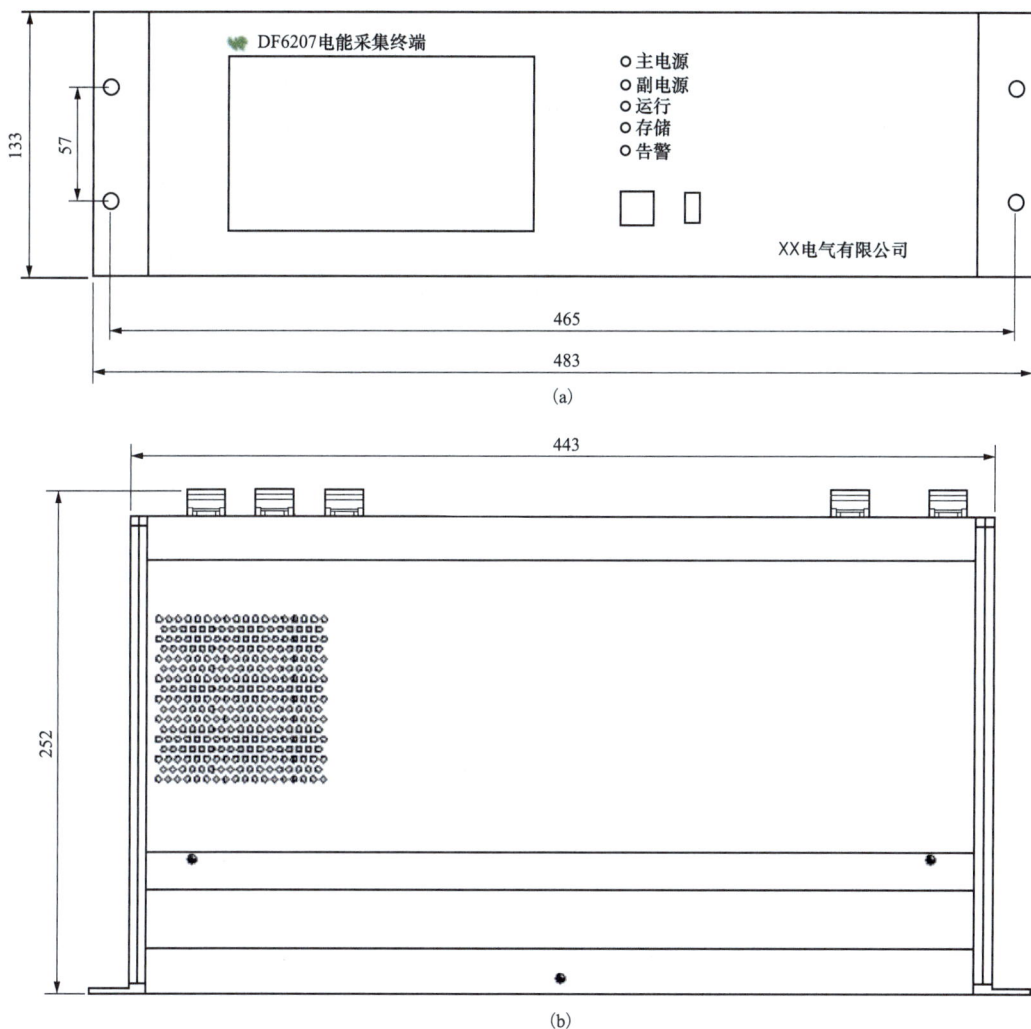

(a)

(b)

图 3-18 安装尺寸图

（a）尺寸图一；（b）尺寸图二

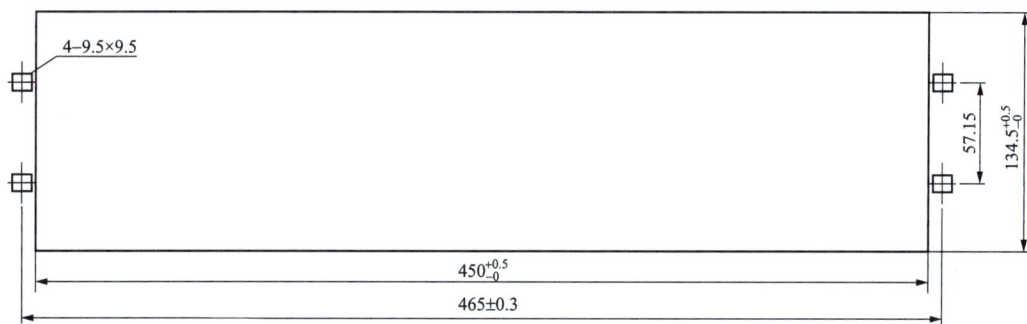

注 四个安装孔为方孔，适用于卡式螺母。

图 3-19 前面板开孔尺寸

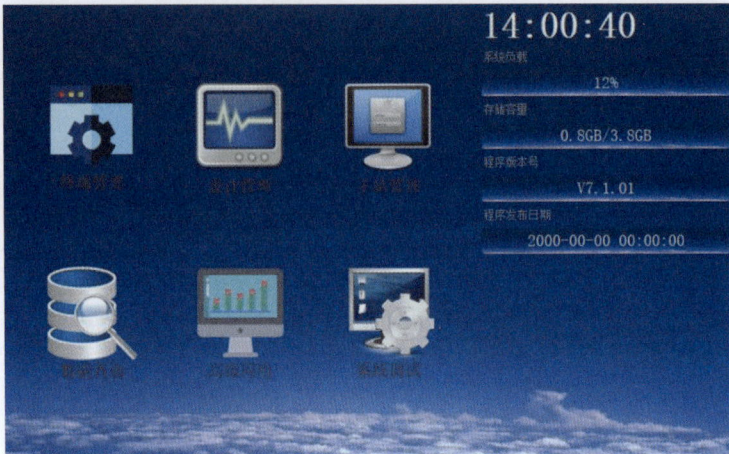

图 3-20　运行主界面

2. 终端管理

终端管理用于查看和设置采集终端系统相关的各项参数，例如系统时钟、存储周期、通道参数、用户权限等。终端管理界面如图 3-21 所示。

图 3-21　终端管理界面

（1）"系统时钟"用于查看和设置日期、时间。

（2）"存储设置"用于查看和设置存储天数、存储周期。其中，存储天数为历史曲线数据最大保存天数（循环覆盖存储）；电量曲线存储周期为终端转存的实时电量；遥测曲线存储周期为终端转存的实时遥测；需量曲线存储周期为终端转存的实时需量；电量负荷曲线存储周期为终端采集电能表的电量负荷曲线（需要电能表支持）；遥测负荷曲线存储周期为终端采集电能表的遥测负荷曲线（需要电能表支持）；增量负荷曲线存储周期为终端采集电能表的增量负荷曲线（需要电能表支持）。

（3）"运行参数"用于查看和设置终端运行相关参数，其中，对时钟有效范围表示系统校时的上下限范围（设为 0 时无条件接受对时）；电能表时钟报警门限表示终端时间与电能表时间超过设定值时，生成事件记录；是否自检表示采集终端是否定期自检；自检周期表示采集终端定期自检的周期。

（4）"通道参数"用于查看和设置网络参数、无线通道参数，其中，网卡参数配置为设置本地网络的 IP 地址、子网掩码、网关；GPRS 参数配置为设置无线通道的 IP 地址、端口号、通信模式、接入点名称（APN）、心跳周期等参数。

（5）"用户管理"用于查看和设置用户名称、用户权限。

3. 表计管理

表计管理用于查看和设置表计档案相关参数，例如线路名称、电能表地址、通信规约、通信端口、通信参数、通信密码、采集方案等，表计管理界面如图 3-22 所示。

图 3-22　表计管理界面

"表计参数"用于添加、删除、修改表计档案参数。"采集方案"用于设置电能表数据项的采集周期（设为 0 时表示循环采集）。"表计测试"用于现场调试时测试表计通信是否正常。

4. 主站管理

主站管理用于查看和设置主站档案相关参数，例如通信规约、通信地址、通信参数、上传表计顺序、上传数据方案等，主站管理界面如图 3-23 所示。

"主站设置"用于添加、删除、修改主站档案参数。"通道状态"用于查看通道当前状态、最近一次通信时间。

5. 数据查询

数据查询用于查看终端数据、终端事项、运行信息等数据，数据浏览查询界面如图3-24 所示。

图 3-23　主站管理界面

图 3-24　数据浏览查询界面

　　"当前数据"用于查看电能表的实时数据（电量、遥测、最大需量）、电能表时间。"历史数据"用于查看电能表的历史曲线数据、负荷记录数据、日冻结数据、月冻结数据（曲线数据是由终端采集电能表当前数据转存生成，其他类型数据均为采集电能表内冻结数据）。"终端事项"用于查看终端和电能表的事件记录，例如终端启动、终端关机、参数修改、时钟修改、电能表通信故障/恢复、电能表失压开始/恢复、电能表断相开始/恢复、电能表时钟超差开始/恢复等。"运行信息"用于查看终端的运行日志及发生时间，例如系统启动、参数文件修改、用户登录、程序升级记录等。

　　6. 高级应用

　　高级应用用于程序升级、数据导入、数据导出、磁盘格式化等，高级应用界面如图3-25 所示。

图 3-25　高级应用界面

"应用升级"用于通过 U 盘升级终端应用程序。

"数据导入"用于将 U 盘内参数或数据导入至终端中。

"数据导出"用于将终端中参数或数据导出至 U 盘中。

"格式化"用于清除磁盘所有参数和数据（请谨慎使用）。

7. 系统调试

系统调试用于查看终端信息、通道测试、系统重启等，系统调试界面如图 3-26 所示。

图 3-26　系统调试界面

"关于终端"用于查看终端信息，例如程序版本、发布时间、磁盘容量、剩余内存、内核版本等。"通道测试"用于测试网络通道是否正常。"远程协助"用于远程协助、远程维护、远程升级等。"系统重启"用于重启采集终端。

3.4 河北合纵采集终端说明

本节主要介绍河北合纵电子技术有限公司的机架采集终端，型号为 HEZO317R。

3.4.1 产品功能

HEZO317R 机架式采集终端使用 Linux 嵌入式操作系统，其最大的特色是低功耗和强抗干扰能力，系统原理图如图 3-27 所示。该型设备具有丰富的接口资源及易于功能扩展的特点。终端配置大容量 Flash，并通过 SD 卡进行重要数据备份。终端通过 RS-485接口、开入量接口等采集电能表数据或开关变位信息，预处理后进行存储。通过以太网、无线网络或专用调度数据网络，可在远方主站设置参数、召测实时数据、历史数据、告警事件等，并可主动上报重要事件及数据。

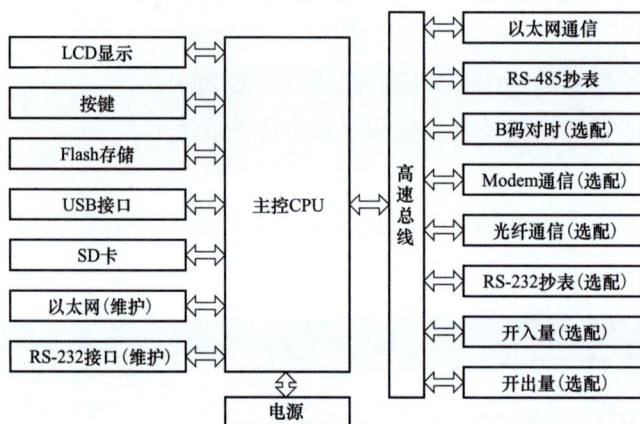

图 3-27　系统原理图

1. 数据采集

HEZO317R 采集终端可通过 RS-485 接口定时采集电能表的各项数据（如正反向有功、无功电能量、最大需量、电压、电流、事项记录等）。可采集开关变位等遥信量触发事项生成或执行相关操作。每路抄表通道可同时支持多种电表规约、通信速率，如 DL/T 645《多功能电能表通信协议》、IEC 62056《配电线报文规范》、IEC 1107《读表、费率和负荷控制的数据交换——直接本地数据交换》等，还可以按照需求灵活扩展支持多种智能电能表通信规约。

抄表方案灵活方便，终端支持 16 套抄表方案，每套抄表方案中可根据需求灵活选择电能、最大需量、遥测量、事项记录、日月冻结等任务类别，其中可选择采集多种电能表数据、任务优先级、采集起始时间、采集密度及数据源等配置。数据源可选实时值，冻结值和负荷记录。

支持抄表通道切换功能，可将某抄表通道全部电表档案切换到另一抄表通道中。

2. 数据存储

HEZO317R 采集终端数据存储可靠，存储容量大。数据存储时，采用带校验差错控制的数据存储技术，在整个数据存储区，每一条数据记录都具有校验差错控制，从而确保送往主站的电能数据准确和可靠。Flash 容量为 8Gbit，能存储电能表的各种类型电能数据，包括曲线数据、日冻结数据、月冻结数据、事件数据；数据文件格式和 Windows 完全兼容，易拷贝；掉电后数据保持 10 年以上；可以配置 SD 卡作为数据热备份单元。抄表数据存储最近 62（可设置）天 5min 曲线数据、最近 93（可设置）天日冻结数据、最近 36（可设置）个月冻结数据。

3. 数据传输

HEZO317R 采集终端可选择以太网、4G/GPRS、MODEM、RS-485 等多种上传通道与主站进行数据通信。与主站通信规约可采用 DL/T 719《远动设备及系统 第 5 部分：传输规约 第 102 篇 电力系统电能累计量传输配套标准》（IEC 60870-5-102《电力系统电能量累计量传输通信协议》）、DL/T 860《变电站通信网络和系统》（IEC 61850《电力系统自动化领域全球通用》）、DL/T 698.41《电能信息采集与管理系统 第 4-1 部分：通信协议—主站与电能信息采集终端通信》（Q/GDW 376.1《主站与采集终端通信协议测试方法》）等规约，支持 TCP/IP 协议，支持 10M/100M 以太网口，保证长时间高速通信。

4. 校时

HEZO317R 采集终端具有实时时钟和日历，时钟可由主站定期校准，也可在当地通过 B 码校时、网络时钟服务器或人工对时。同时终端也可对智能电能表校时，每次抄读电能表日期时间后，与终端当前时间进行比对，根据电能表档案里的设置，产生告警或对电能表进行校时，也可根据主站发的命令进行对单个电能表进行校时或对所有电能表进行校时。

5. 事项记录及告警方案

HEZO317R 采集终端可记录多种告警事项。终端的一般事件或重要事件记录可以被主站定期查询，也可以在终端中直接查询。

6. 安全功能及用户管理

HEZO317R 采集终端具有三级密码设置和权限管理，防止非法操作。终端设置三级用户权限，普通权限用户只可以浏览终端的参数、数据等信息，不能更改其他任何项目；高级权限用户可以更改对应权限的设置参数、查询采集到的数据，可以修改普通级和高级用户密码；超级用户可以对终端进行任何操作。默认的普通用户默认密码为空；高级权限用户密码默认为 111111，超级用户密码默认为 010203。每级权限的用户只可看到本权限下可操作的菜单。用户管理可查询所有权限用户的登录记录，包括用户级别、登录时间、退出时间。可修改无操作后自动退出的时间。

7. 自恢复

HEZO317R 采集终端具有看门狗电路，可使系统从异常状态自动恢复，不会发生死机现象，终端断电或掉线后能自动复位上线。监控程序会监测每个任务运行情况，发现异常时会及时发现并处理。

8. 人机交互

终端采用 7 寸大屏幕彩色显示器，分辨率为 800×480，24 位 RGB 真彩色显示，能同屏显示多种信息，如电能表总电量及分时电量、电压电流功率信息、电能表档案信息、远方通信配置等。终端按键为电容触摸按键，通过手动触摸感应即可实现相应按键功能。使用触摸按键可以增加按键的使用寿命，防尘能力也会提高。可通过键盘进行查询数据、设置参数、设备调试、程序升级。中文提示操作步骤、注意事项、参数异常，用户无需多看说明书就可轻松掌握操作技巧，无需了解终端技术实现细节。

9. 在线升级及维护调试

HEZO317R 采集终端支持当地或远方在线升级程序和断点续传。终端支持主芯片及所有扩展板卡芯片、触摸按键板芯片程序的升级；支持主站利用通信通道对终端的软件及通信规约进行远程自动升级及断点续传，远程升级保证终端内的数据安全；支持通过 USB 升级各终端芯片程序。

可通过查询"抄表状态""采集统计""运行状态分析"，执行"网络测试""抄表测试"等功能，全面、系统分析和维护调试。各功能模块可灵活配置、安装，方便进行功能扩展。

3.4.2　采集终端结构

1. 前面板灯

终端前面板结构图如图 3-28 所示。图 3-28 中，运行灯用于终端运行状态指示，绿色，亮一秒灭一秒交替闪烁表示终端运行正常，常亮或常灭表示终端运行异常；告警灯用于告警状态指示，红色，灯亮一秒灭一秒交替闪烁表示终端告警。

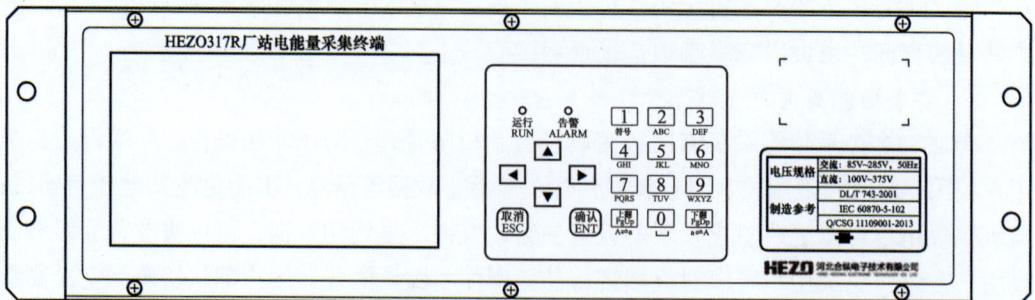

图 3-28　终端前面板结构图

2. 工作电源

支持交、直流供电，模块化设计，具备双电源冗余热备。交流电源电压输入范围为85~285V；频率为50Hz，允许偏差-6%~+2%。直流电源电压输入范围为100~375V，直流电源电压纹波不大于5%。

3. 标准接口配置

接口配置（前面板）1路USB接口、1路RS232接口和1路调试以太网接口。终端后面板结构图如图3-29所示，通道配置485扩展板2块（单板带4路RS-485接口）、以太网扩展板1块（单板带2路10/100M自适应以太网口）。

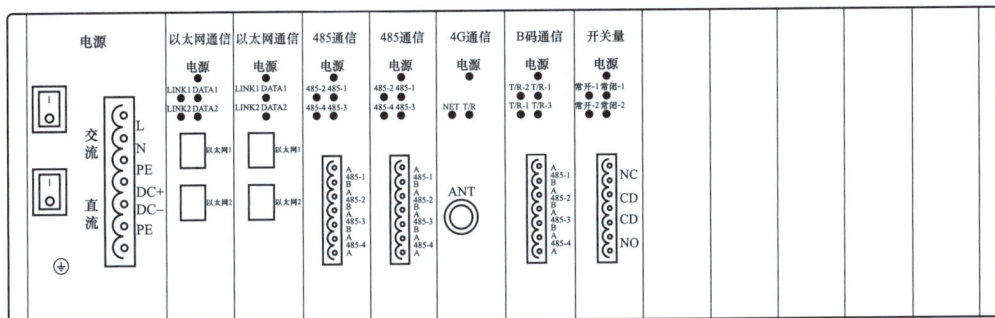

图3-29 终端后面板结构图

核心板存储容量为8Gbit。

输入电源（电源板）为交流85~285V，直流100~375V，交、直流电源双输入自动无缝切换。

终端配置标准是满足现场基本抄表和上行传输的基本配置。如果现场有其他功能扩展要求，或者抄表接口和上行通道接口不能满足实际需求，可以另外增加相应的功能扩展模块。

4. 扩展配置

终端可按照实际需求进行功能模块的扩展配置，可供扩展的功能模块如下：

（1）存储扩展。可扩展配置SD卡作为数据热备份单元。

（2）通道扩展。4G（GPRS）扩展板配置为4G（GPRS）无线通信；以太网扩展板配置为单板2路10/100M以太网接口；MODEM扩展板配置为单板2路MODEM接口；RS-485扩展板配置为单板4路RS-485抄表接口；RS232扩展板配置为单板2路RS-232抄表接口；B码对时扩展板配置为单板1路RS-485方式的IRIG-B码对时接口，并扩展1路RS-485接口的上行通道。

（3）开入/出量扩展。开入量扩展板配置为单板8路开入量；开出量扩展板配置为单板4路开出量。

5. 电源模块板

终端电源支持交流和直流同时接入，可实现交、直流供电无缝切换，交、直流各有开关控制电源接入。终端能够实时获取终端电源供电信息，当交流侧掉电，终端自动切换到直流备电侧，并上报终端掉电信息。

6. RS-485 通信模块

终端标配两块 RS-485 通信板，每块 RS-485 通信板上有 4 路 RS-485 抄表口，即每台终端配置 8 路 RS-485 抄表接口。当标配抄表接口不能满足现场使用时，可按照实际需求增加 RS-485 通信板卡。当一台终端配置了两块及以上的 RS-485 通信板，RS-485 接口编号顺序按照槽位编号顺序依次递增。例如，槽位 1 和槽位 2 分别配置了 RS-485 通信板，则槽位 1 的 RS-485 接口编号为 RS-485-1～RS-485-4，槽位 2 的 RS-485 接口编号为 RS-485-5～RS-485-8。以此类推。

RS-485 通信板接口及 LED 指示灯定义如图 3-30 所示，指示灯含义如下：电源灯为模块上电指示灯，红色，灯亮表示模块上电，灯灭表示模块失电。485-1 为 RS485-1 通信状态指示，红灯闪烁表示模块接收数据；绿灯闪烁表示模块发送数据。485-2 为 RS485-2 通信状态指示，红灯闪烁表示模块接收数据；绿灯闪烁表示模块发送数据。485-3 为 RS485-3 通信状态指示，红灯闪烁表示模块接收数据；绿灯闪烁表示模块发送数据。485-4 为 RS485-4 通信状态指示，红灯闪烁表示模块接收数据；绿灯闪烁表示模块发送数据。

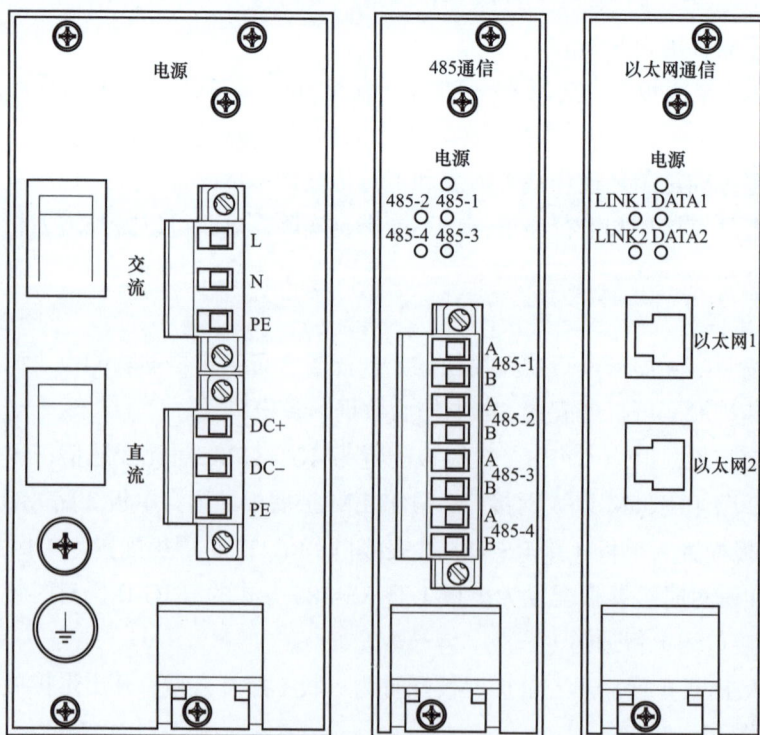

图 3-30 RS-485 通信板接口及 LED 指示灯定义

（1）RS-485 接口接法及说明。RS-485 接口使用可插拔式凤凰端子，方便终端接线操作。接线时注意和电能表的 A、B 相互对应，不可反接。其中 DL/T 645—2007 规约的电能表波特率为 2400bit/s，DL/T 645—1997 规约的电能表的波特率为 1200bit/s。

终端通过 RS-485 串口采集表的数据。RS-485 通信线建议采用 2 芯屏蔽通信线，直径不小于 0.5mm，最大接入直径为 2.0mm（尽量使用较粗的屏蔽通信）。终端 RS-485 接口的 A 端（RS-485 的"+"极）与电能表 RS-485 接口的 A 端（或 A+端）相连，RS-485 接口的 B 端（RS-485 的"−"极）与电能表 RS-485 接口的 B 端（或 A−端）相连，屏蔽层必须一端接地。

（2）485 总线检查说明。当终端与现场表计接线完毕后，在调试之前，要检查一下整个回路是否接线正确，可借鉴以下几种方法：

1）接线颜色区分。该方法最简单易行。

2）对线法。在电缆已经预先埋设，并且没有标记的情况下，可以先采用对线法来区分电缆中的每根电线。对线法的具体操作是将电缆一端的某一根电线接地，然后在电缆的另一端测量每根电线对地的电阻，如果某根电线的对地电阻很小或者为零，则可判定该电线接地。

3）测量电压法。用万用表测量该回路 RS-485 的 A 与 B 端之间的电压，正常范围应在 2～5V 之间，如果测得的电压为 0 或接近于 0，甚至为负值，说明在该回路中有的表计 RS-485 的 A、B 端接线有接反或短路的可能，需要逐个表计进行检查。

7. 以太网通信模块

每块以太网通信板有 2 路以太网接口，每台终端标配两块以太网板卡，即有 4 路以太网接口。如果以太网接口数量不能满足现场要求，可按照需求进行功能模块扩展。当一台终端配置了 2 块及以上的以太网通信板，以太网接口编号顺序按照槽位编号顺序依次递增。例如，槽位 3 和槽位 4 分别配置了以太网通信板，则槽位 3 的以太网接口编号为以太网 1 和以太网 2，槽位 4 的以太网接口编号为以太网 3 和以太网 4，以此类推。

以太网通信板接口及 LED 指示灯含义如下：电源灯为模块上电指示灯，红色，灯亮表示模块上电，灯灭表示模块失电；LINK1 灯为以太网-1 状态指示灯，绿色，灯常亮表示以太网-1 口成功建立连接；LINK2 灯为以太网-2 状态指示灯，绿色，灯常亮表示以太网-2 口成功建立连接；DATA1 灯为以太网-1 数据指示灯，红色，灯闪烁表示以太网-1 口上有数据交换；DATA2 灯为以太网-2 数据指示灯，红色，灯闪烁表示以太网-2 口上有数据交换。

3.4.3 安装尺寸

终端外形尺寸图如图 3-31 所示。

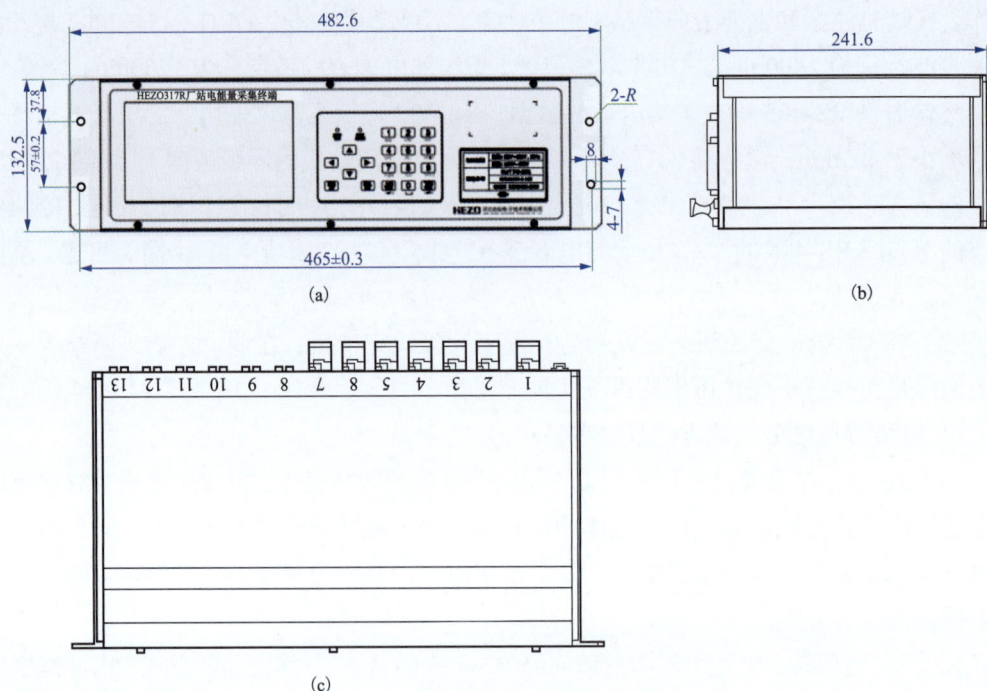

图 3-31　终端外形尺寸图

（a）前面板尺寸；（b）宽度尺寸；（c）上视结构

3.4.4　软件操作说明

1. 键盘说明

终端按键功能表见表 3-4，机架式厂站终端按键示意图如图 3-32 所示。

表 3-4　　　　　　　　　　　　　终端按键功能表

按　　键	说　　明
"← ↑ ↓ →" 光标键	方向键，用于菜单选择
确认 ENT	确认键，用于输入、修改、删除等信息的确认
取消 ESC	取消键，用于返回上一级菜单或者取消一次设置操作
键 1、2、3、4、5、6、7、8、9、0	数字键，用于输入数字 1、2、3、4、5、6、7、8、9、0，支持 9 宫格拼音汉字输入
上翻 PgUp	功能键，在多页显示时用于上翻
下翻 PgDn	功能键，在多页显示时用于下翻

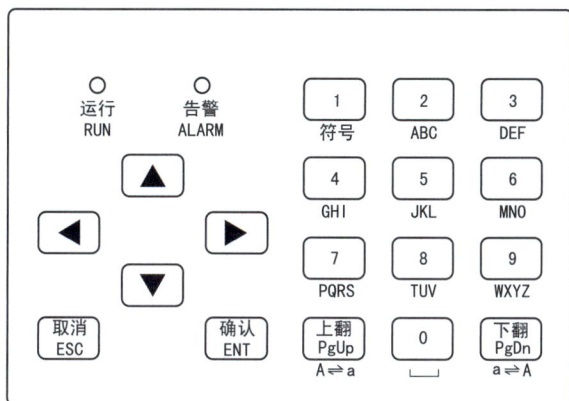

图 3-32　机架式厂站终端按键示意图

2. 主界面显示

机架式厂站终端上电，运行指示灯闪烁，液晶背光点亮，后续终端显示启动画面，之后显示静态界面。主界面显示如图 3-33 所示。

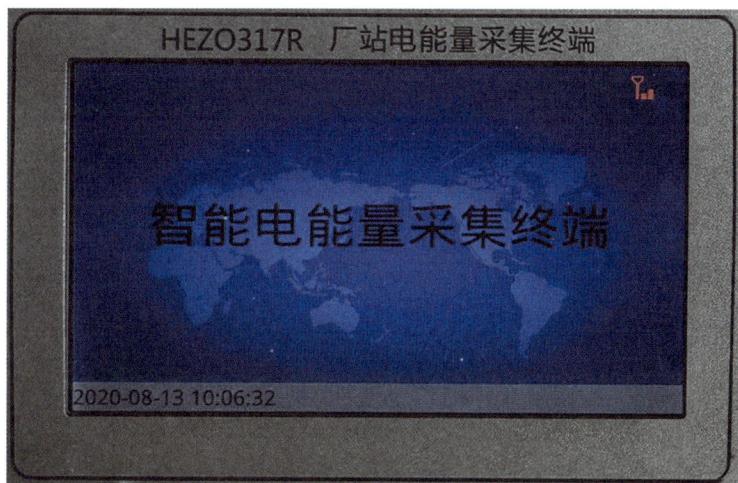

图 3-33　主界面显示

3. 菜单界面

在静态界面按任意键可出现用户登录界面，用户登录界面如图 3-34 所示。

普通、高级、超级 3 个权限初始密码分别为无、111111、010203，若登录不了，询问现场人员设置的密码。

输入密码登录后，即进入主菜单界面，共分为 6 大类，主菜单界面如图 3-35 所示。

4. 数据查询界面

数据查询界面如图 3-36 所示，数据查询界面分为以下 5 个二级菜单，分别可查询当前、曲线、日冻结、月冻结数据及实时电表时间。

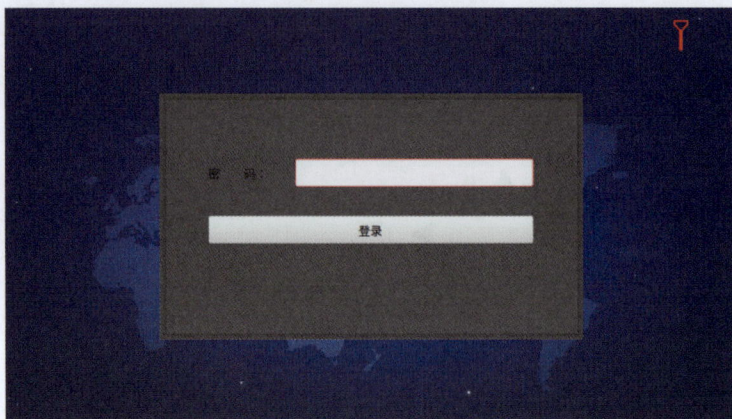

图 3-34　用户登录界面

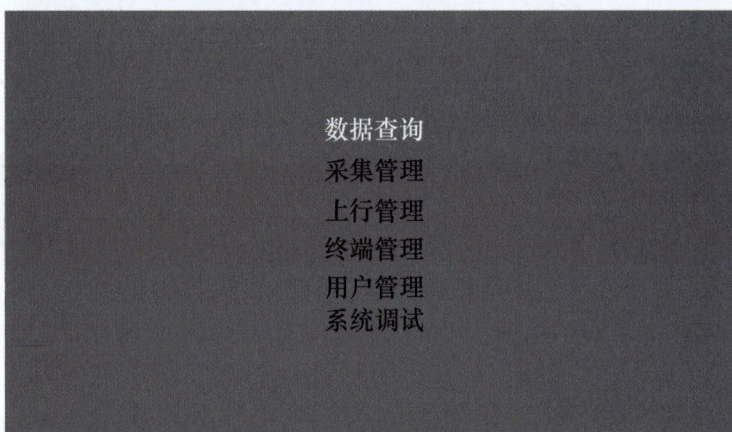

图 3-35　主菜单界面

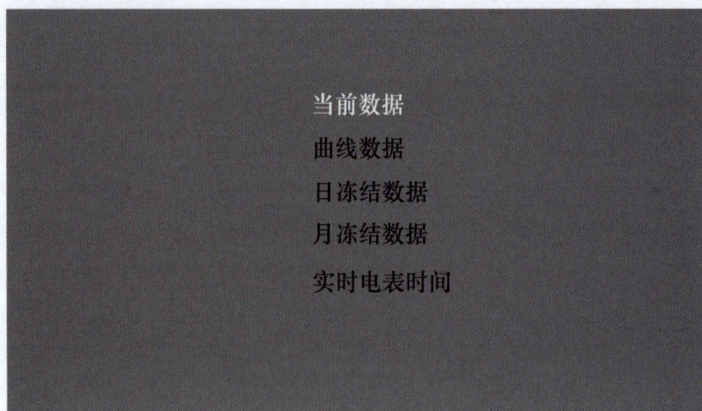

图 3-36　数据查询界面

（1）当前数据。当前数据查询界面如图 3-37 所示，进入当前数据界面后，可通过手动输入表号或者选择档案（选择通道—表计）方式选定一块表计，在顶层选择需要抄读的数据项即可查询。注意本界面数据均从周期数据中取的，非实时抄读数据。

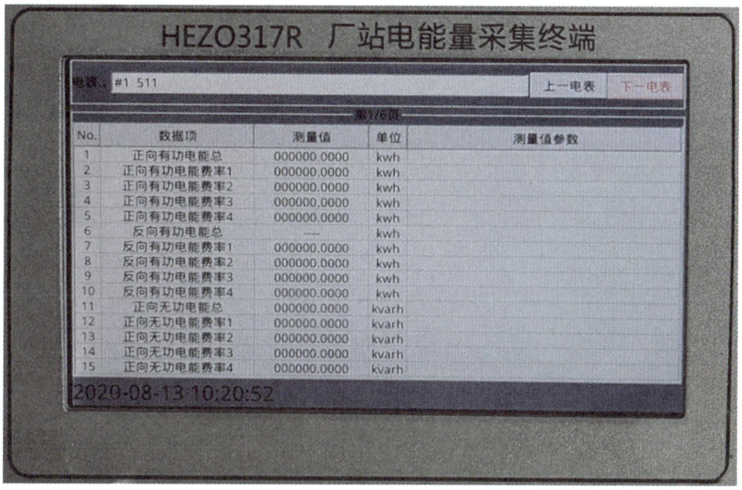

图 3-37　当前数据查询界面

（2）曲线数据。界面中可选择表号、需要查看的数据项、日期及时间间隔，灵活查看曲线记录。

（3）日、月冻结数据。界面中可选择表号、数据项及时间范围进行查看。

（4）实时电表时间。实时电表时间界面如图 3-38 所示，可以清楚先显示电能表时间及终端时间。

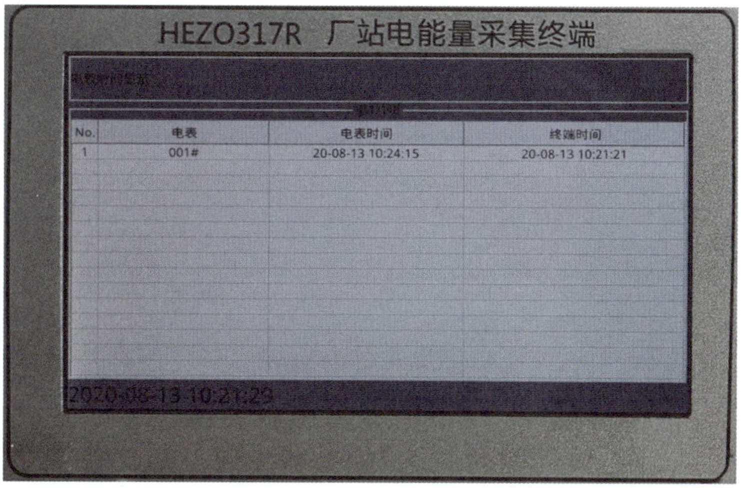

图 3-38　实时电表时间界面

5. 采集管理界面

采集管理界面如图 3-39 所示，在采集管理中分为以下 6 个二级菜单，分别档案管理、采集任务、电表通讯状态、通道切换、抄表测试及 IEC 61850 抄表设置。

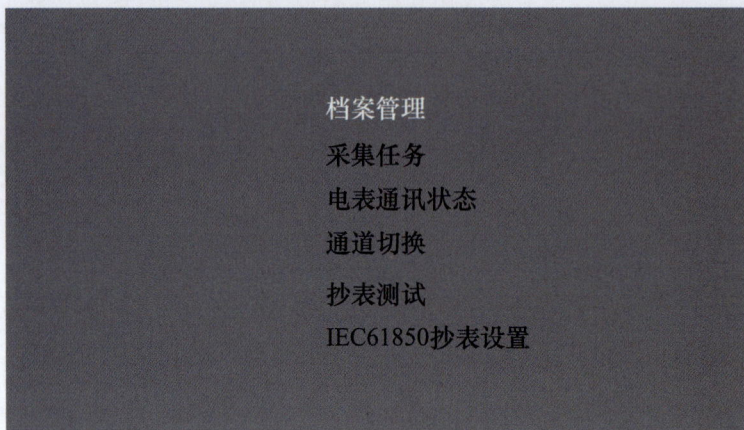

图 3-39 采集管理界面

（1）档案管理。档案管理界面如图 3-40 所示。进入界面中选择操作有添加档案、所有通道及各单一通道。

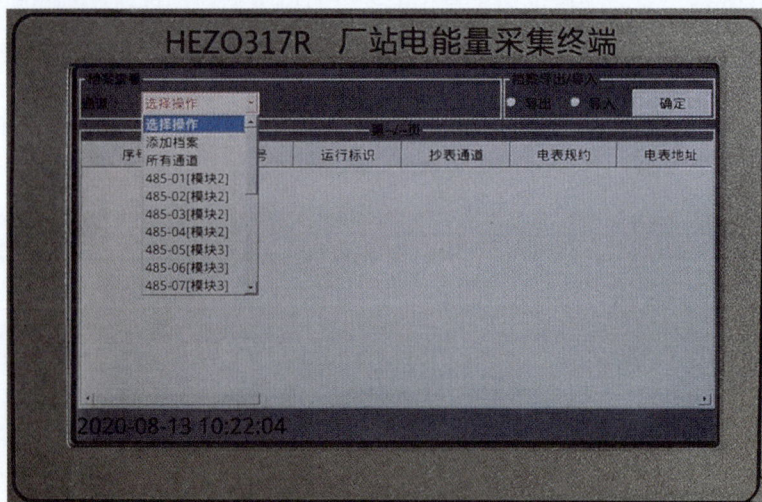

图 3-40 档案管理界面

选择添加档案后，右侧显示清除表格、添加和保存字样。选择添加，出现档案填写界面，可批量添加。添加完后按取消键返回，此时需要选择保存才能输入到终端中。假如输入有问题，可以选择清除表格，将下面的档案清除。如同 Excel 表格一样，在添加完档案后需要点击保存才会存储到终端。

选择所有通道或者某一单一通道，可以删除此通道全部档案，或者查看通道下表计档案内容，查看通道下表计档案界面如图 3-41 所示。

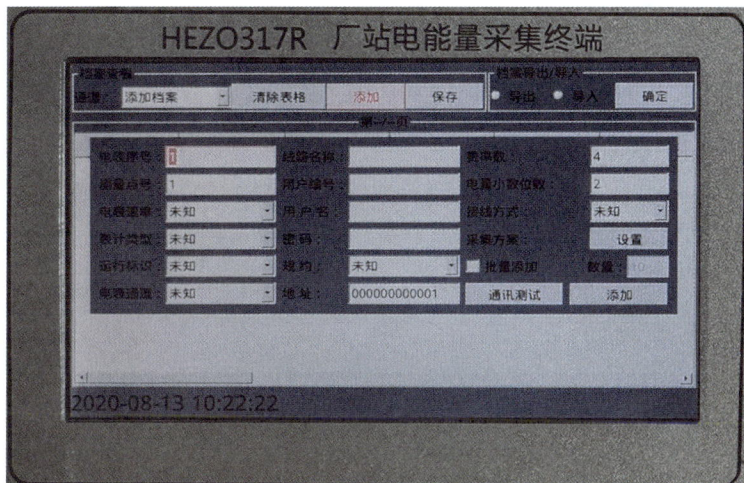

图 3-41 查看通道下表计档案界面

添加档案需注意配置电能表序号、测量点号、电能表速率、表计类型、运行标识、电能表通道、规约、地址、接线方式等，在添加表计信息完成后，可进行通信测试，检测所配置参数是否能够抄读成功。

（2）采集任务。在采集管理界面可以勾选采集任务，勾选相应的采集任务后采集终端会根据相应的任务方案进行抄读数据。勾选采集任务界面如图 3-42 所示。

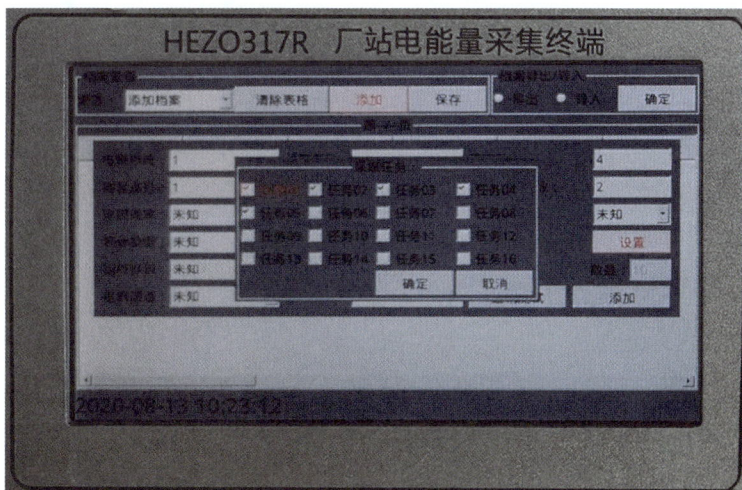

图 3-42 勾选采集任务界面

电量曲线任务界面如图 3-43 所示，可配置 16 个采集方案，类别分为电量曲线、需量曲线、遥测量曲线、日冻结、月冻结、电表事件、当前数据-负荷电量曲线、负荷遥测量曲线九类数据。需量曲线任务界面如图 3-44 所示，遥测量曲线任务界面如图 3-45 所示。每个采集方案可以命名方案名称，选择采集的数据项，执行的任务优先级、采集间隔、采集起始时间及数据来源是实时值还是冻结值或者负荷记录。

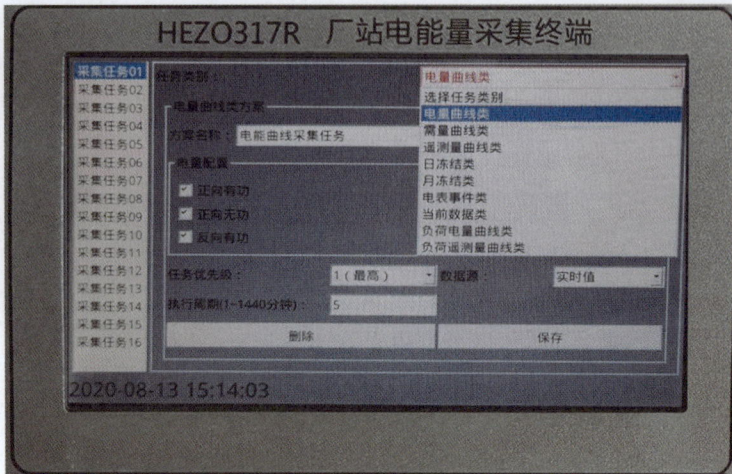

图 3-43　电量曲线任务界面

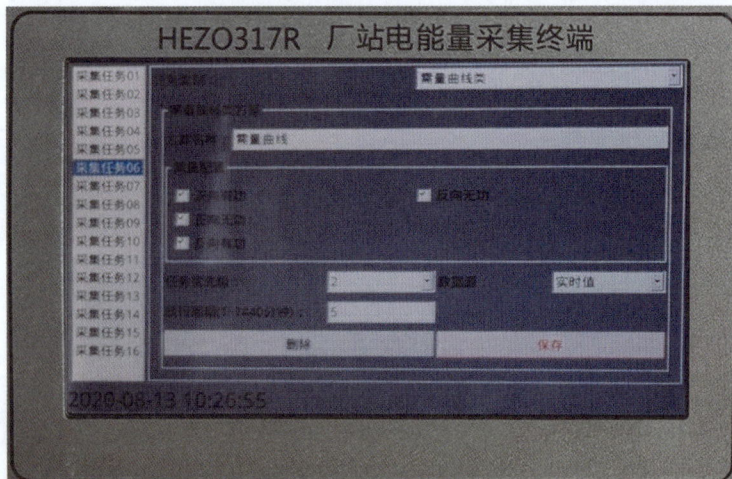

图 3-44　需量曲线任务界面

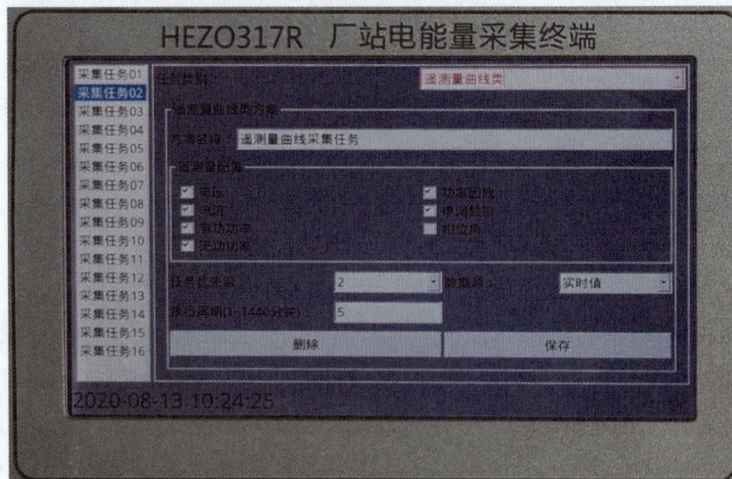

图 3-45　遥测量曲线任务界面

（3）电表通讯状态。电表通讯状态界面如图 3-46 所示，可以查询上一周期表计的通讯状态是否正常。

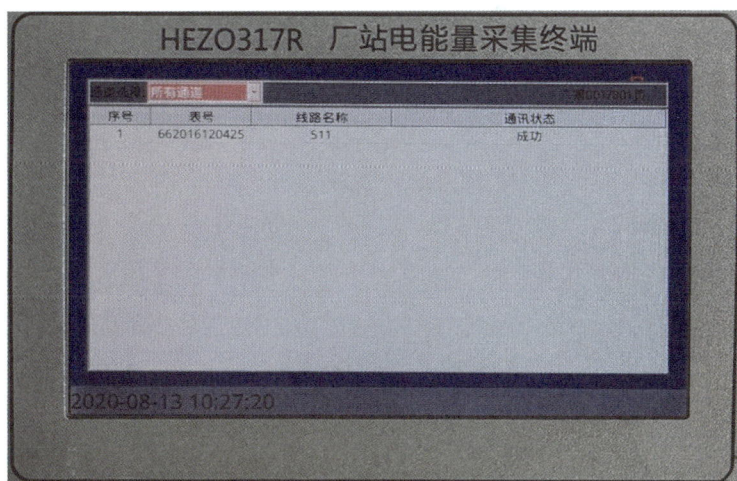

图 3-46　电表通讯状态界面

（4）通道切换。通道切换界面如图 3-47 所示。可以选择将某一通道下的表计全部切换到另一通道中，适用于更换线路或者通道添加错误的情况。

（5）抄表测试。抄表测试界面如图 3-48 所示。通过实时抄读正向有功值，判断通路是否正常。

6. 上行管理

上行管理如图 3-49 所示，在上行管理中分为以下 5 个二级菜单，分别上行配置、以太网连接信息、网络测试、无线连接信息、IEC 61850 服务设置。

图 3-47　通道切换界面

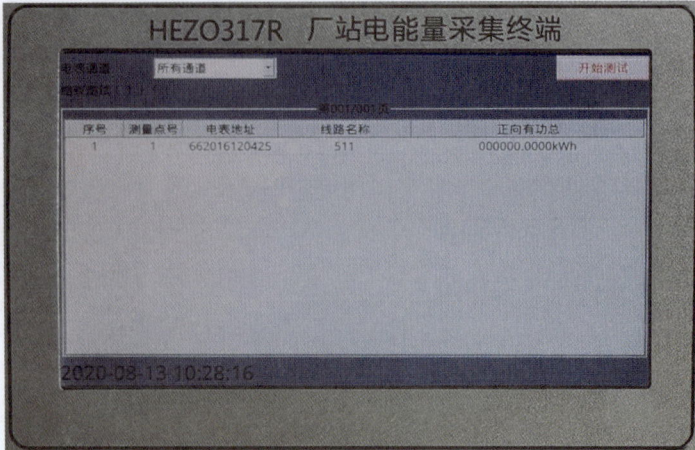

图 3-48　抄表测试界面

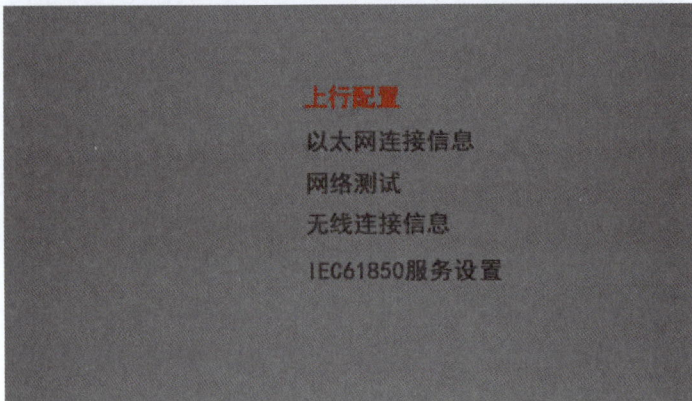

图 3-49　上行管理

（1）上行配置。上行配置界面如图 3-50 所示。通道选择分为 ETH0、ETH1、ETH2、ETH3、ETH4、RS232 及 MODEM 类，根据现场使用进行配置。

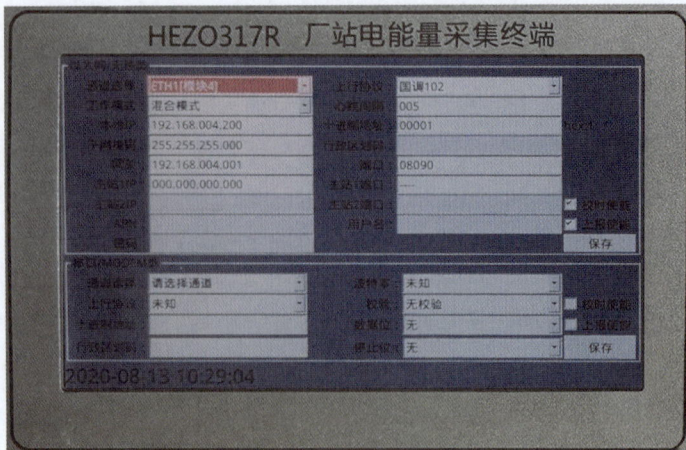

图 3-50　上行配置界面

此配置需要在现场安装设置，提前与业主方沟通好各信息。每路通道的终端地址、心跳间隔，IP 等信息均独立，不会相互影响，支持多主站登录。

（2）以太网连接信息。以太网连接信息界面如图 3-51 所示，可查询各以太网口的状态、是否登录，用于排查以太网登录问题。

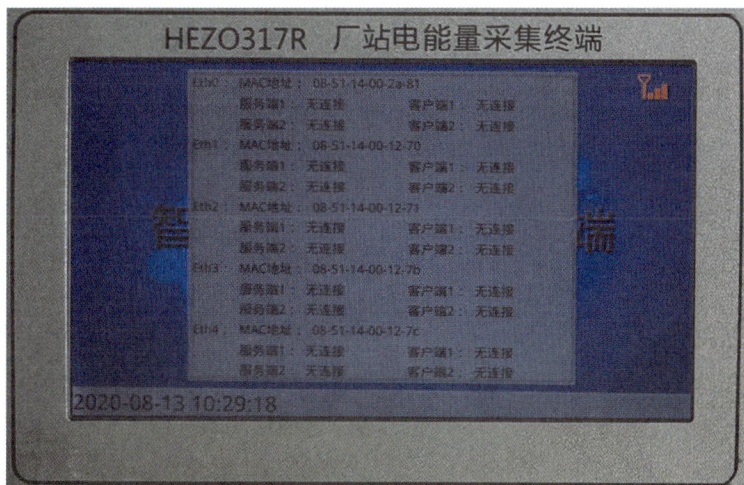

图 3-51　以太网连接信息界面

（3）网络测试。网络测试界面如图 3-52 所示，用于因特网包探索器（ping）主站检查线路是否畅通。

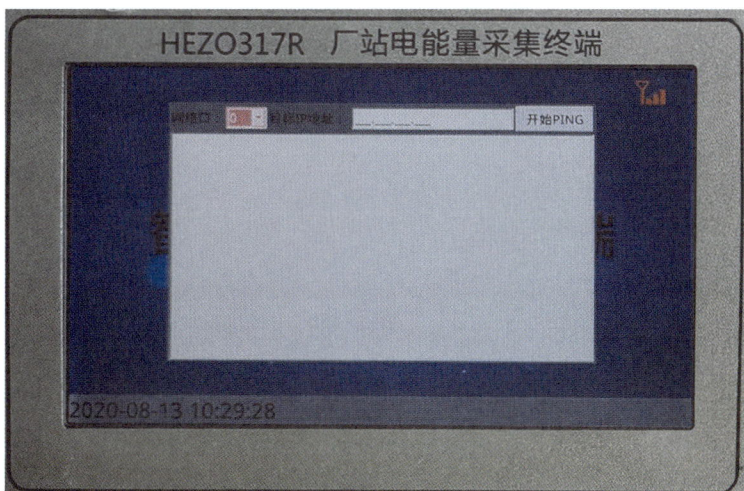

图 3-52　网络测试界面

（4）无线连接信息。无线连接信息界面如图 3-53 所示，可查看无线 GPRS 或 4G 登录过程，进行上线问题排查。

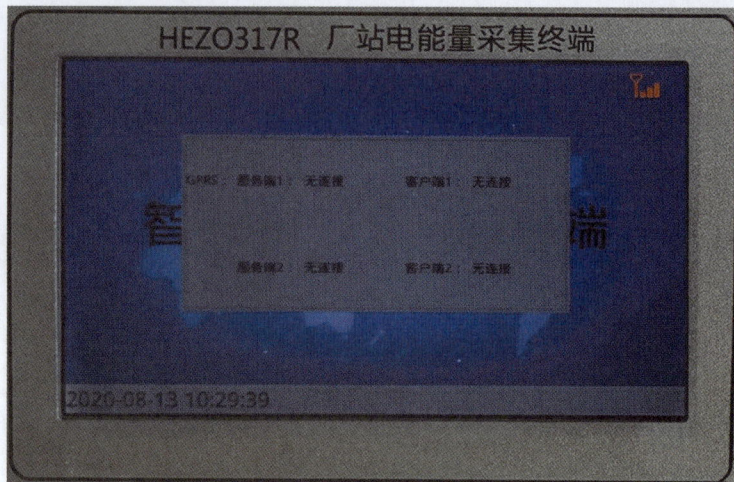

图 3-53　无线连接信息界面

7. 终端管理

终端管理界面如图 3-54 所示，终端管理分为 6 个二级菜单，分别为运行参数、重启与初始化、时钟设置、系统参数、模块配置、模块信息、模块信息。

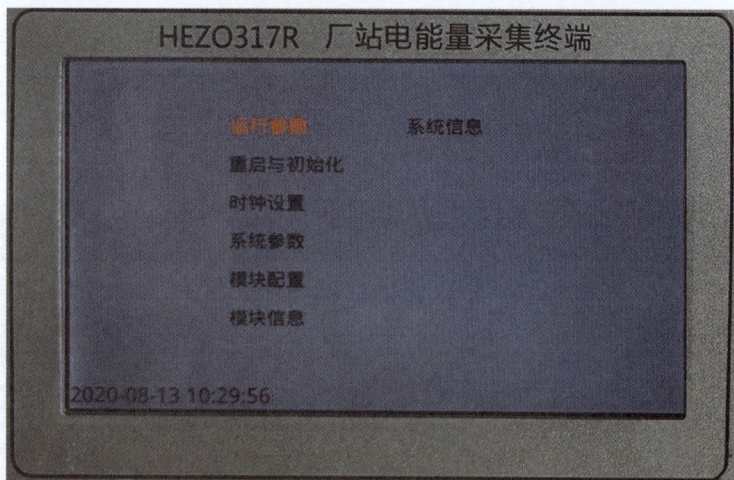

图 3-54　终端管理界面

（1）运行参数。运行参数界面如图 3-55 所示，可自由设置 ID 等参数，用于区分，可以默认。

（2）重启与初始化。重启与初始化界面如图 3-56 所示，用于进行应用程序重启或者系统重启等操作。

（3）时钟设置。时钟设置界面如图 3-57 所示，可手动界面修改时间。

（4）系统参数。系统参数界面如图 3-58 所示，选择使用省份，更改会参数初始化。默认配置好方案任务等参数。

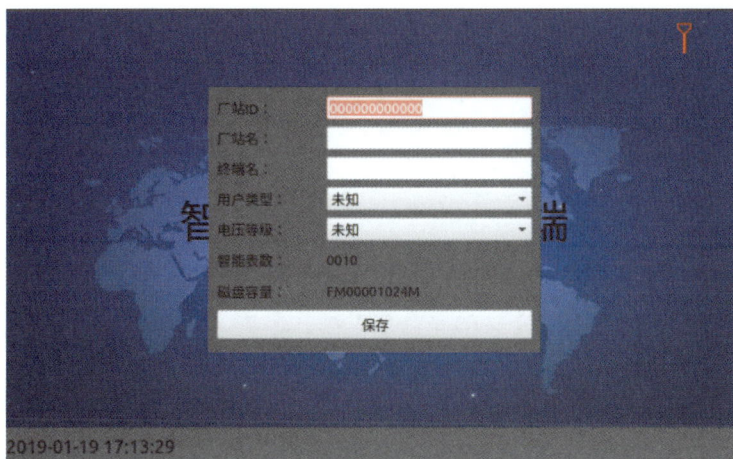

图 3-55　运行参数界面

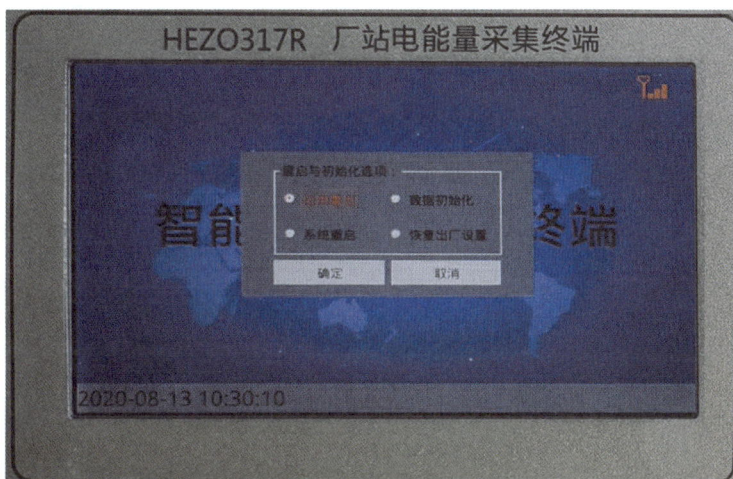

图 3-56　重启与初始化界面

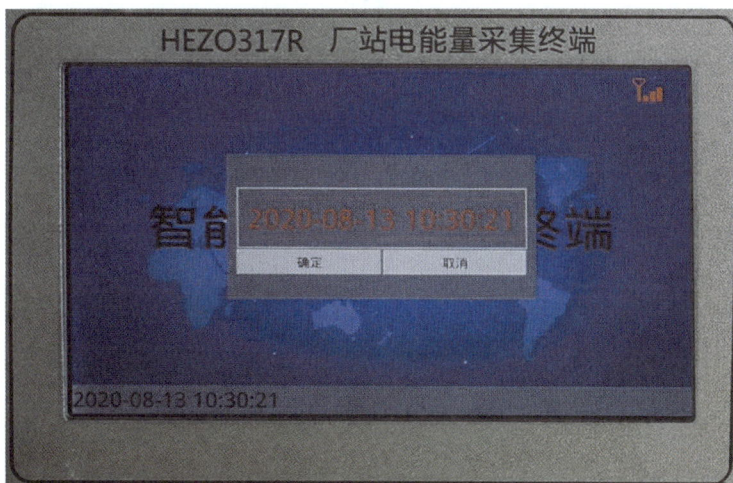

图 3-57　时钟设置界面

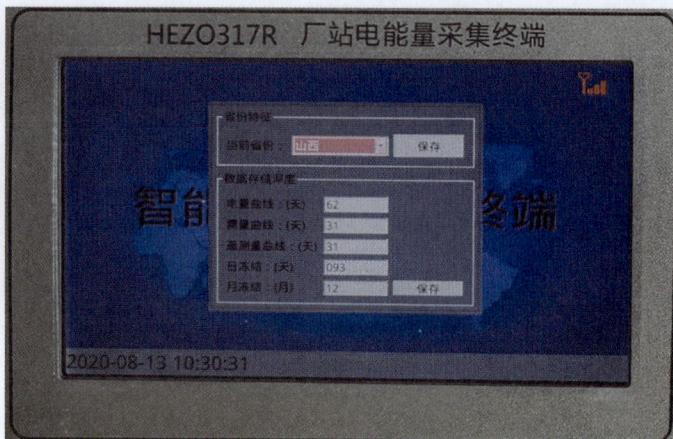

图 3-58　系统参数界面

（5）模块配置。模块配置界面如图 3-59 所示，安装后必须进行配置才能生效。

（6）模块信息。模块信息界面如图 3-60 所示，可查询各模块信息，用于判断模块问题。

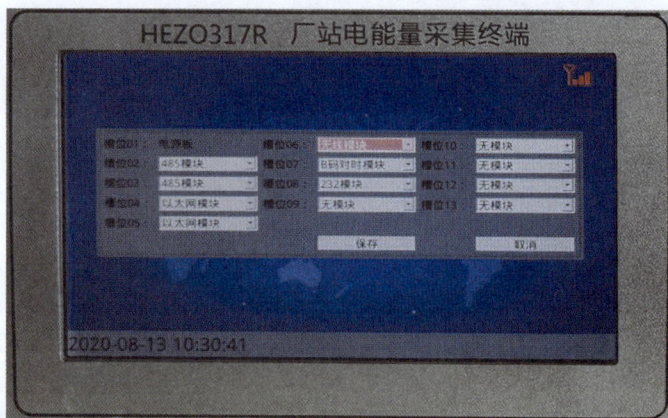

图 3-59　模块配置界面

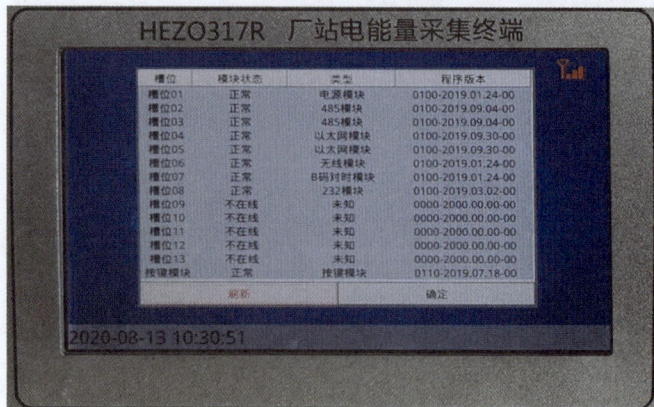

图 3-60　模块信息界面

（7）系统信息。系统信息界面如图 3-61 所示，显示终端软件版本及日期。

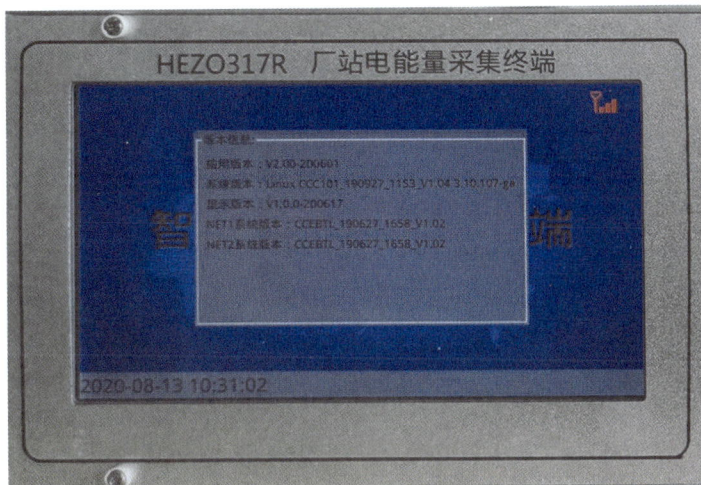

图 3-61　系统信息界面

8. 用户管理

用户管理界面如图 3-62 所示，用户管理分为 4 个二级菜单，分别修改密码、登录记录、登录参数、退出登录。

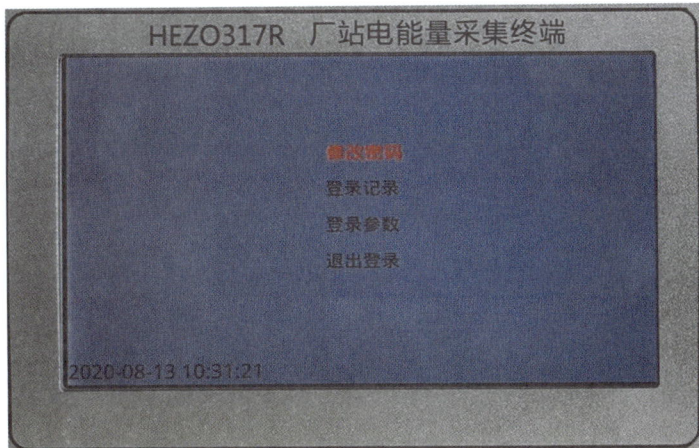

图 3-62　用户管理界面

（1）修改密码。可修改权限下的用户密码。

（2）登录记录。可查询各权限登录记录。

（3）登录参数。可设置超时退出时间。

（4）退出登录。退出系统。

9. 系统调试

系统调试界面如图 3-63 所示，系统调试分为 4 个二级菜单，分别终端事项记录、报文调试、导出系统数据、路由策略。

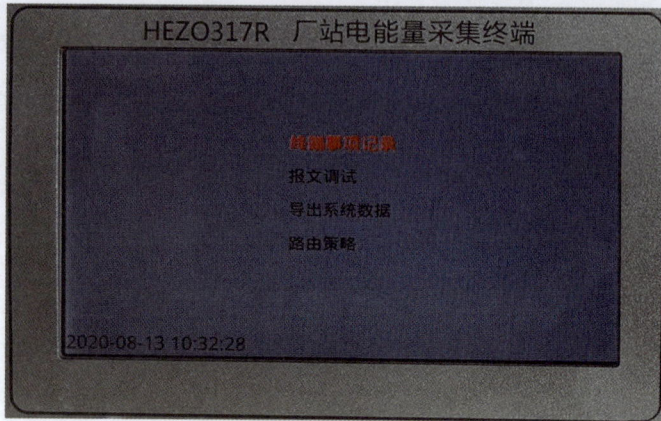

图 3-63 系统调试界面

（1）终端事项记录。可查询终端发生的停上电，模块上下线等事件记录。

（2）报文调试。可选择监控各个通道的报文输出到串口、U 盘或者 SD 卡。用于分析问题。

（3）导出系统数据。把系统数去导出，进行备份。

（4）路由策略。设置路由策略。

4 变电站电能计量系统

本章主要介绍河北南网的变电站电能计量（TMR）系统，TMR 系统是一种用于电力系统的信息采集和处理系统，它主要用于对厂站电能数据进行计量、自动采集、远程传输、存储、预处理和统计分析，为电力市场的运营、电量结算及电网线损考核等提供支持与服务。

本章主要对 TMR 系统的 9 个模块进行介绍。

4.1 TMR 系统管理模块

系统管理是由用户定义、角色定义、权限定义、报表权限管理、页面管理、系统功能、用户组管理七个主要功能模块组成。

4.1.1 用户定义

系统管理中点击用户定义，点击新增，输入用户名称（账号，必须是全英文）、用户名密码（满足复杂密码规则）、用户别名（用户姓名）、用户组（用户组代表权限定义中树结构分配的区域权限和角色定义中分配的功能菜单）、用户职能（为当前地调运维，如石家庄运维），选填部分可不填。用户定义界面如图 4-1 所示。

也可对已有用户进行信息修改，选中对应用户记录，点击修改，修改对应信息即可。

4.1.2 角色定义

系统管理中点击角色定义创建角色，点击新增，输入角色名称和角色编码，从左侧可选系统功能中选择大功能模块或单个功能，点击添加，会将所选的系统功能添加到该角色中，然后点击保存。角色定义界面如图 4-2 所示。

本书中相关操作必须在二区由各地调管理员进行操作。同一角色下的同一用户，同一时间只能在一个地方登录，如需创建公共账号，请将角色编码设置为 role_common，该编码下的同一用户可以多地区同时登录。

图 4-1 用户定义界面

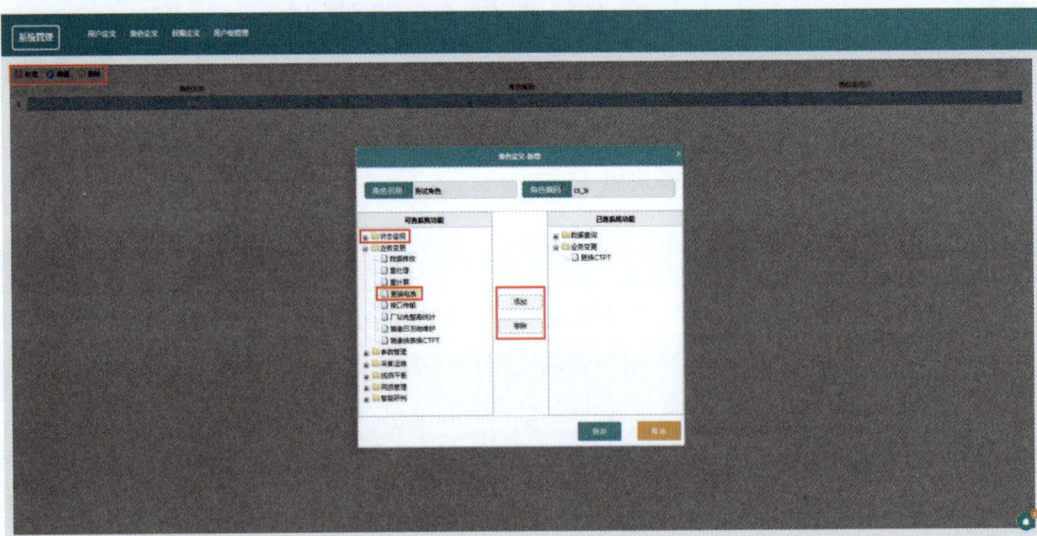

图 4-2 角色定义界面

4.1.3 权限定义

系统管理中点击权限定义，为用户组赋予模型、公式、报表、接口等权限。首先选中用户组，选择要赋权的类型（模型、公式、报表、接口），然后在左侧模型树中选择要赋权的区域，点击下方授权，即可在右侧模型权限中展示，各类授权操作基本一致。权限定义界面如图 4-3 所示。

图 4-3　权限定义界面

4.1.4　报表权限管理

在左侧区域场站模型信息选择地区报表，选择用户，点击授权按钮，可以使用户访问被选择报表。报表权限管理界面如图 4-4 所示。

图 4-4　报表权限管理界面

双击中间用户信息模块，可以在权限模型信息中查看其拥有权限的报表，并可以对该报表进行解除权限。权限模型与报表关系如图 4-5 所示。

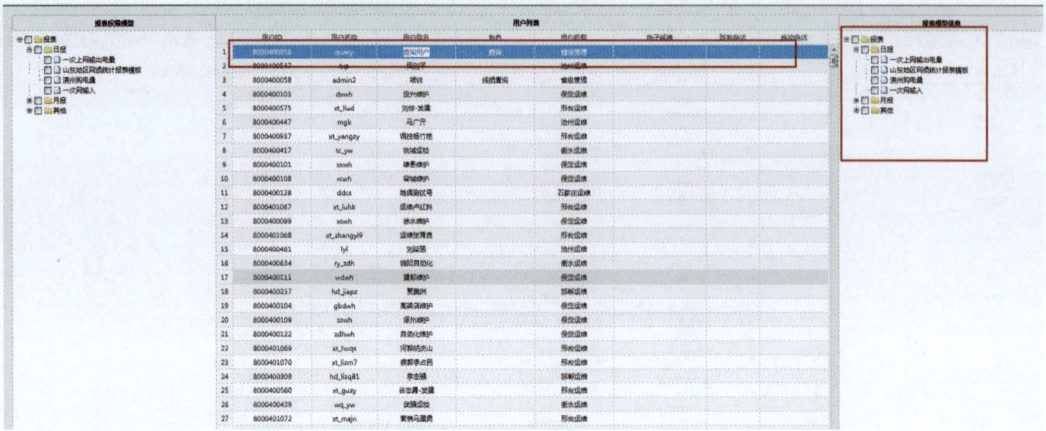

图 4-5　权限模型与报表关系

4.1.5　页面管理

在左侧区域可以点击增加选项，或者单击需要定义的页面名称，选择修改或删除来定义页面内容。页面管理界面如图 4-6 所示。

图 4-6　页面管理界面

图 4-6 中，选择增加或修改后，可以选择填写页面 ID、页面名称、页面编码和文件路径，增加或修改完毕后点击保存来保存数据。页面管理的修改界面如图 4-7 所示。

4.1.6　系统功能

此功能主要实现整个系统功能模块的修改、添加、删除、查询等和模块包含子功能的修改、添加、删除，查询等，达到系统各个功能的管理。系统功能界面如图 4-8 所示，系统功能管理的修改界面如图 4-9 所示。

图 4-7　页面管理的修改界面

图 4-8　系统功能界面

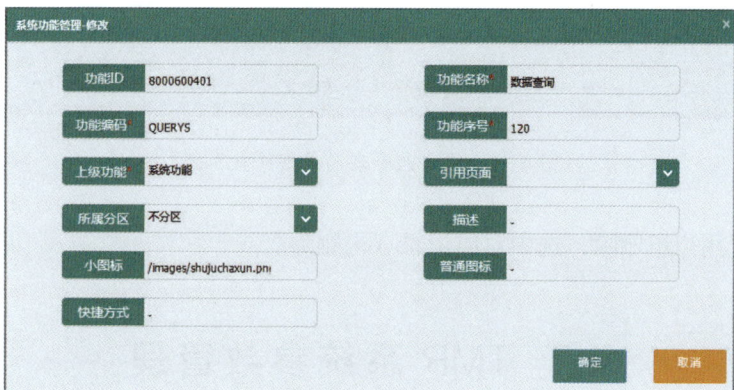

图 4-9　系统功能管理的修改界面

4.1.7　用户组管理

用户组用来管理角色，一个用户组可以拥有一个或多个角色。若一个用户组中包含两个用户组，那么该用户组下用户拥有对应两个角色权限。

系统管理中点击用户组管理，点击新增或修改。用户组管理界面如图 4-10 所示，用户组管理的范围修改界面如图 4-11 所示。

图 4-10　用户组管理界面

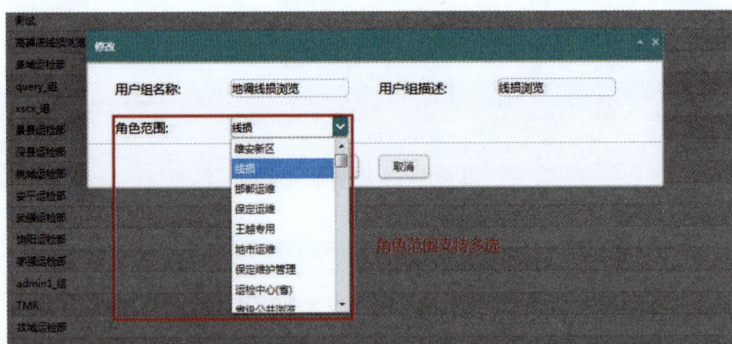

图 4-11　用户组管理的范围修改界面

也可进行用户组删除，选中对应记录点击删除。

4.2　TMR 系统参数管理

参数管理功能主要包括新参数录入、计算公式管理、采集点挂接、计量点挂接四个功能。

4.2.1　新参数录入

通过新参数录入，可实现新增或修改和删除采集点、通道、电表、计量点，新参数录入界面如图 4-12 所示。具体操作如下：

（1）从左侧模型树选择厂站或搜索厂站，点击新增、修改或删除。

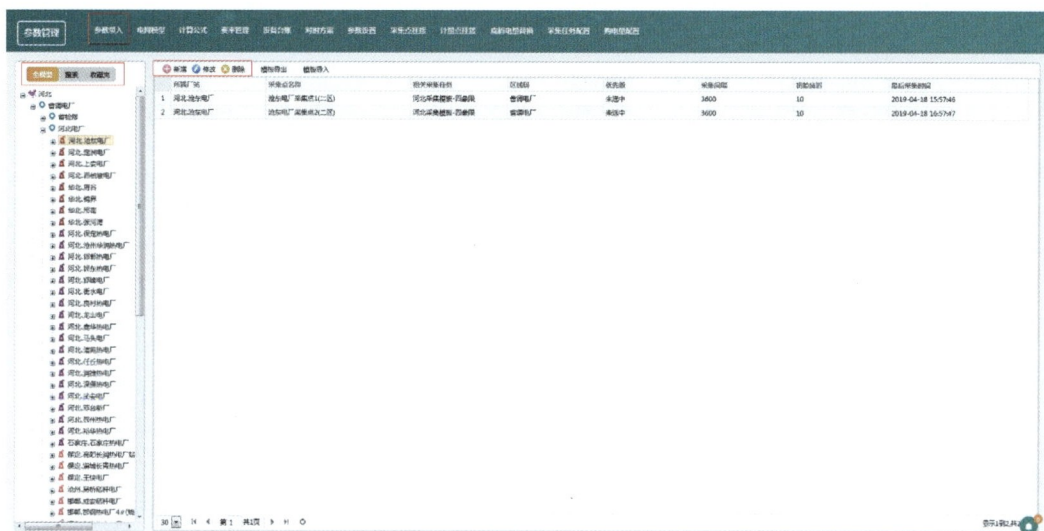

图 4-12　新参数录入界面

（2）点击新增，填写采集点信息，带"*"的为必填项，采集点名称自动生成，也可手动修改。所属采集组填 2（2 为二区采集，3 为三区采集。现在二、三区分开采集的，等切割完毕后会设置默认值为 2），相关采集任务选择河北费率（支持手动配置），采集间隔默认为 1h 采一次，回采周期默认为 0（如果回采周期设置为 30h，自动采集任务会在任务结束前 30min 停止）。为了解决采集服务器时间与终端时间不一致导致终端回 0 的问题，行政区域选择采集点所在的地区，设置完成后点击保存。如果不保存，则无法添加终端信息和通道信息。

（3）新增终端，终端名称自动生成，也可手动修改。地址必须填写正确。启用状态默认为投运，点击保存。

（4）新增通道，规约默认为河北 102，如果是通过 GPRS 采集的通道，选择河北 102GPRS 规约。通道名称自动生成，也可手动修改。IP 和端口必须填写正确。如有两个及以上通道时，可根据采集情况来设置通道优先级，同一采集点下两个通道优先级不能设置成一样的，必须要有高低之分，若优先级一致，第一个通道下发三次不回时，前置采集就无法切换到另一通道进行采集。重连次数默认为 3 次，最大通信延时默认为 10s，第一次连接通道不通时，10s 后会发起第二次连接，若重发 3 次仍不通，会放弃此次任务。新增终端与通道界面如图 4-13 所示。

（5）创建主、副表。创建主、副表界面如图 4-14 所示，点击计量信息录入，在电表信息录入中点击添加主表，选择对应设备（设备是从 D5000 模型中心同步过来的），点击确定，将成功添加主表，需添加副表时，选中主表，点击添加副表，会成功创建该电表的副表，成功创建电表后会自动创建计量点信息并自动关联设备。

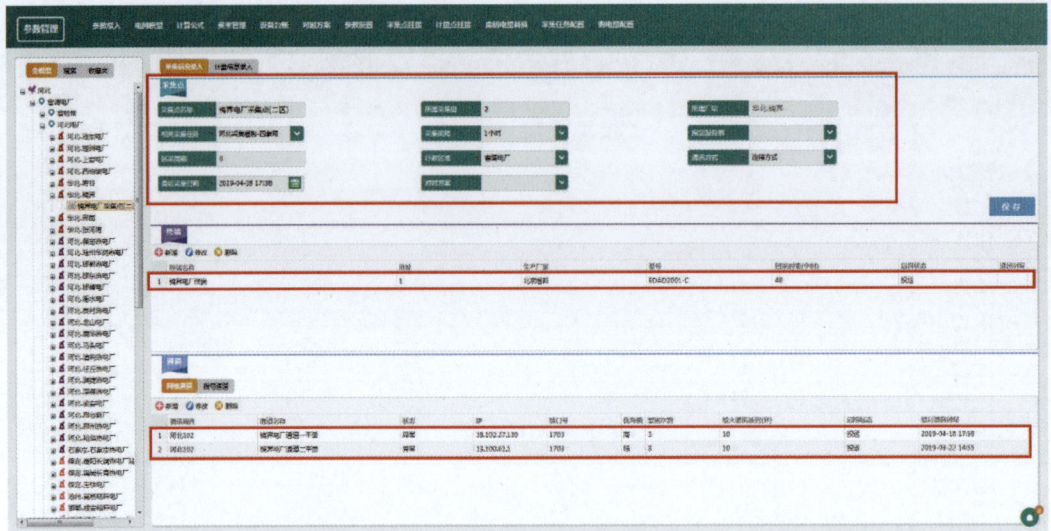

图 4-13　新增终端与通道界面

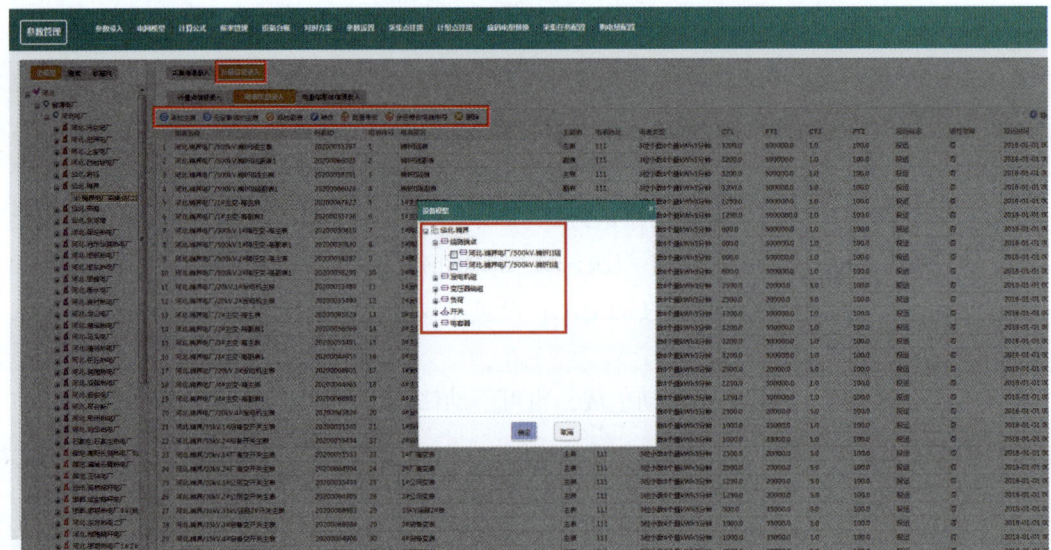

图 4-14　创建主、副表界面

（6）无设备添加主表。点击无设备添加主表（D5000 模型中心暂时无此设备，但现场安装电表，需要马上采集并核对数据），将电表档案信息成功录入后，点击保存按钮，成功创建电表，创建完成后会自动创建计量点信息，但不会关联设备，须先在 D5000 模型中心将设备创建后，再到 TMR 系统中参数管理下的计量点挂接页面，将对应设备挂接到该计量点下。

（7）完善并修改电表档案。添加完成后，需完善电表档案信息，可选中一条点击修改或点击批量修改，将正确的档案信息录入 TMR 系统中。完善并修改电表档案界面如图 4-15 所示。

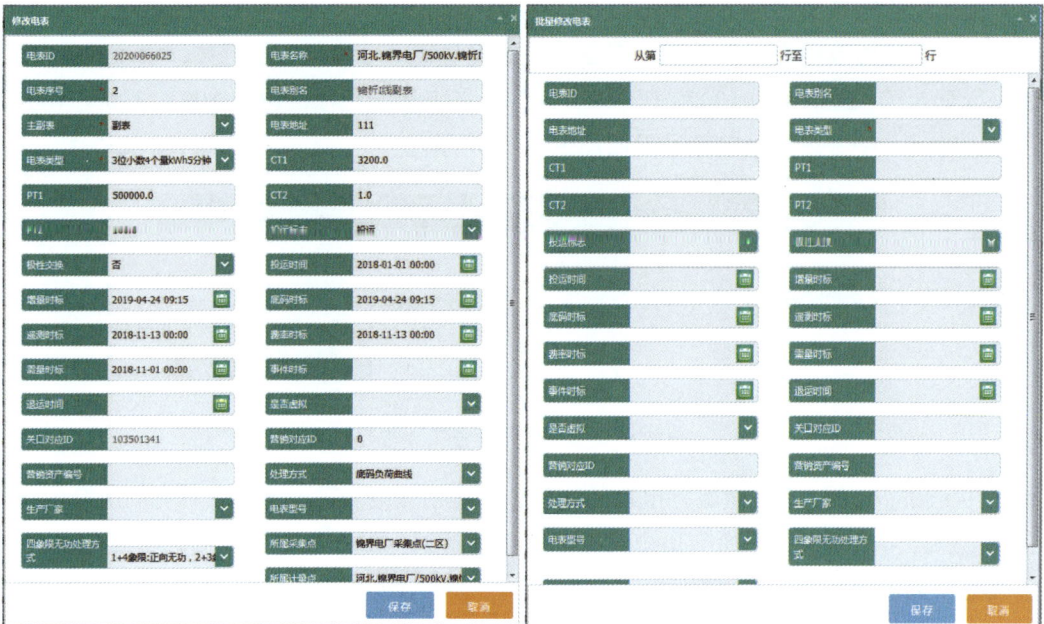

图 4-15　完善并修改电表档案界面

电表名称可以修改，保持与对应设备一致。

电表地址对应现场终端缓冲区，如终端缓冲区为 1，在 TMR 中电表地址为 111，终端缓冲区为 2，在 TMR 中电表地址为 112，终端缓冲区为 3，在 TMR 中电表地址为 113。电表只采集 4 个量时，录入 1 缓冲区，采集 22 个量时，优先录入 2 缓冲区，当 2 缓冲区满时（11 个电表），录入 3 缓冲区。

电表序号指现场终端在指定缓冲区的上传顺序，电表地址为 111（缓冲区 1），TMR系统中电表序号从 1 开始，如 1、2、3、…，电表地址为 112（缓冲区 2），TMR 系统中电表序号从 1001 开始，如 1001、1002、1003…，电表地址为 113（缓冲区 3），TMR 系统中电表序号从 2001 开始，如 2001、2002、2003…。

极性交换选项，如现场极性接反，选是。

营销资产编号对应营销 186 的电表资产编号，给 186 推送数据的唯一对应关系。

同期高压用户表号对应同期系统高压用户的表号，可将一体化系统中"表号" 93 之后的数字录入到该字段，确保与一体化高压用户对应关系的正确。

由于采集 22 个量的电表无功是根据四象限中两两象限相加而成，在核对底码时根据正向无功、反向无功来确定四象限无功组合方式，采集 4 个量的电表正反向无功底码都是直接采的，故只对采集 22 个量的电表生效。

批量修改电表可将部分电表相同的配置统一更改，填入要批量修改电表的起、止行数，将需要修改的参数填入对应的字段后，如厂家、型号、电流互感器（CT）、电压互感器（PT）等。

其他配置根据实际情况来填写。

（8）步进修改电表序号。填入需要步进修改电表序号的起、止行数，填入起始值，如 1 行至 5 行，起始值为 1002，点击确定后，会将 1 至 5 行依次改为 1002、1003、1004、1005、1006。步进修改电表序号界面如图 4-16 所示。

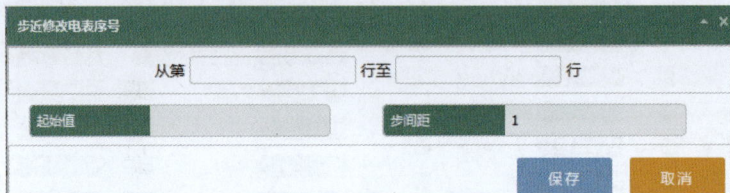

图 4-16　步进修改电表序号界面

（9）删除电表。不要做删除电表的操作，一旦删除电表后，该电表对应的所有记录、采集点、计量点对应关系所有历史数据都将查询不到，如确定不用该电表，可将投运标志改为"未运行"或"退役"。

4.2.2　计算公式管理

用户可以根据需要自定义厂站的计算公式，进行统计计算。计算公式由厂站中各电表的电量分量的四则运算组成并周期性统计电量，从而为电量平衡、电量损耗、电量报表提供数据来源。具体步骤如下：

（1）点击导航条中的"计算公式"按钮，在左边树中选择区域或者厂站，进入新建页面，点击右边框中的"新增"按钮新增计算公式；选择特定的计算公式，通过"修改"按钮修改计算公式，通过"删除"按钮删除计算公式，计算公式管理界面如图 4-17 所示。

图 4-17　计算公式管理界面

（2）填写必填标签页中的内容后，点击"保存"按钮。添加特殊公式，在计算公式编辑中选择需要计算的分量，在右边特殊公式编辑中输入计算公式的四则运算。添加特殊公式界面如图 4-18 所示。

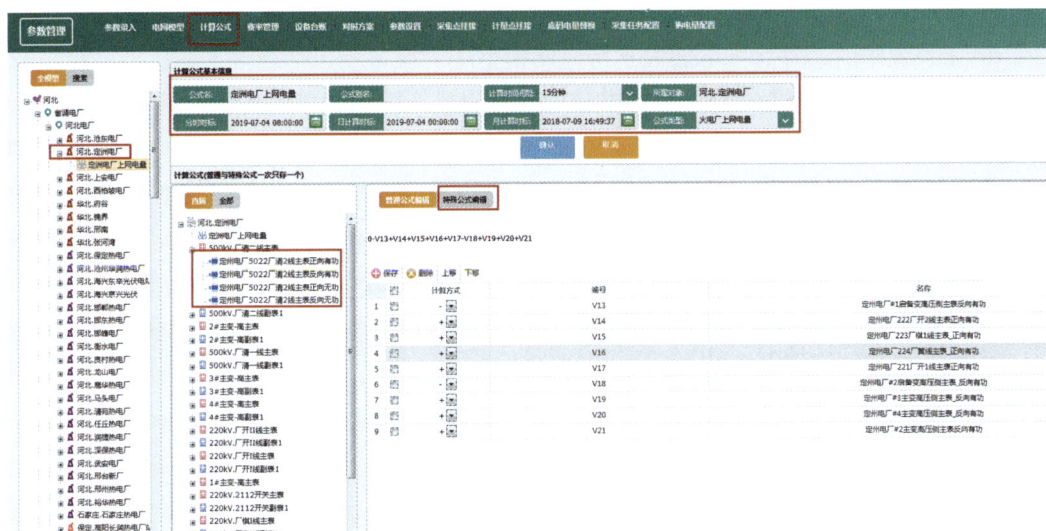

图 4-18　添加特殊公式界面

4.2.3　采集点挂接

电量系统中的采集点（终端）与电网模型中的厂站建立对应关系，采集点挂接界面如图 4-19 所示。

挂接步骤如下：

（1）登录成功后，选择参数管理页面，进入采集点挂接界面，搜索未挂接的采集点。

（2）从左侧树搜索或找到对应的厂站，点击后会显示到当前位置后面的框中。

（3）选中需要挂接的采集点。

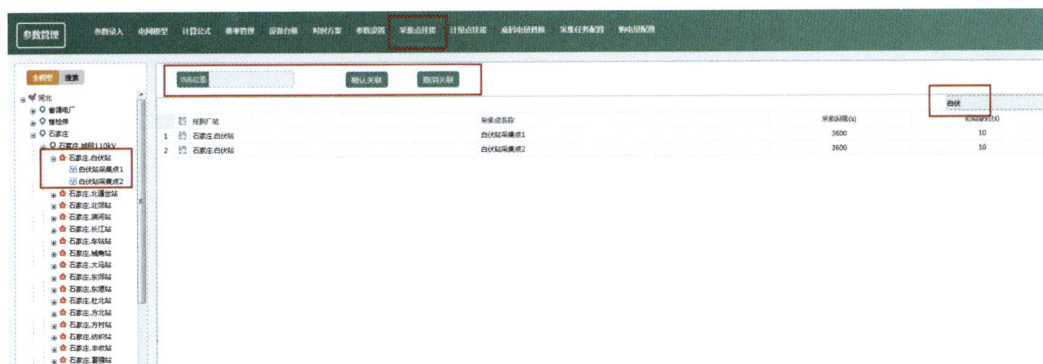

图 4-19　采集点挂接界面

（4）点击确认关联，如果关联错误的话可重新从左侧树结构选择对应的厂站重新关联，或者点击清除设备解除绑定。

4.2.4 计量点挂接

电量系统中的计量点（电能表）与电网模型中的设备（包括线端、变压器绕组、开关、电容电抗器等）建立对应关系，挂接时尽量直接匹配到关口设备，方便之后的线损、变损等运算。计量点挂接界面如图4-20所示。

挂接步骤如下：

（1）登录成功后，选择参数管理页面，进入计量点挂接界面。

（2）在左边树形中点击要挂接设备的厂站，也可点击搜索，直接查找厂站。

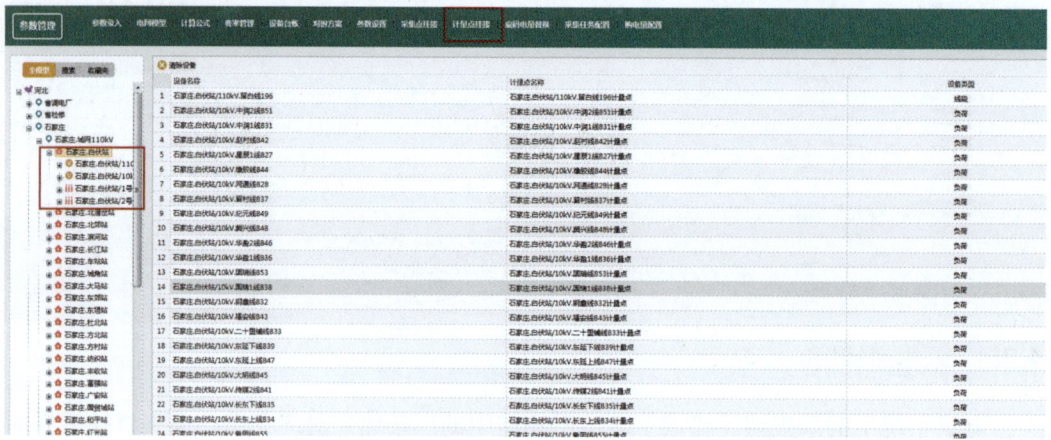

图4-20 计量点挂接界面

（3）选中需要挂接设备的计量点后，点击左侧对应的设备后挂接成功。如果计量点挂接错误，可重新从左侧树结构选择对应的设备，或者点击清除设备解除绑定。清除设备解除绑定界面如图4-21所示。

图4-21 清除设备解除绑定界面

4.3 TMR 系统业务变更功能

业务变更功能模块主要是针对数据、审批、更换 CT/PT（电流互感器、电压互感器的规范英文简易为 TA/TV，由于本书软件截图中电流互感器、电压互感器的英文简写为 CT/PT，因此书稿中统一为 CT/PT）、预插数、重处理等数据项的修改。此模块包括重处理、重计算、更换 CT/PT、更换电能表、数据修改、接口传输、厂站完整率统计、镜像日冻结、镜像换电表和 CT/PT 功能。

4.3.1 重处理

重处理功能主要是针对底码、一次增量等计算公式的重新计算。重处理页面如图 4-22 所示。

图 4-22 重处理页面

重统计功能主要是针对一天的总加电量进行重新计算。

点击左边树状图选择要进行重计算的电表或厂站，选择时间，点击提交。

预插数功能（二区功能）主要是针对没有分时空值的电表进行预插，如不预插则 Web 页面无法正常展示，正常情况下都不需要预插。预插数方法参考重处理。

点击左边树状图，更改线路模型，选择时间，点击提交。

反转功能将选择时间段的正向和反向互换，为了避免二、三区数据不一致，此操作需要在二区执行，具体步骤参照重处理。

4.3.2 重计算

重计算是让后台命令应用重新计算。重计算界面如图 4-23 所示。点击左边树状图的计算公式，选择时间，点击提交。

图 4-23　重计算界面

4.3.3　更换 CT/PT（二区换 CT/PT）

点击左边树状图，选择要更换的线路 CT/PT。查询当前 CT/PT 的值，填写更换后 CT/PT 的值，点击确定按钮。更换 CT/PT 界面如图 4-24 所示。

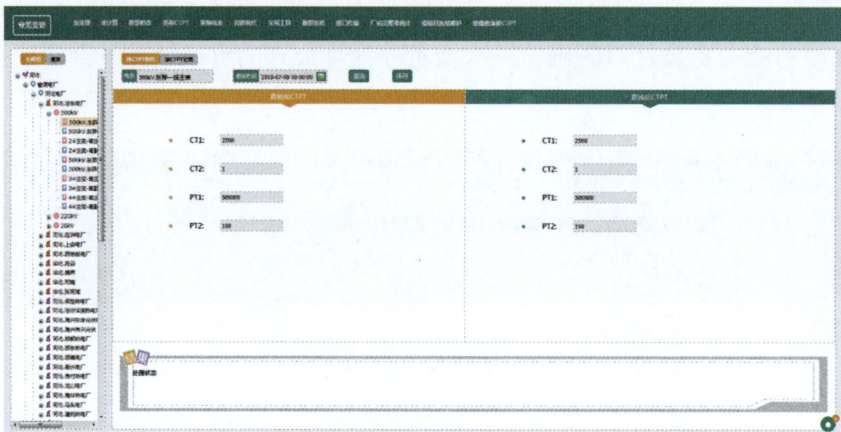

图 4-24　更换 CT/PT 界面

点击换 CT/PT 记录，左侧模型树选择区域，选择时间类型和时间，点击查询，可查看对应更换记录，选中某一条，点击删除按钮可将更换记录删除，点击导出可导出为表格，更换 CT/PT 导出表格界面如图 4-25 所示。

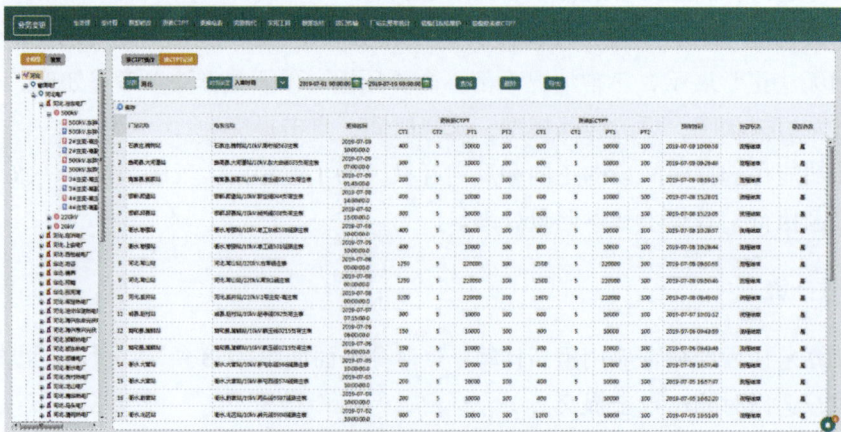

图 4-25　更换 CT/PT 导出表格界面

4.3.4 更换电表（二区换表）

点击要更换的电表，查看该电表换表前与换表后的底码，填写补偿电量，保存换表记录。更换电表界面如图 4-26 所示。

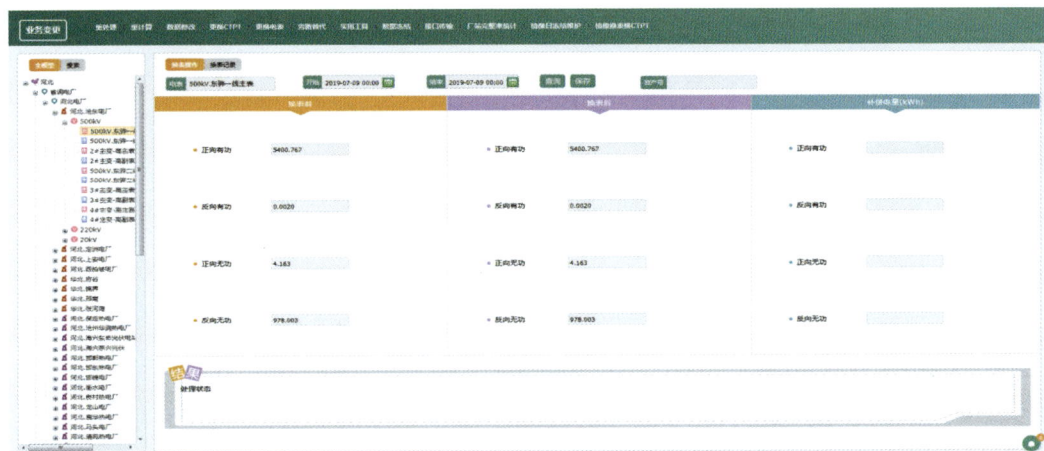

图 4-26 更换电表界面

点击换表记录，左侧模型树选择区域，选择时间类型和时间，点击查询，可查看对应更换记录，选中某一条，点击删除按钮可将更换记录删除，点击导出可导出为表格。更换电表导出表格界面如图 4-27 所示。

图 4-27 更换电表导出表格界面

4.3.5 数据修改

此功能主要是电量数据异常时可以通过主副表替换、ems 积分替换、对端替换等方式，将电量数据进行修改并保障数据的正确性。数据修改界面如图 4-28 所示。

在左侧树形结构中选择需要替换的电表，选择数据替换的方式及时间点击查询并进行数据修正。

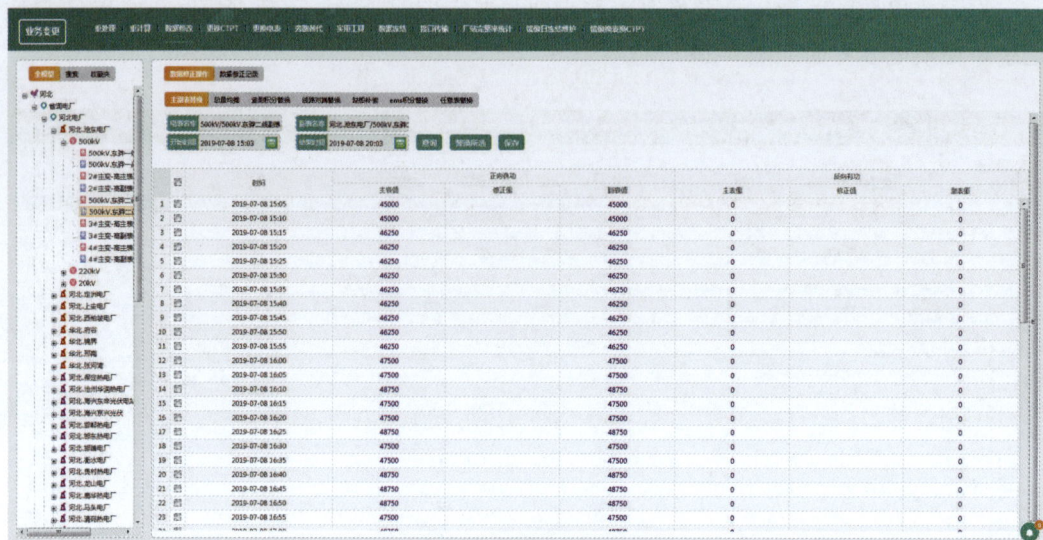

图 4-28 数据修改界面

4.3.6 接口传输

点击左侧模型树选择厂站或电表，选择接口名称，选择开始时间和结束时间，点击立即执行，会将所选接口数据推送至对应的中间库。接口传输界面如图 4-29 所示。

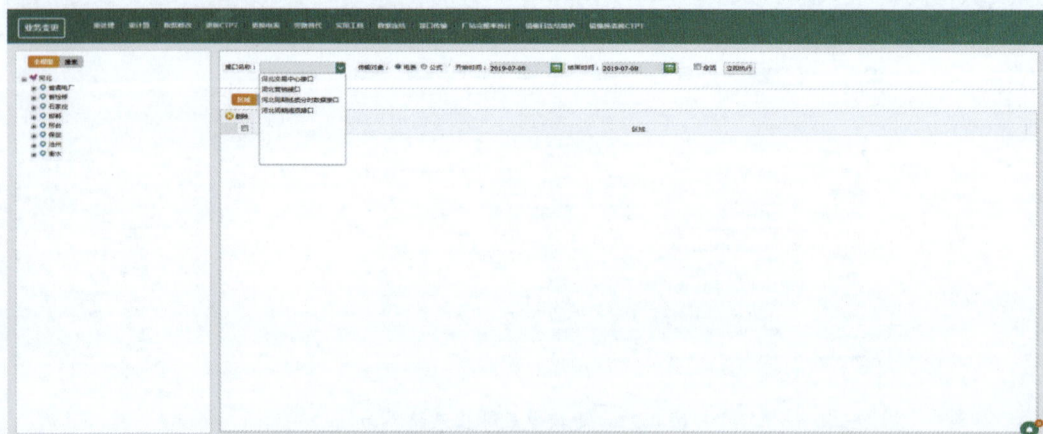

图 4-29 接口传输界面

4.3.7 厂站完整率统计

左侧模型树选择区域，选择统计类型和对象，点击查询，可查询出所选区域下不参与计算的厂站或电表，选中一条或多条，点击删除会将指定的记录删除，勾选左侧模型树厂站前的多选框，点击新增，添加成功。厂站完整率统计界面如图 4-30 所示。

图 4-30　厂站完整率统计界面

4.3.8　镜像日冻结维护

在三区登录系统后，点击业务变更，点击镜像日冻结维护。从左侧树选择厂站或电表，选择时间，点击原数据查询。查询出结果为真实数据，可直接点击需要修改的值，进行修改（不可为空），修改完毕后，选中该条（不选择默认拷贝所有），点击保存并拷贝到副本，点击确定后自动跳转到副本查询。镜像日冻结维护界面如图 4-31 所示。

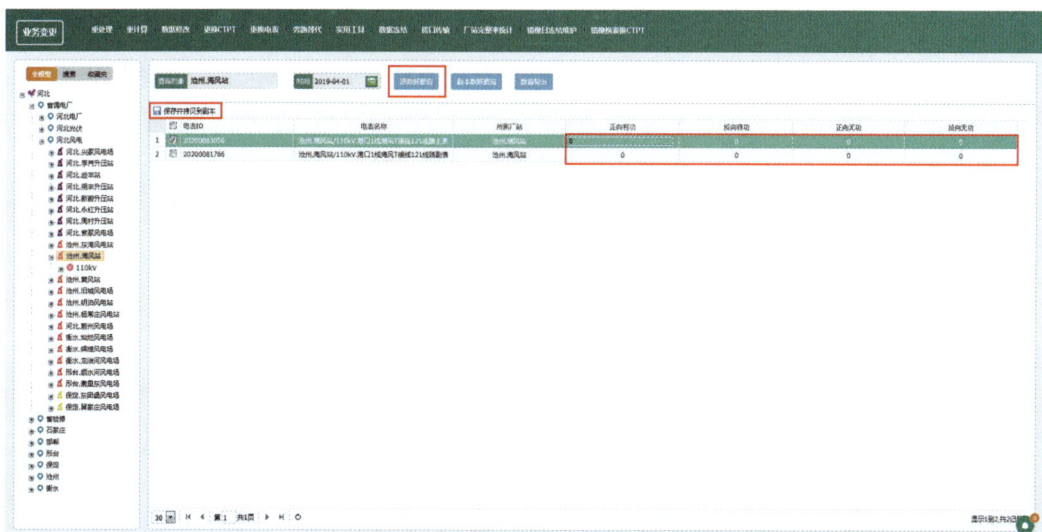

图 4-31　镜像日冻结维护界面

左侧选择区域，选择时间，点击副本数据查询，可展示改区域下修改过表底的真实数据和副本数据，选中一条副本数据，点击解冻副本后可对副本数据进行修改，点击删除，会将该条副本数据删除，删除后如果重新推送，会将原数据重新推送到中间库，点击数据导出，会将副本数据导出到本地。镜像日冻结副本数据查询界面如图 4-32 所示。

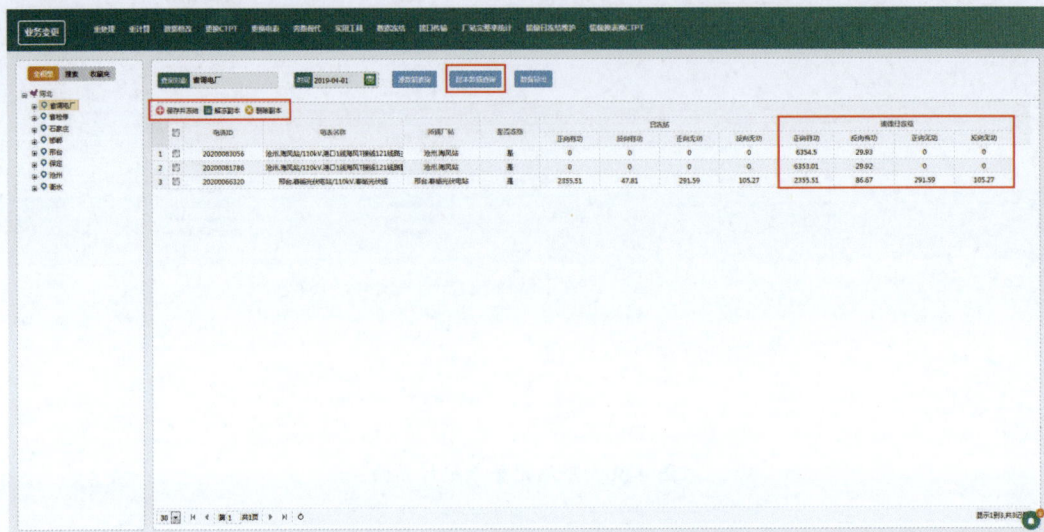

图 4-32　镜像日冻结副本数据查询界面

4.3.9　镜像换电表和 CT/PT

点击原数据查询，查询出的结果为开始时间至结束时间内所有真实的换电表和 CT/PT 记录，不是操作的时间，是具体更换电表和更换 CT/PT 的时间。镜像换电表和 CT/PT 界面如图 4-33 所示。

拟算电量为开始时间至结束时间的总电量。上表底为开始时间 0 点的表底，下表底为结束时间 0 点的表底。拟算电量=（换电表和 CT/PT 前底码–上表底）×换电表和 CT/PT 前倍率+（下底码–换电表和 CT/PT 后底码）×换电表和 CT/PT 后倍率。

点击副本数据查询，在左侧模型树中选择电表，点击"虚拟换表"（数据类型默认选择换表），选择换表时间（现场换表时间），将换表前和换表后数据填写上，点击"保存计算并冻结"，系统会计算拟算电量并冻结数据，系统自动任务会将虚拟换表推送至中间库。虚拟换表界面如图 4-34 所示。

副本数据查询冻结状态下无法修改任何值，必须选中该条，点击解冻副本后方可修改（冻结后的值不会被替换），修改完毕后点击保存计算并冻结，提示保存成功。副本支持删除，但此操作需谨慎，删除后会导致与之前的数据不一致，影响指标。副本数据应由专人负责，避免多用户同时操作导致数据异常。副本数据应保证内容的完整性，最好将各项内容填写完毕，避免数据推送给同期系统时出现异常。

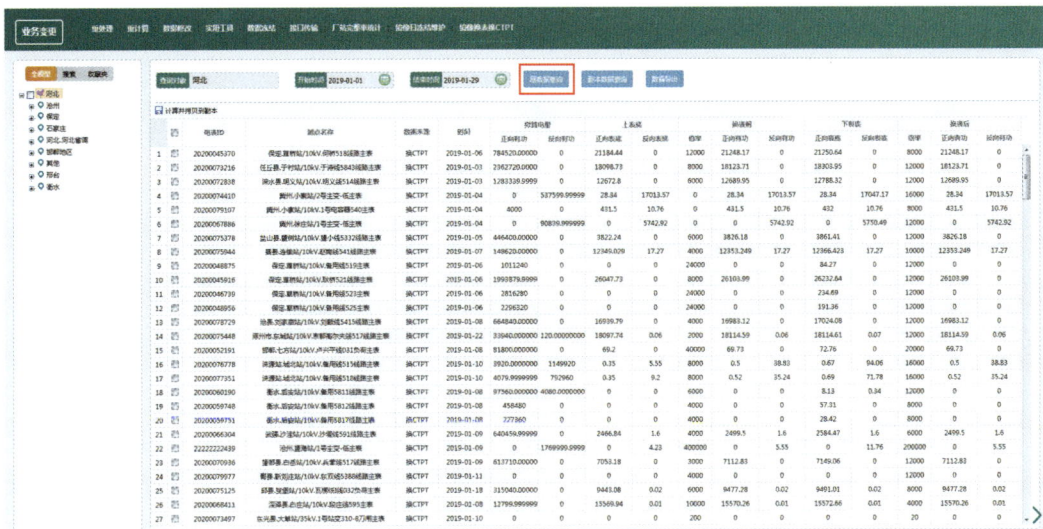

图 4-33　镜像换电表和 CT/PT 界面

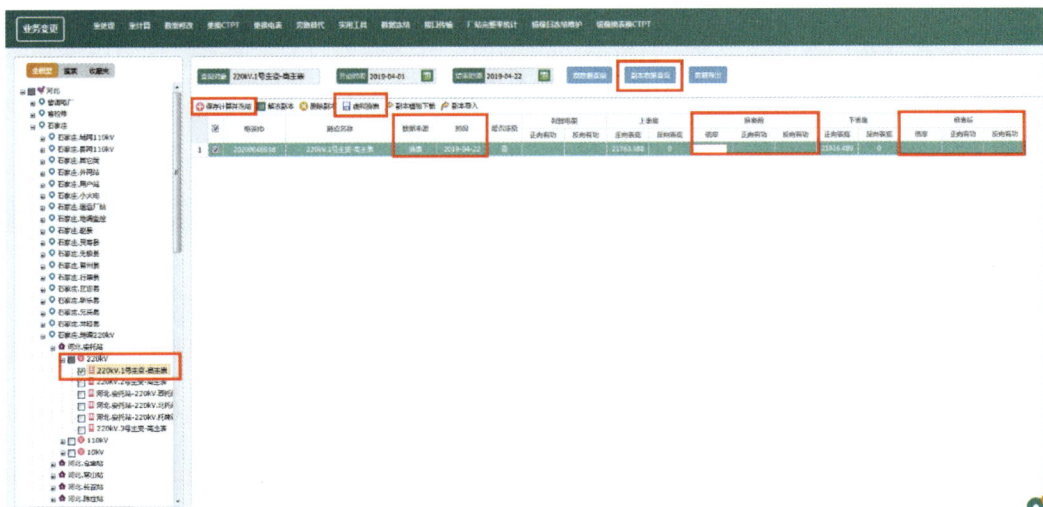

图 4-34　虚拟换表界面

副本数据支持副本模版下载，下载好的可将内容填写到模板中再统一导入。副本模板下载界面如图 4-35 所示。

图 4-35　副本模板下载界面

数据导出可将查询出的原始及镜像数据导出。数据导出界面如图 4-36 所示。

图 4-36　数据导出界面

4.4　TMR 系统数据查询功能

数据查询模块包括综合数据、电量数据、日冻结、购电量综合展示、购电量详情、遥测值、四象限无功、月需量、计算量、断面数据查询等 18 项功能；可以查询电表每天 96 点、日冻结、遥测值、一次底码等采集数据和电表计算公式等计算数据。

4.4.1　综合数据查询

综合数据查询将电量数据、日冻结、遥测值、月需量、日费率查询、四象限无功整合到了一起，方便用户根据模型树查看所需要的内容，提高了用户体验，查询方法和原页面一样，综合数据查询界面如图 4-37 所示。

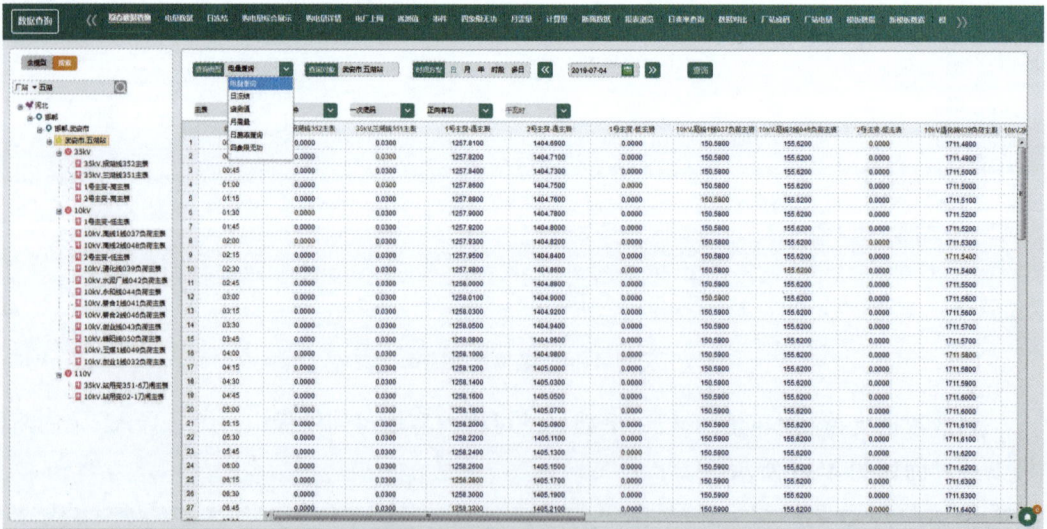

图 4-37　综合数据查询界面

4.4.2　电量数据

系统提供按照厂站、电表查询电量功能，通过搜索或模型树选择具体电表，可分时、分量按日期查询增量、底码值。具体步骤：点击"电量数据"进入查询页面，左侧模型树选择厂站/电表，中间位置可选择表信息（主表或副表）、数据类型（十五分钟、半小时、一小时、全部数据）、电量数据（一次底码、一次增量、原始底码、原始增量、正向有功、反向有功、正向无功、反向无功）、数据单位（千瓦时）、查询日期（可选择日、月年、时段、多日），点击"查询"按钮，电量数据查询页面如图 4-38 所示。

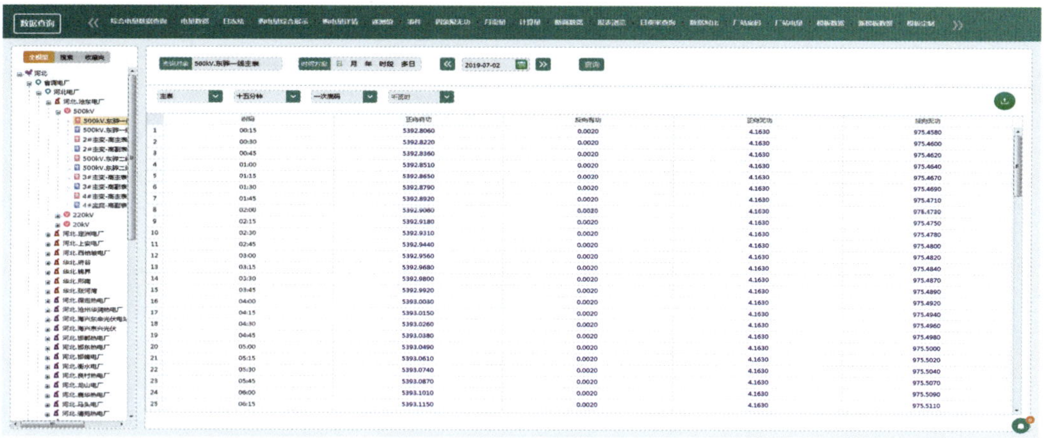

图 4-38　电量数据查询页面

点击右上角"导出按钮"按钮，可将所查询的计量点数据导出生成表格文件。电量数据导出生成表格文件界面如图 4-39 所示。

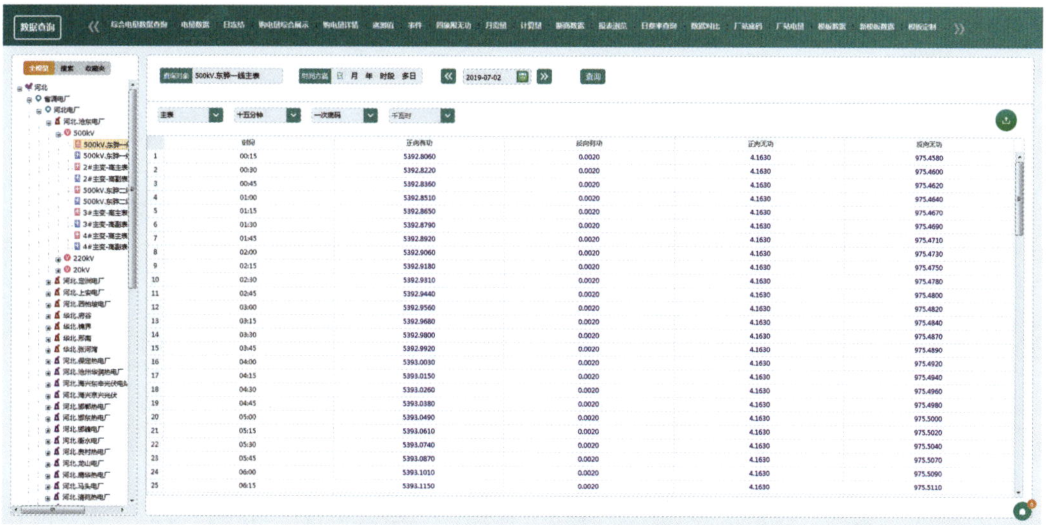

图 4-39　电量数据导出生成表格文件界面

选择月查询，点击厂站可查看电表每天的底码差电量，统计电量，并对该月的电量进行汇总。电量数据月查询界面如图 4-40 所示。

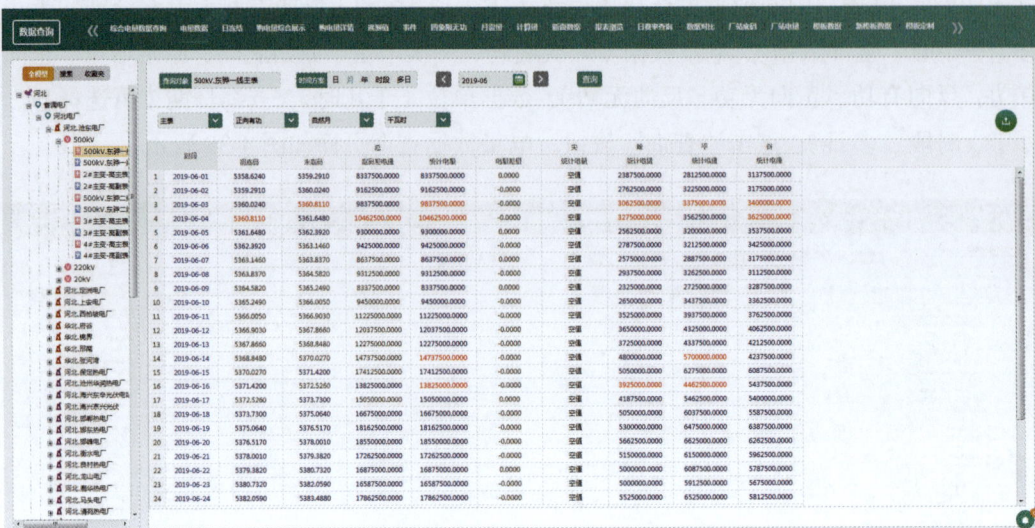

图 4-40　电量数据月查询界面

　　选择时段查询，显示电表在该时间段内的底码/增量，并对该时间段内的底码/增量进行统计。电量数据时段查询界面如图 4-41 所示。

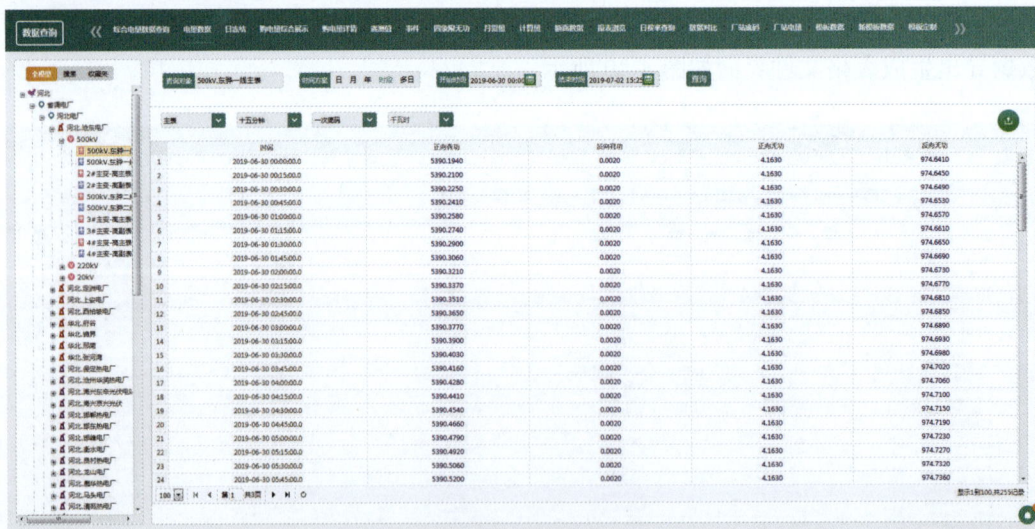

图 4-41　电量数据时段查询界面

　　选择多日查询，将该电表在所选时间内的有功、无功的总电量进行显示，并对电量进行统计。电量数据多日查询界面如图 4-42 所示。

4.4.3　日冻结

　　系统提供按照厂站、电表查询日冻结电量功能，通过搜索引擎搜索具体电表，即可分时、分量按日期查询底码值。具体步骤：点击"日冻结"模块进入子功能页面，在左侧树模型选择厂站/电表，在中间位置可选择电量数据类型（一次底码、原始底码、一次增量、尖、峰、平、谷、总）、查询时间（日、月、时段），点击"查询"按钮，可以显示该厂站/电表下电表的所选日期的日初底码。并可选择尖峰、平谷进行显示，日冻结界面如图 4-43 所示。

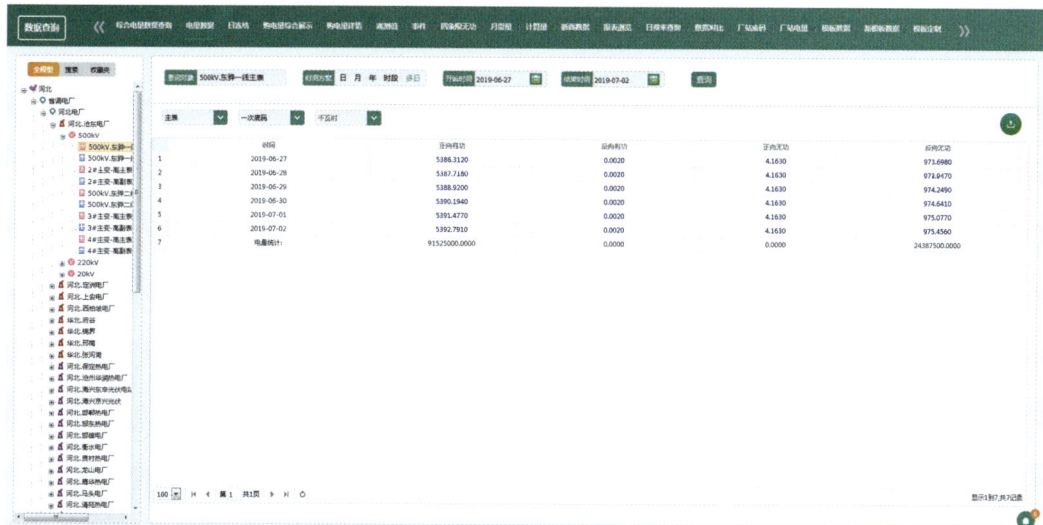

图 4-42　电量数据多日查询界面

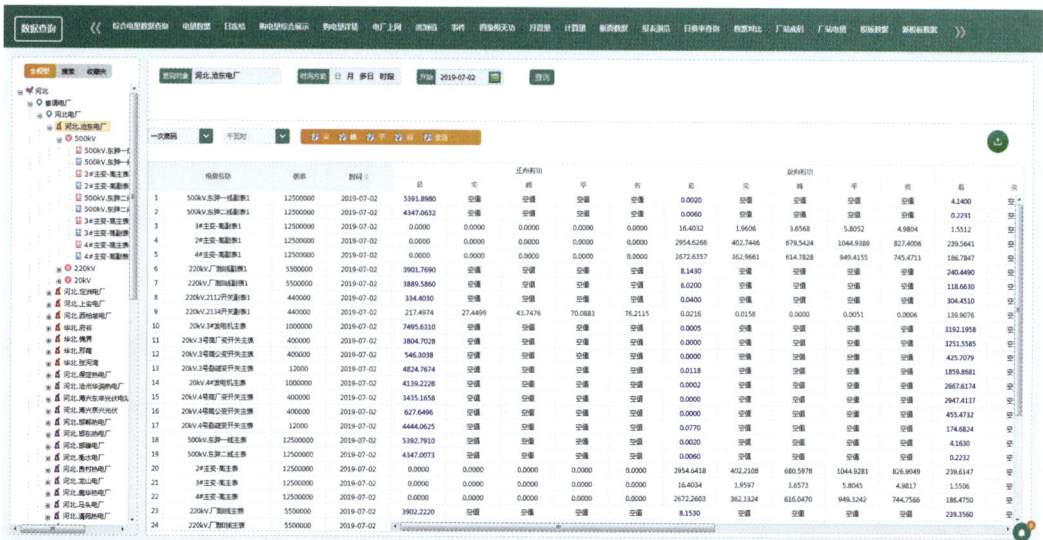

图 4-43　日冻结界面

日冻结底码以月查询，显示该电表在该月每天的日初底码，并可以查看尖峰、平谷的数据。日冻结底码界面如图 4-44 所示。

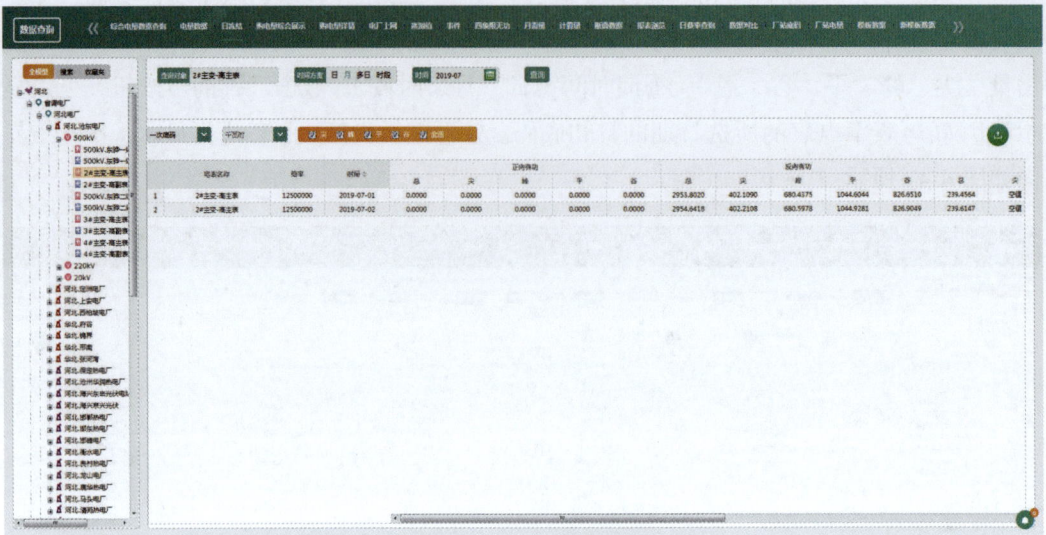

图 4-44 日冻结底码界面

选择时段查询，显示该电表在所选日期内所有的日初底码。日冻结时段查询界面如图 4-45 所示。

图 4-45 日冻结时段查询界面

选择多日查询，显示该电表在所选开始、结束日期的日初底码。日冻结多日查询界面如图 4-46 所示。

点击导出按钮可将整个计量点或者单表的日冻结数据生成表格文件。日冻结数据导出生成表格文件界面如图 4-47 所示。

4.4.4 购电量综合展示

系统提供按日、月查询当日、当月购电量的功能，具体步骤：点击"购电量综合展示"模块进入子功能页面，会默认展示前一日的购电量汇总，点击红色选中按钮，可以跳转到"购电量详情页面"，购电量综合展示如图 4-48 所示。

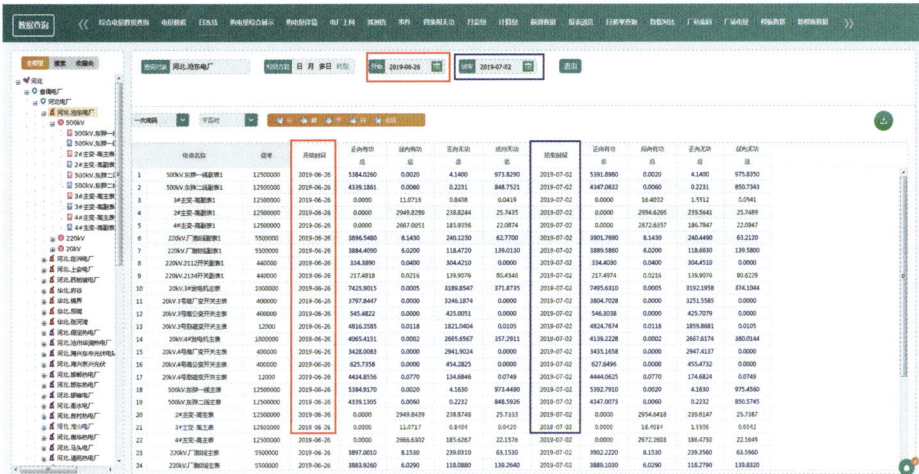

图 4-46 日冻结多日查询界面

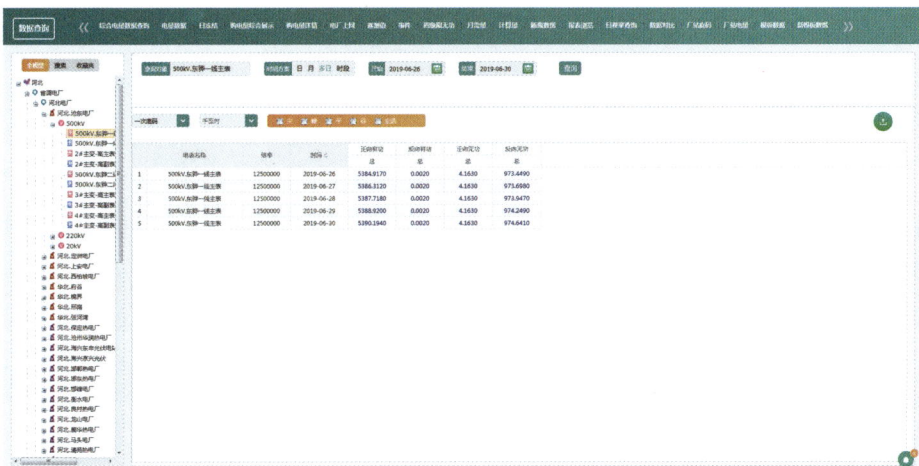

图 4-47 日冻结数据导出生成表格文件界面

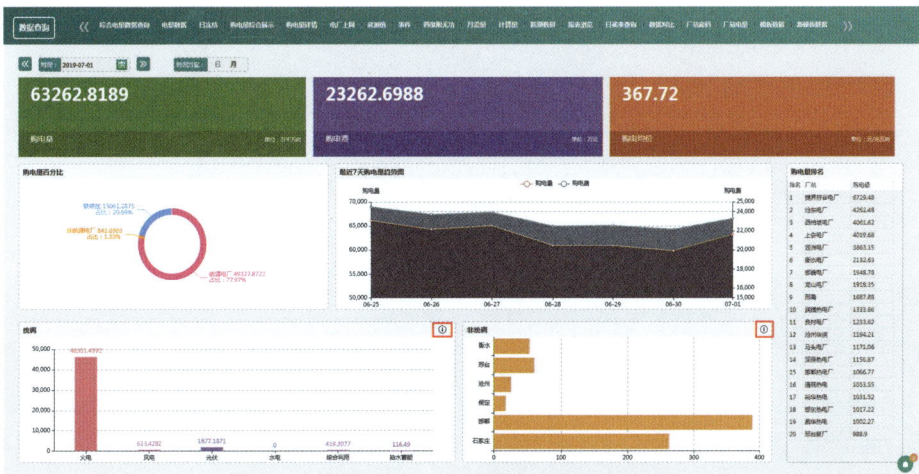

图 4-48 购电量综合展示

点击月查询，会展示当月与上月购电量曲线对比，购电量综合展示月查询界面如图 4-49 所示。

图 4-49　购电量综合展示月查询界面

4.4.5　购电量详情

系统提供按日、月查询当日、当月购电量的功能，具体步骤：点击"购电量详情"模块进入子功能页面，会默认展示前一日的购电量详情，选择时间、日期、厂站类型、发电类型调度机构、电压等级，点击查询展示查询结果，在搜索框中输入厂站名称可定位到该站，点击导出可导出为表格文件，购电量详情导出表格文件界面如图 4-50 所示。

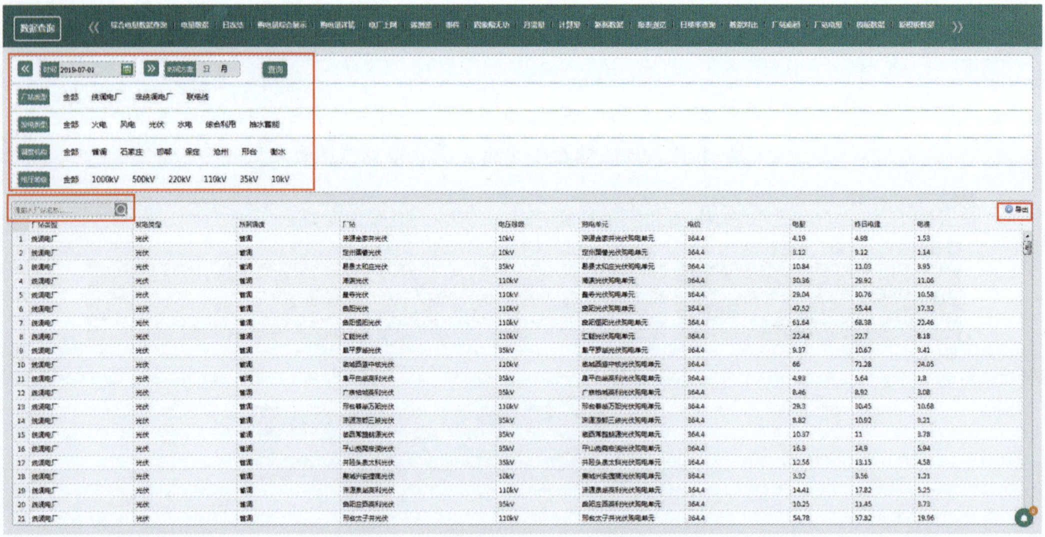

图 4-50　购电量详情导出表格文件界面

4.4.6　遥测值

系统提供按照厂站或电表遥测数据电量查询功能，通过搜索引擎搜索具体厂站即可分时、分量按日期查询底码值。具体步骤点击"遥测值"模块进入子功能页面，点击左边树区域/厂站/电表，在中间位置可选择电量数据类型（主/副表、原始值/实际值）、时间段（十五分钟、半小时、一小时、全部数据），点击"查询"。遥测值界面如图 4-51 所示。

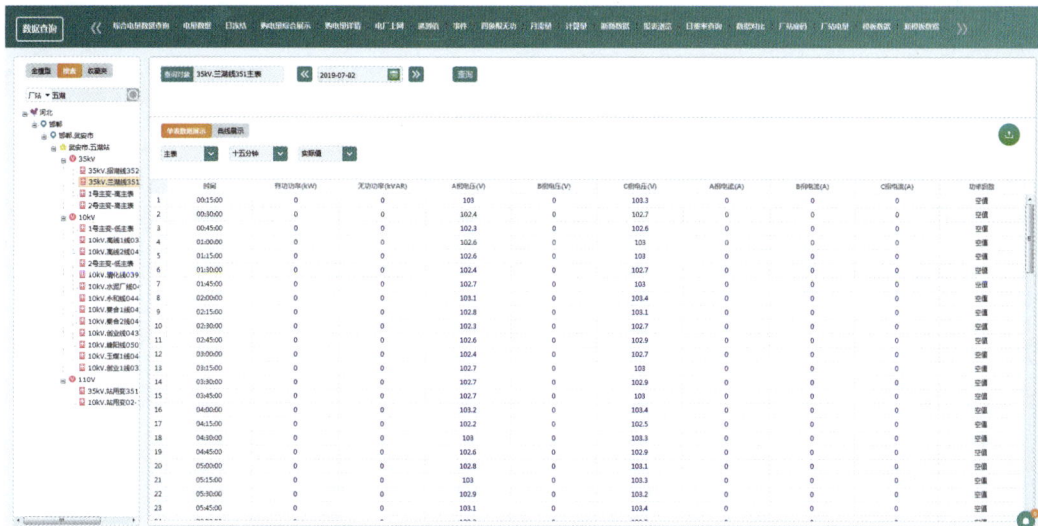

图 4-51　遥测值界面

点击"导出"按钮，可将数据导出保存。遥测值导出界面如图 4-52 所示。

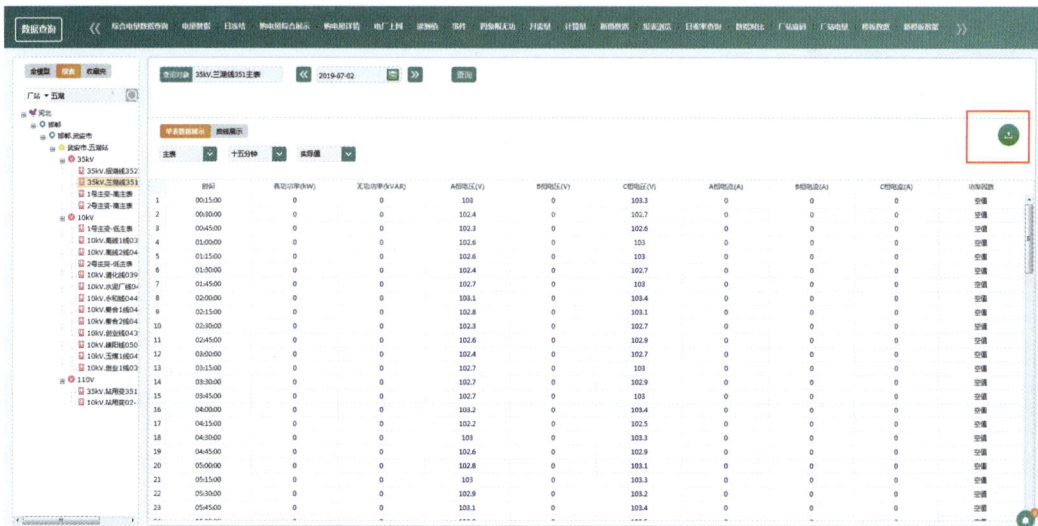

图 4-52　遥测值导出界面

4.4.7　四象限无功

四象限无功功能主要查询 22 个量电表的四象限组合方式，从而核查正向无功、反向无功是否正确，具体步骤：点击四象限无功，进入子页面，在左侧全模型树中选择厂站或电表，点击查询，会展示查询结果。点击厂站查询时，默认展示一象限无功，可单选和多选，四象限无功厂站查询界面如图 4-53 所示。

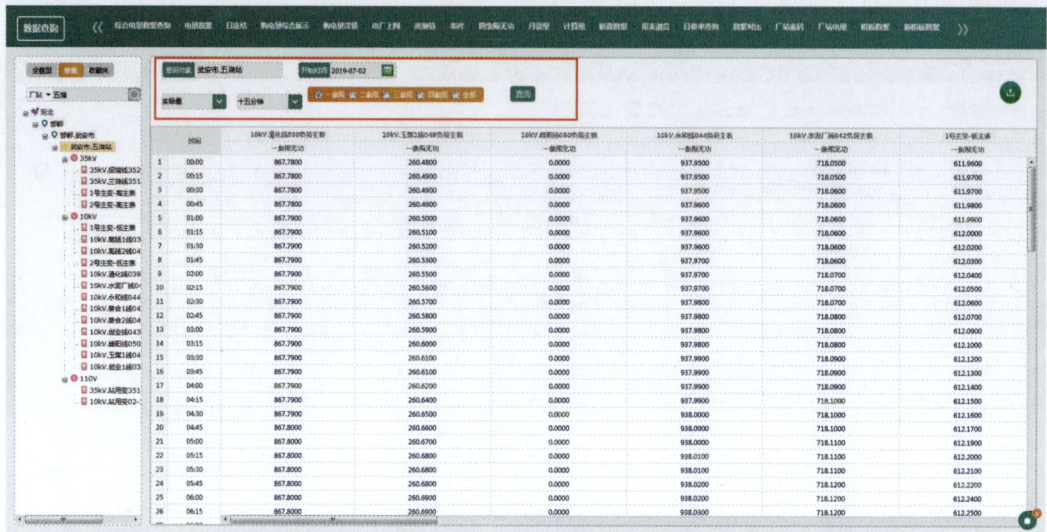

图 4-53　四象限无功厂站查询界面

点击电表查询时，会展示四个象限无功，四象限无功电表查询界面如图 4-54 所示。

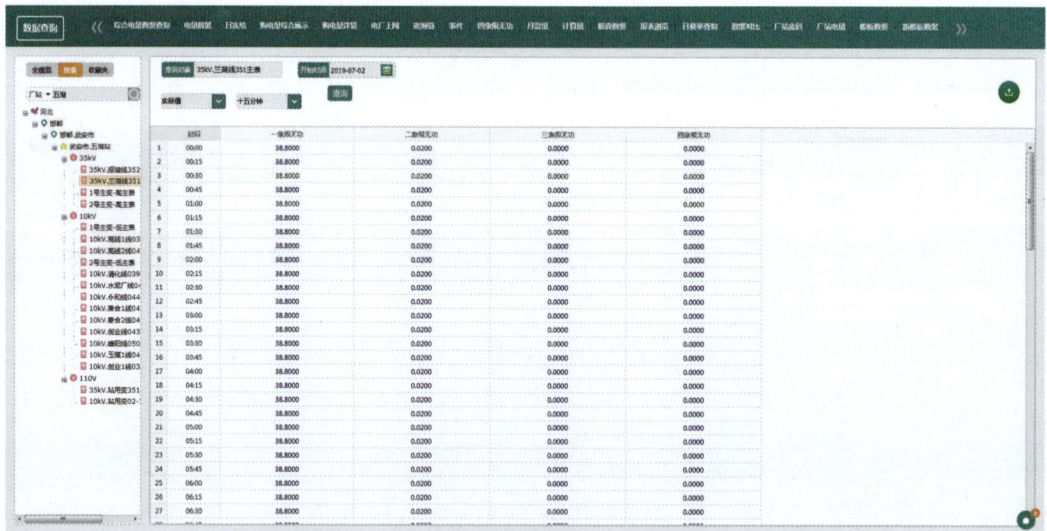

图 4-54　四象限无功电表查询界面

4.4.8　月需量

月需量主要查询 22 个量电表的最大月需量。具体步骤：点击月需量，进入功能查询界面，在左侧全模型树中选择厂站/电表，选择时间（月），点击查询，显示该月最大需量及时间，点击导出可导出为表格文件。月需量导出表格界面如图 4-55 所示。

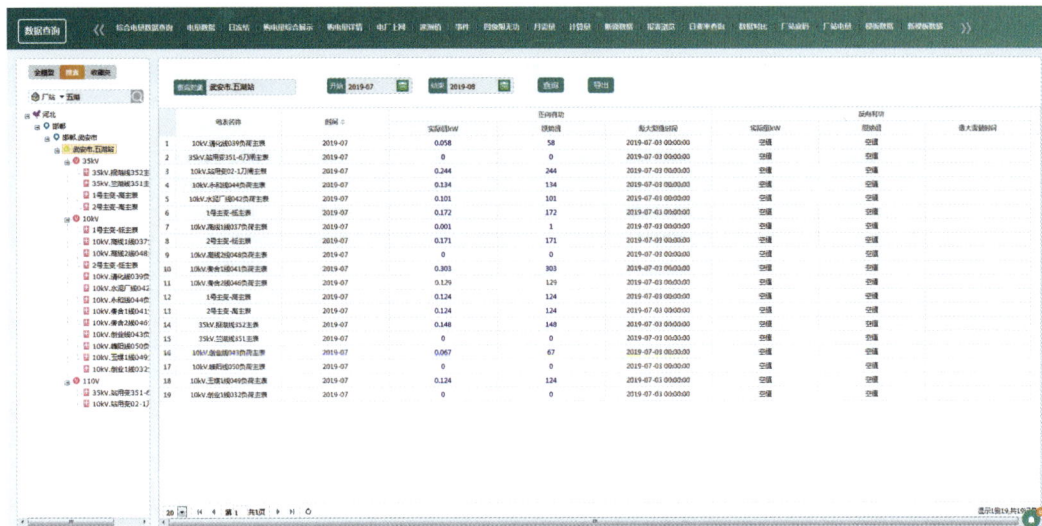

图 4-55　月需量导出表格界面

4.4.9　计算量

计算量主要查询自定义的计算公式所算出的电量曲线图展示和公式数值各时间点的计算量。具体步骤：点击计算量，进入功能查询页面，在左侧全模型树中选择区域/厂站/公式名，选择时间（日、月、年、时段），选择单位（千瓦时、兆瓦时、万千瓦时），点击查询，显示计算量曲线图和分时公式计算值。计算量界面如图 4-56 所示。

图 4-56　计算量界面

以月查询举例，可以以分时曲线和累积曲线两种方式进行展示计算量。选择"导出"按钮可以将查询到的数据打开、保存。计算量累积曲线界面如图 4-57 所示。

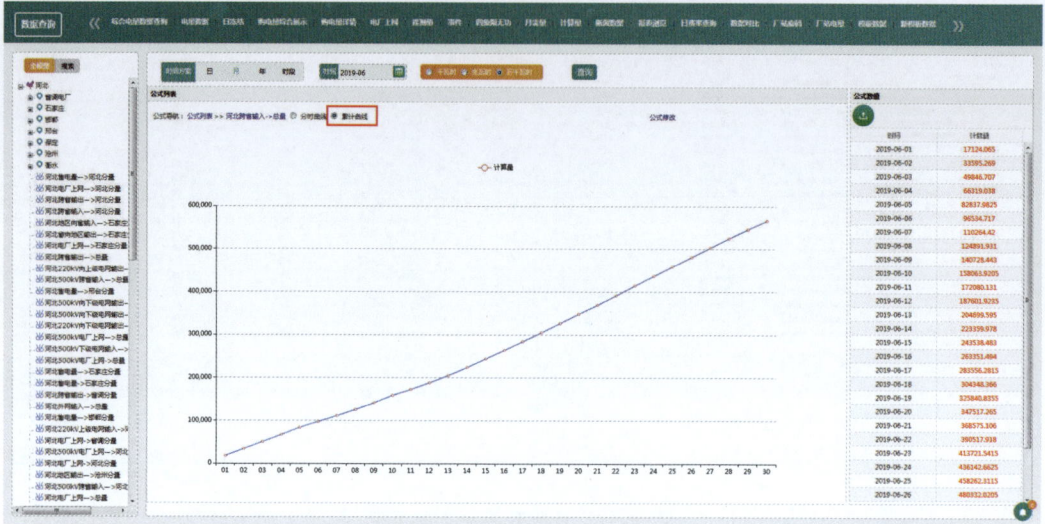

图 4-57　计算量累积曲线界面

点击页面中公式导航，依次点击公式列表、河北跨省输入、总量，显示公式详情，点击公式展示按钮，将展示具体公式。计算量公式导航页面如图 4-58 所示。

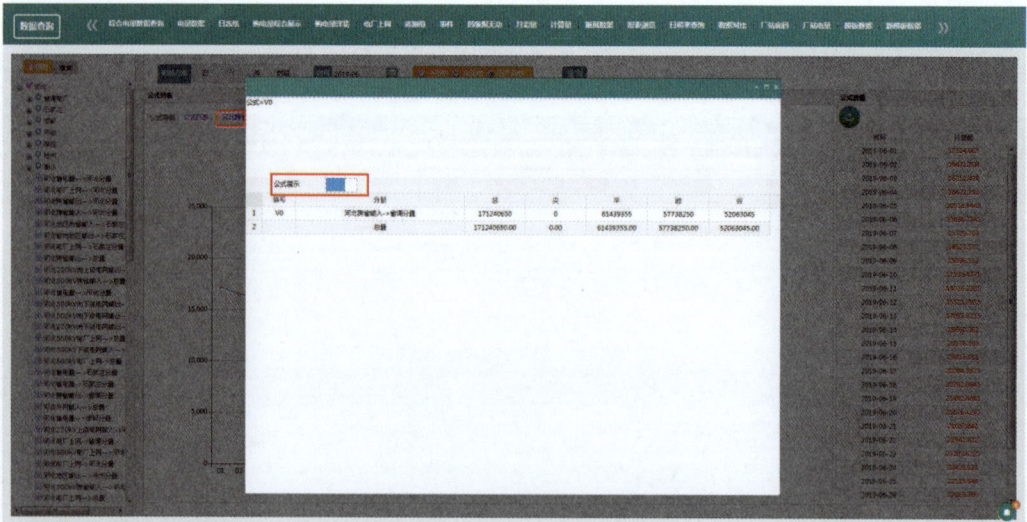

图 4-58　计算量公式导航页面

选择公式修改按钮，可以跳转到计算公式修改功能页面进行公式修改（网损公式不支持）。计算量公式修改界面如图 4-59 所示。

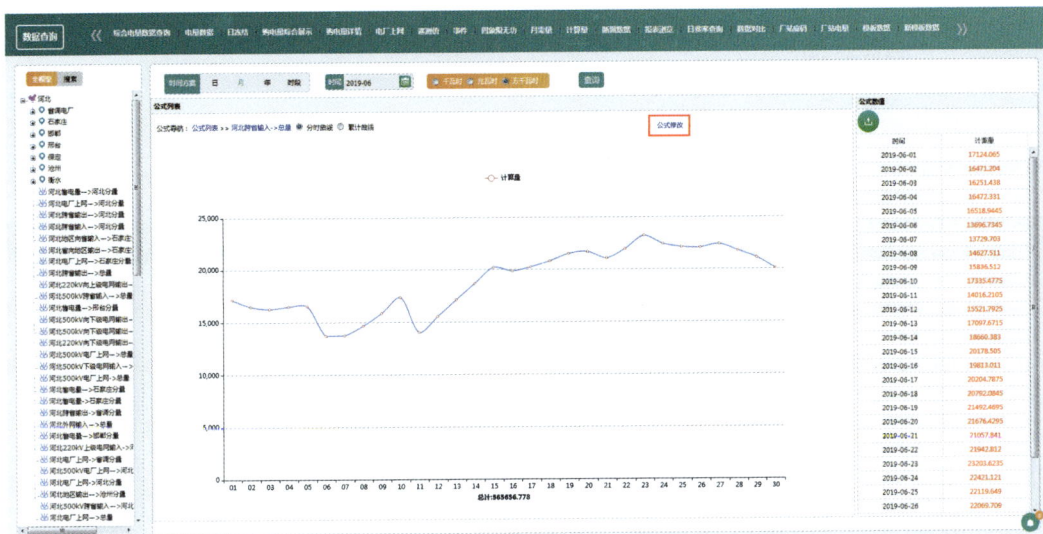

图 4-59　计算量公式修改界面

4.4.10　断面数据

断面数据页面主要查询某一时刻的底码、增量、遥测等数据。具体步骤：以分时底码为例，左侧全模型选择厂站，选择需要查询的日期，点击查询按钮，展示查询结果，分时增量、分时遥测数据只有 22 个量的电表可以查询出来。计算量断面数据界面如图 4-60 所示。

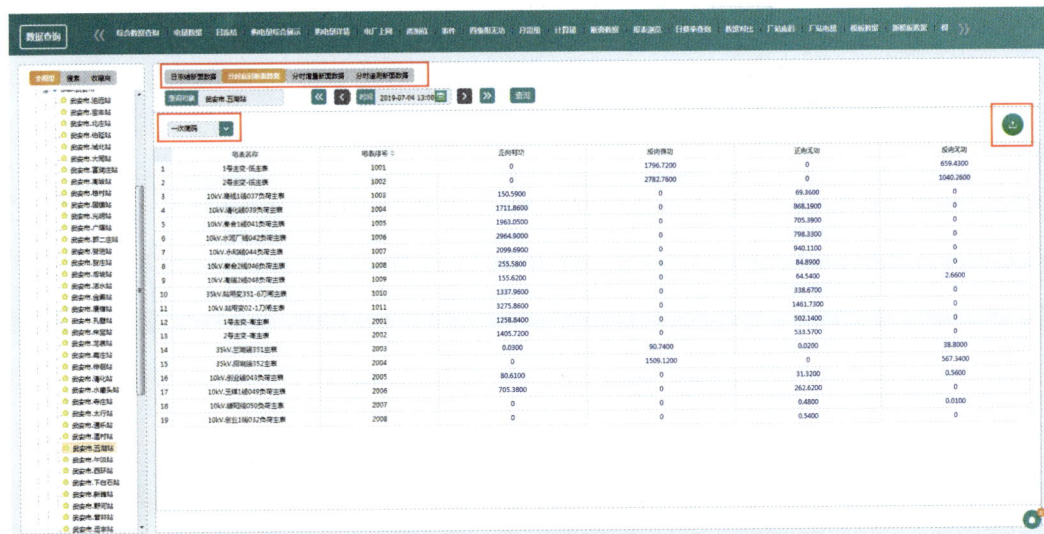

图 4-60　计算量断面数据界面

点击"《""》"按钮，切换日期；点击"《""》"按钮切换时间，或直接点击日期后的"📅"按钮，选择时间和输入日期。

4.4.11 日费率查询

日费率查询页面主要查询 22 个量电表的尖峰、平谷分时数据。具体步骤：进入页面后，左侧选择电表，选择时间，选择费率类型，点击查询。日费率查询界面如图 4-61 所示。

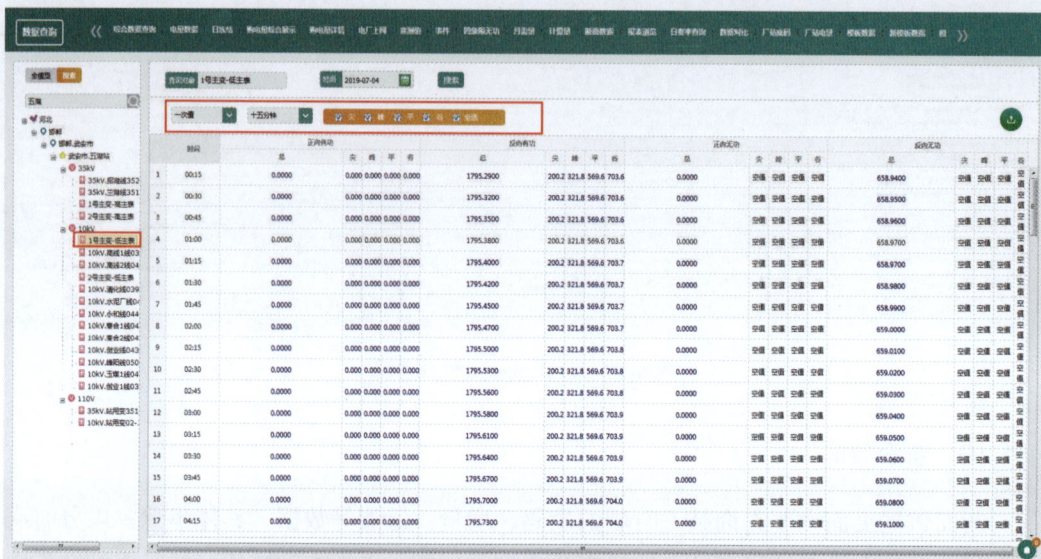

图 4-61 日费率查询界面

4.4.12 数据对比

单表校验是在左侧模型树选择一块电表（只能是选择电表），在右侧选择需要的条件参数，点击查询即可。如选择"河北.沧东电厂/220kV.2134 开关主表"，时间方案选择分时，即每 15min 采集一次数据，时间为 2019 年 05 月 13 日，校验类型为主副表检验（另一个是 EMS 积分检验），差百分比有<、>、<=、>=四种（也可以不选），点击查询即可，查询出的数据也可以导出为表格。数据对比单表校验界面如图 4-62 所示。

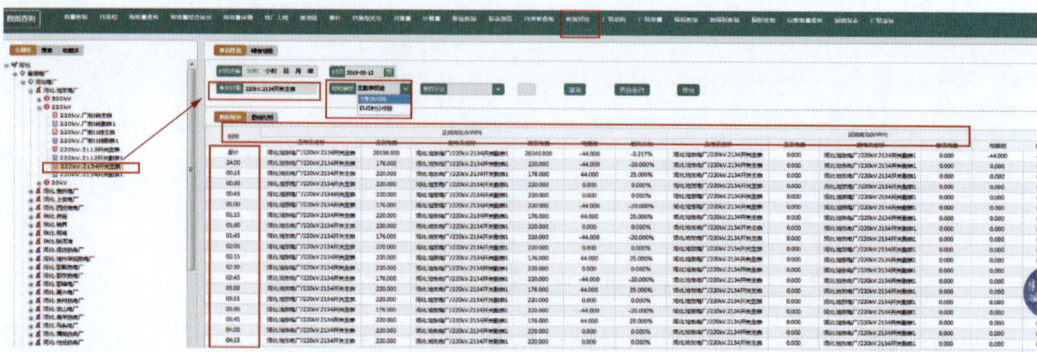

图 4-62 数据对比单表校验界面

曲线对照是将数据以曲线的形式表现出来，便于观察电表在不用时间的区别。点击导出则导出表格。数据对比曲线对照界面如图 4-63 所示。

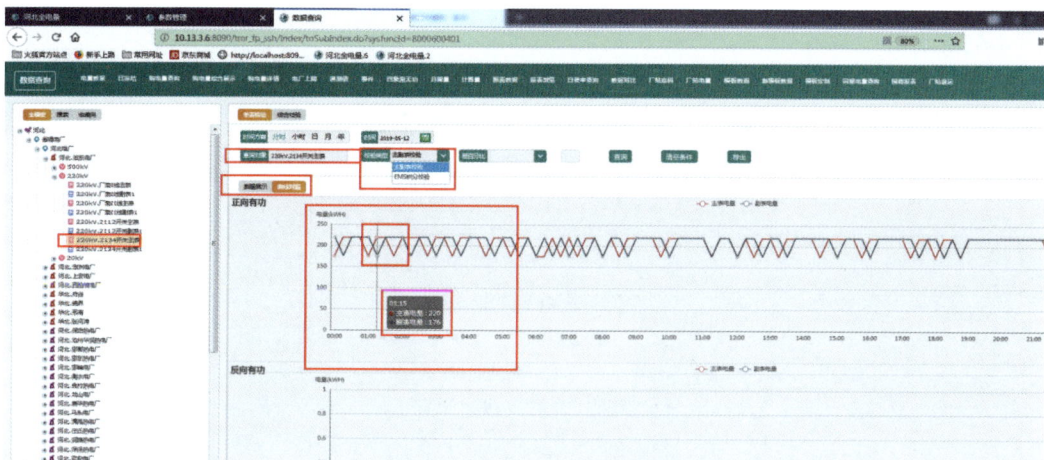

图 4-63 数据对比曲线对照界面

综合校验是在左侧模型树选择一个厂站（只能是选择厂站），在右侧选择需要的条件参数，点击查询即可。如选择"河北.邯郸电厂"，时间方案选择日（也可以是月），即每天采集一次数据，时间为 2019 年 5 月 12 日，校验类型为主副表检验（另一个是 EMS 积分检验），差百分比有<、>、<=、>=四种（也可以不选），点击查询即可，查询出的数据也可以导出为表格。数据对比综合校验界面如图 4-64 所示。

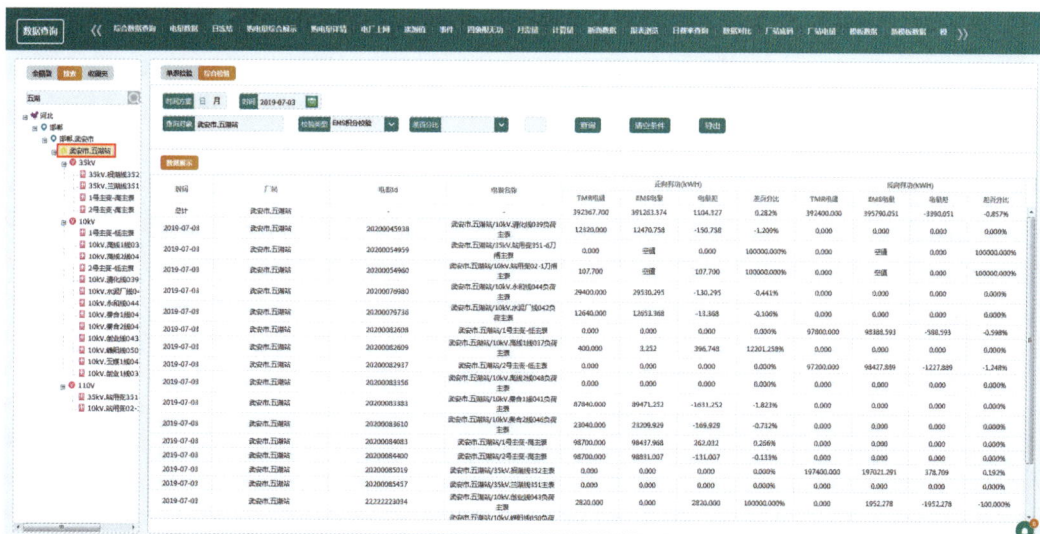

图 4-64 数据对比综合校验界面

4.4.13　模板定制

在模型树中选择对应区域，点击新增，填入模板名称，点击保存。模板定制界面如图 4-65 所示。

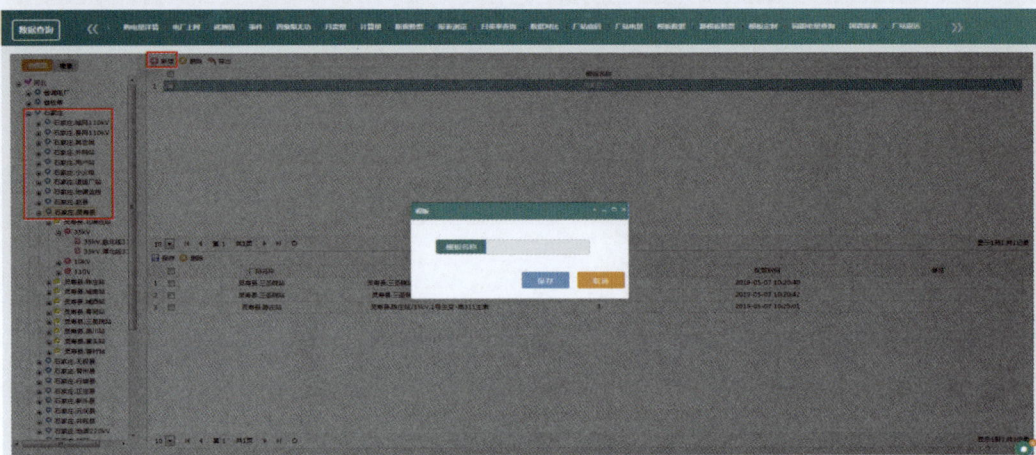

图 4-65　模板定制界面

选择模板名称，在左边模型树中选择模型进行添加，电表顺序号可以更改。模型添加界面如图 4-66 所示。

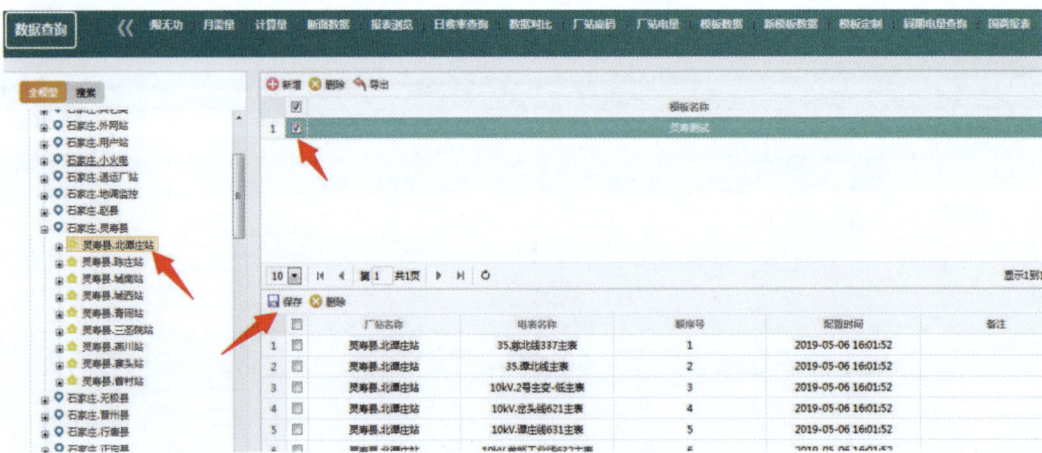

图 4-66　模型添加界面

可单独删除电表或选中模版名称将整个模版删除。

4.4.14　新模板数据

在模型树中选择对应区域，选择模板名称，选择数据类型（一次底码），选择时

间方案，选择时间，选择排序类型，点击查询。新模板数据一次底码查询界面如图 4-67
所示。

图 4-67　新模板数据一次底码查询界面

　　在模型树中选择对应区域，选择模板名称，选择数据类型（遥测），选择时间方案，
选择时间，选择排序类型，点击查询，其他类型可参考此方法查询。新模板数据遥测查
询界面如图 4-68 所示。

图 4-68　新模板数据遥测查询界面

4.4.15　国家电力调度通信中心报表

　　此功能由省级调度中心运维人员每月月初 3 个工作日内将统计上月的线损率、母平
不平率填入对应区域，上传国家电力调度通信中心的两张报表。国家电力调度通信中心
报表界面如图 4-69 所示。

4.4.16　同期电量查询

　　同期电量查询页面专为同期系统人员提供，可填入电量系统电表 ID、关口对应 ID、
营销对应 ID 查询 TMR 系统数据，关口对应 ID 是原关口系统的电表 ID，之后接入 TMR
的电表不用再维护该字段，营销对应 ID 现在对应的是同期高压用户表号。同期电量查

询界面如图 4-70 所示。

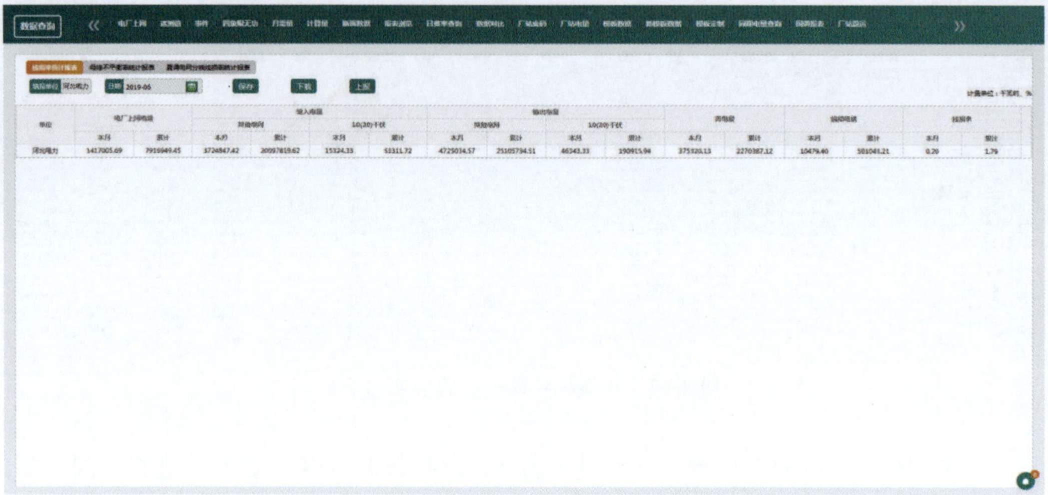

图 4-69　国家电力调度通信中心报表

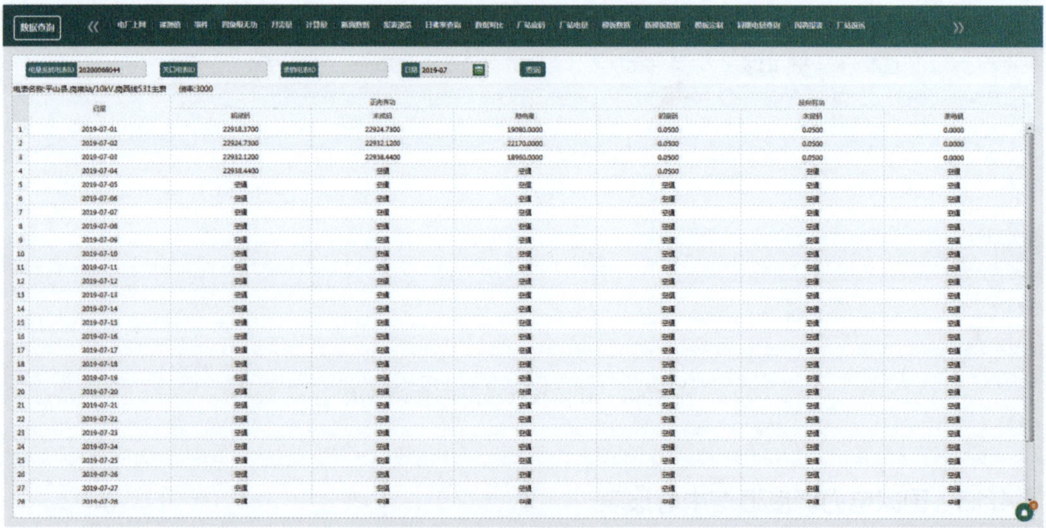

图 4-70　同期电量查询界面

4.4.17　厂站退运

厂站退运页面可按区域和时间查询终端、通道、电表的退运时间。具体操作步骤：进入页面后，选择区域、时间类型和具体时间，点击查询，可展示出某区域下选定时间或时间范围所有退役的详情。厂站退运界面如图 4-71 所示。

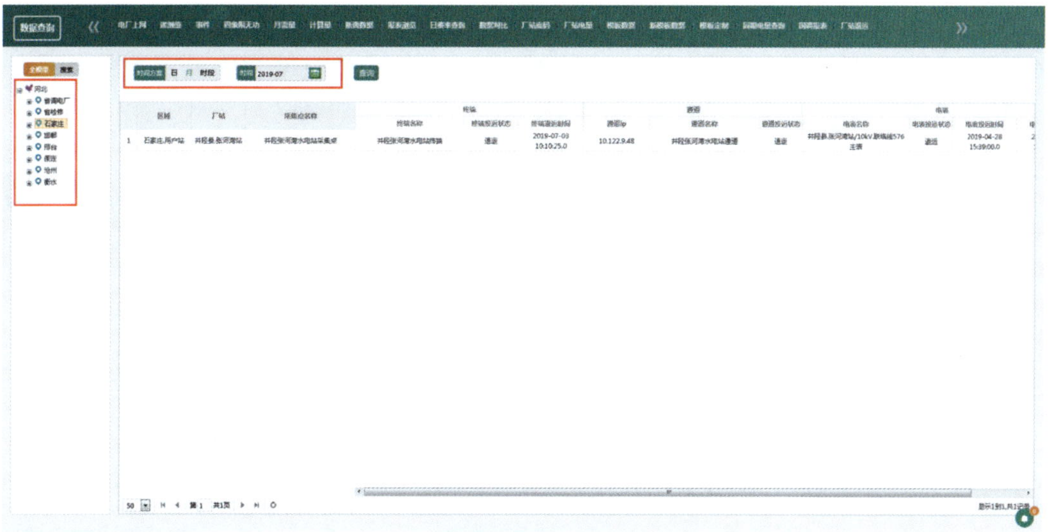

图 4-71　厂站退运界面

4.5　TMR 系统采集运维功能

采集运维模块是由数据召唤、手动对时、历史报文、采集汇总四个功能组成。

4.5.1　数据召唤

实现对电量数据的召唤，选择厂站或采集点（选中厂站会自动勾选厂站下的所有采集点）进行采集。数据召唤界面如图 4-72 所示。

具体操作：通过左侧全模型选择树，选中需要数据召唤的采集点，选择自动采集，会按照之前配置的任务模版采集，任务会从采集点上次停止采集的时间点继续进行采集数据，数据召唤自动采集界面如图 4-73 所示。或者在任务下发区域勾选添加的采集点后，选择下发，可以自定义选择时间段和数据采集类型进行采集，不选择则默认按照采集模版来下发任务，数据召唤下发界面如图 4-74 所示，自定义选择时间段和数据采集类型界面如图 4-75、图 4-76 所示。

采集任务执行后，勾选正在执行任务的采集点，可以选择报文监测，查看该采集点的实时采集报文（最多选择 5 个监视），点击采集监视，弹窗刷新实时报文。数据召唤采集监视界面如图 4-77 所示，洺远（武安市）采集点界面如图 4-78 所示。

删除按钮可以删除勾选的任务，清空按钮可以清空所有的任务。数据召唤删除界面如图 4-79 所示。

图 4-72 数据召唤界面

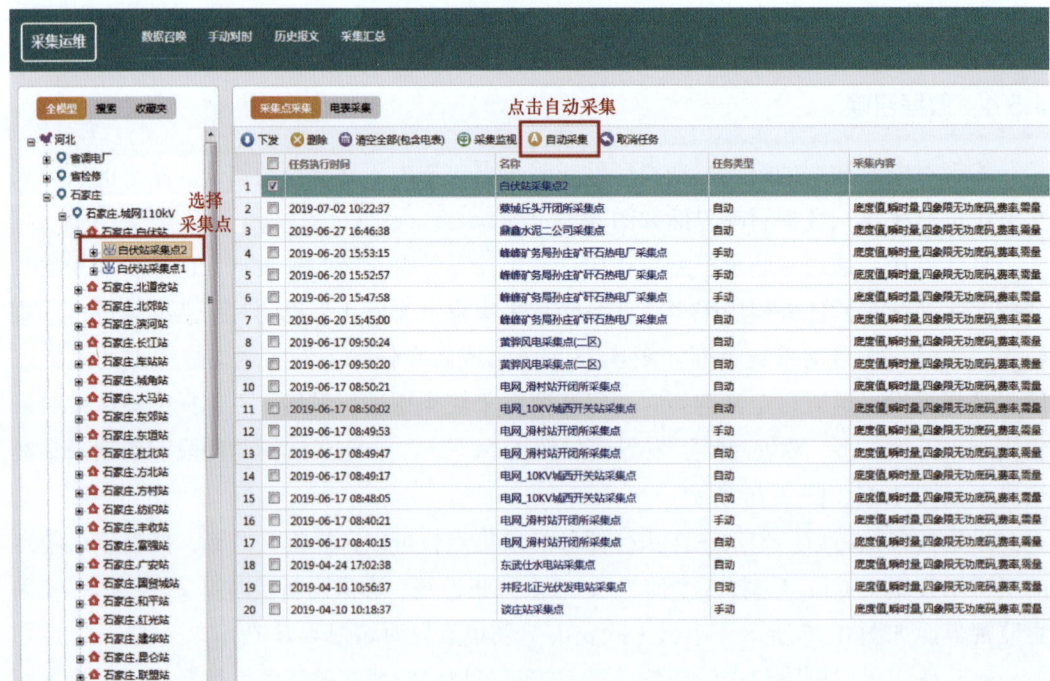

图 4-73 数据召唤自动采集界面

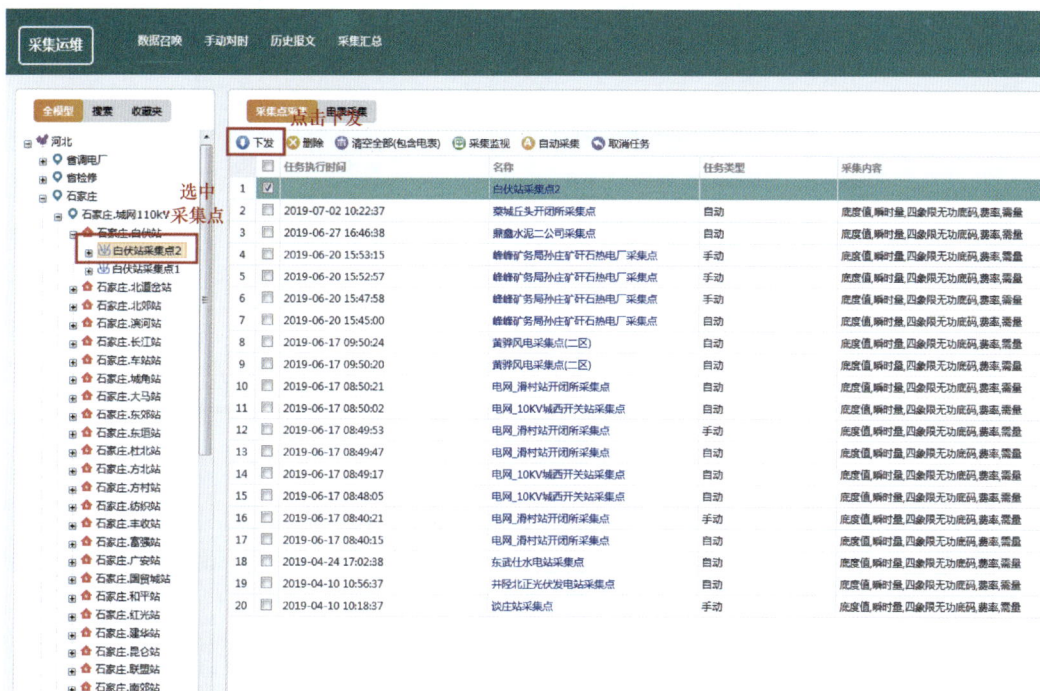

图 4-74　数据召唤下发界面

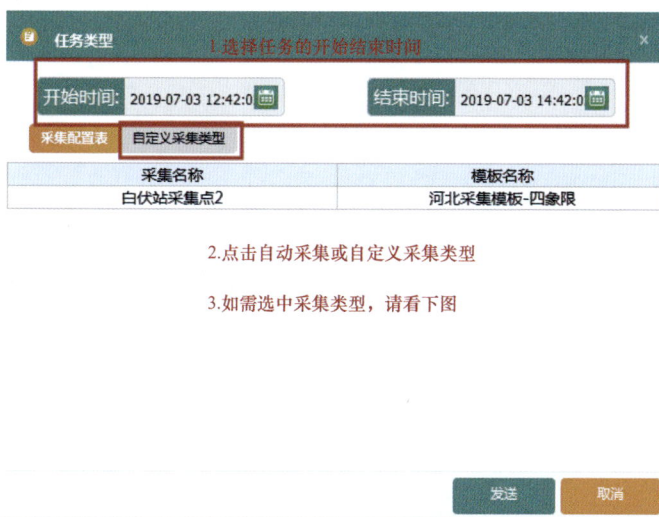

图 4-75　自定义选择时间段和数据采集类型界面一

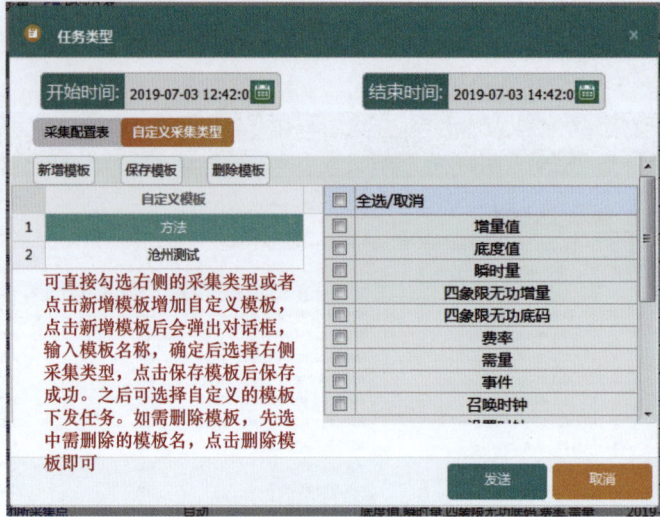

图 4-76 自定义选择时间段和数据采集类型界面二

图 4-77 数据召唤采集监视界面

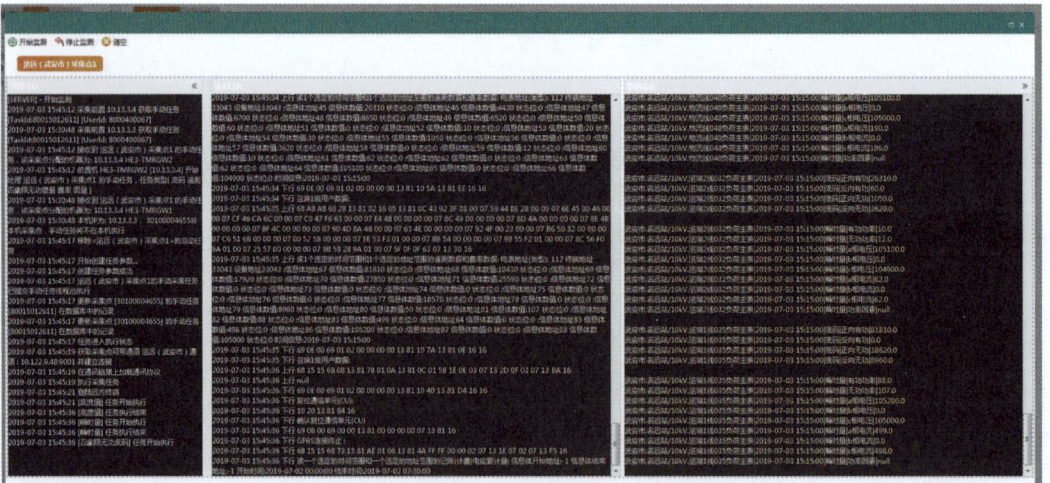

图 4-78 洺远（武安市）采集点界面

图 4-79 数据召唤删除界面

取消任务，勾选正在执行任务的采集点，点击取消任务，可将已下发的任务进行取消。数据召唤取消任务界面如图 4-80 所示。

图 4-80　数据召唤取消任务界面

4.5.2　手动对时

实现终端读取时钟及同步时钟功能，并对召唤过程进行报文监测。手动对时界面如图 4-81 所示。

图 4-81　手动对时界面

通过左侧全模型选择树勾选需要对时厂站或采集点（勾选厂站会自动勾选厂站下的所有采集点）。

在任务区域勾选添加的采集点任务，点击读取时钟按钮，对任务进行读取时钟操作。可以点击报文监测（最多可选择 5 个监测）查看实时采集报文。手动对时的报文监控界面如图 4-82 所示。

在任务区域勾选添加的采集点任务，点击同步时钟按钮，将读取时间更改为系统时间，也可点击报文监测来监测报文。数据召唤同步时钟界面如图 4-83 所示。

4.5.3　历史报文

选择需要查询的地区，点击采集点。历史报文界面如图 4-84 所示。

图 4-82　手动对时的报文监控界面

图 4-83　数据召唤同步时钟界面

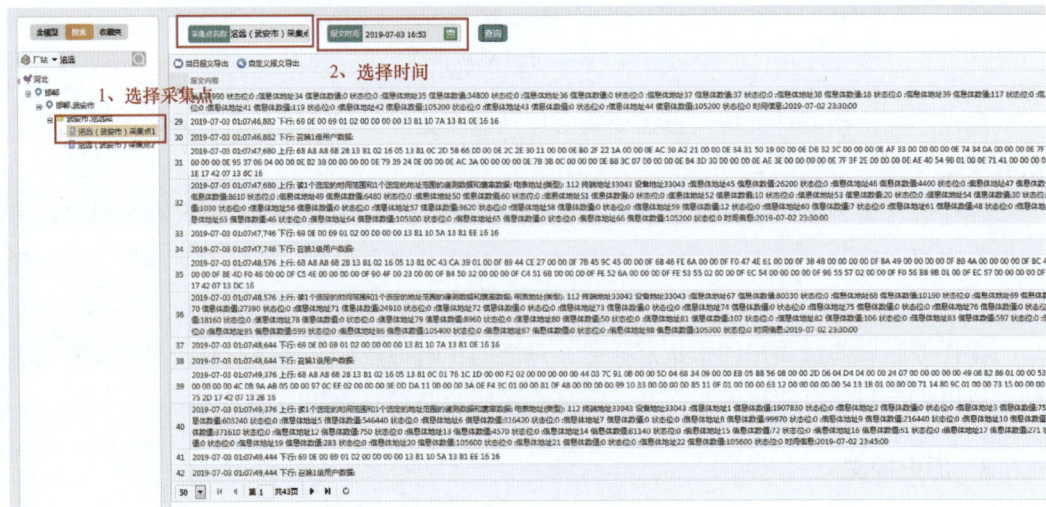

图 4-84　历史报文界面

可以选择导出当日报文，也可以选择导出自定义报文。历史报文导出界面如图 4-85 所示。

图 4-85　历史报文导出界面

4.5.4　采集汇总

采集汇总界面如图 4-86 所示。

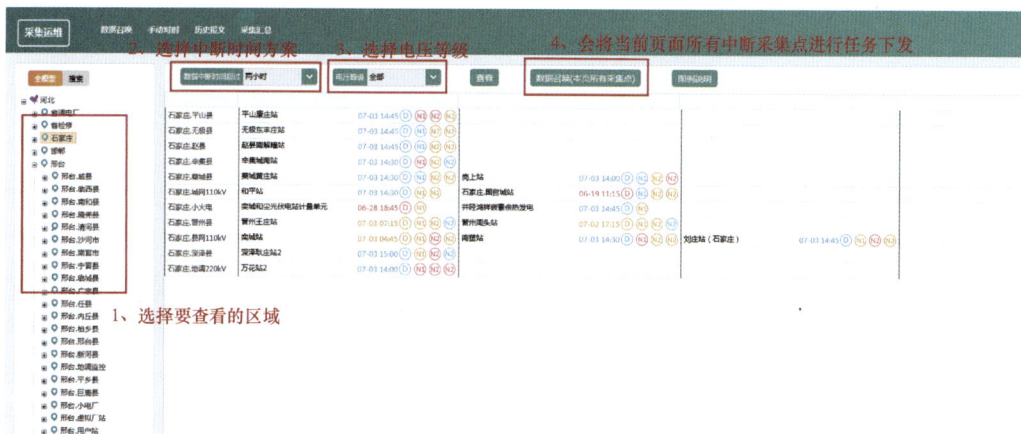

图 4-86　采集汇总界面

点击数据召唤后，可将本页所有采集点添加到数据召唤页面（不要阻止页面弹窗），后可根据需要选择自动或手动采集，以石家庄用户站为例，采集点数据召唤界面如图 4-87 所示。

点击下拉按钮可选择数据中断时间。采集汇总选择数据中断时间界面如图 4-88 所示。

点击图例说明，可查看页面图形详细说明。采集汇总图例说明界面如图 4-89 所示。

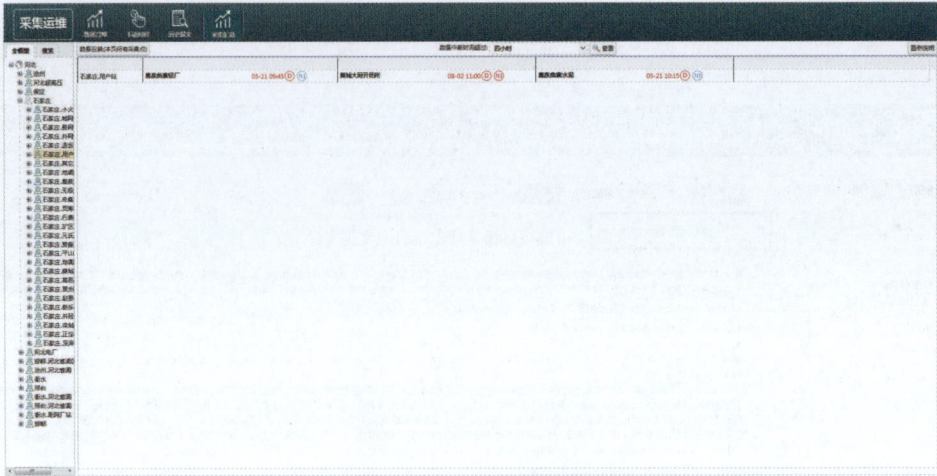

图 4-87　采集点数据召唤界面

图 4-88　采集汇总选择数据中断时间界面

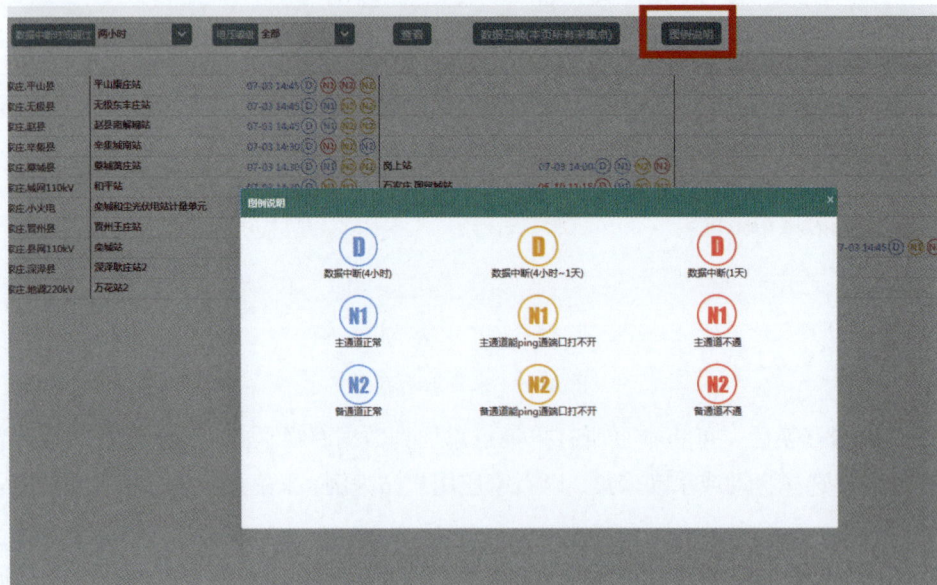

图 4-89　采集汇总图例说明界面

可点击厂站查看采集点，查看采集点信息。采集汇总采集点信息查看界面如图4-90所示。

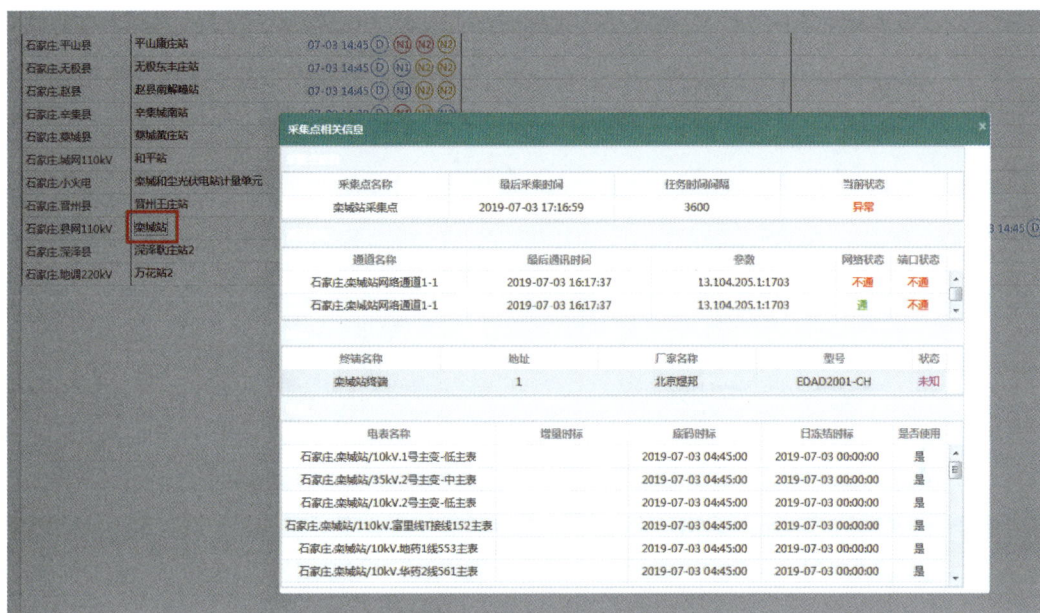

图 4-90　采集汇总采集点信息查看界面

4.6　TMR 系统状态监视功能

状态监视功能主要针对各种数据异常、通信通道异常及一些告警信息。其功能有 8 个模块，分别为运行监视、终端中断汇总、终端中断详情、采集状态，通道监视、通道状态、操作日志查询、日数据异常汇总。

4.6.1　运行监视

运行监视功能是用来监视日常需要关注的工作，其中包括采集成功率、母线平衡合格率、最新中断情况、机器状态、日冻结表底异常合格率、当日日冻结详情。TMR 系统运行监视界面如图 4-91 所示。

4.6.2　终端中断汇总

终端中断汇总功能是用来监视和考核采集终端在线情况及中断详情汇总。可以根据查询对象及选择时间段，查看该时间段内的采集终端长设备运行率、及时回复率、时间中断、中断详情等工作内容。终端中断汇总界面如图 4-92 所示。

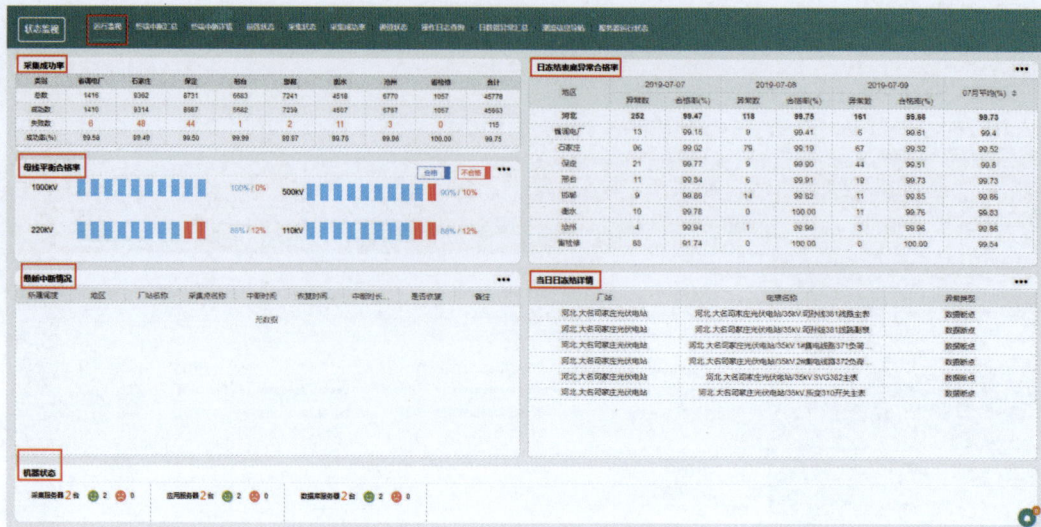

图 4-91　TMR 系统运行监视界面

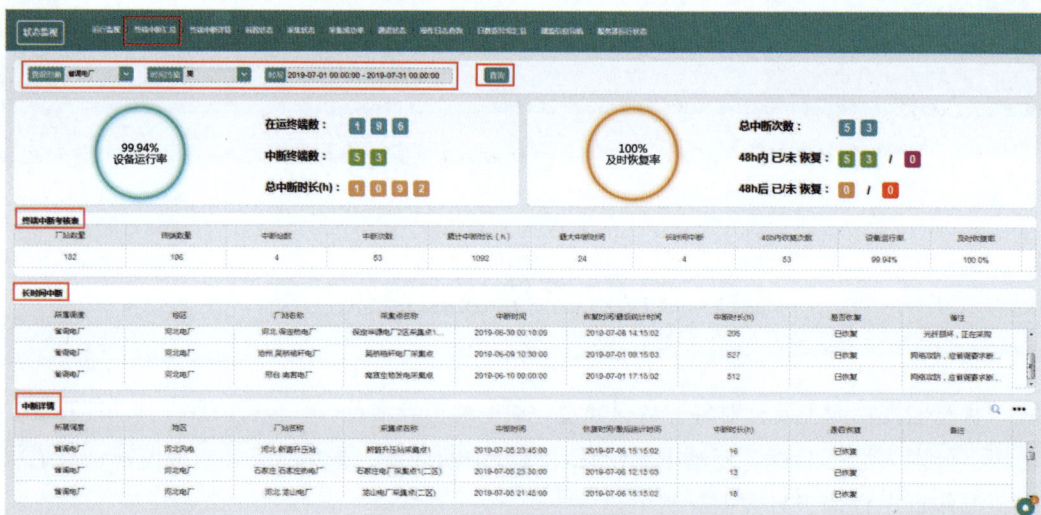

图 4-92　终端中断汇总界面

4.6.3　终端中断详情

终端中断详情功能用来查询各地区厂站终端中断历史详情汇总。可以选择查询对象、是否恢复、是否长时间中断等条件来查询中断详情。终端中断详情界面如图 4-93 所示。

4.6.4　采集状态

采集状态功能是用来监视日冻结、分时底码、分时增量的采集情况和详情汇总，以日冻结为例进行讲解，其他参考。采集状态界面如图 4-94 所示。

图 4-93　终端中断详情界面

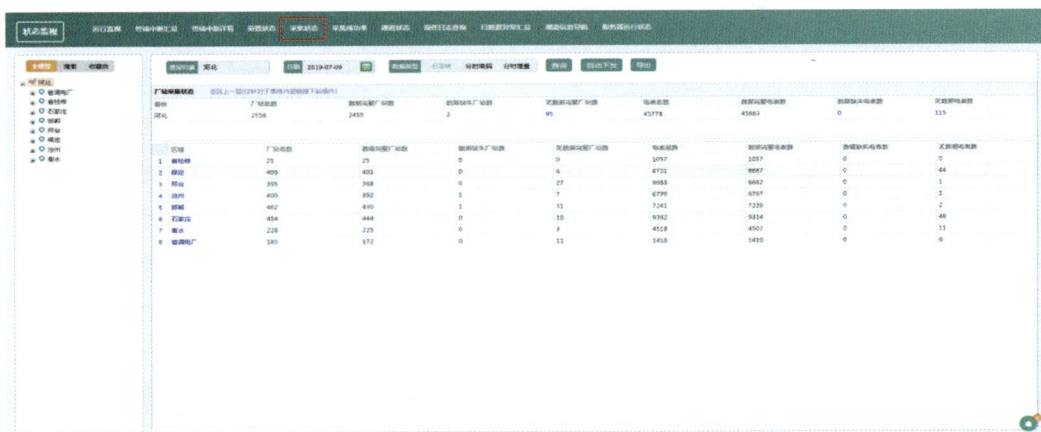

图 4-94　采集状态界面

在全模型中查询对象区域，再选择日期，数据类型为日冻结，点击查询，查看所需要的数据。采集状态查询界面如图 4-95 所示。

通过点击上图蓝色数字，可查看厂站总数、数据完整厂站数、数据缺失厂站数、无数据厂站数等详情，也可以点击查看其详情。

点击厂站名称，可查看该厂站的详情。页面支持导出功能，也可将数据缺失的厂站下发自动采集任务。采集状态页面导出界面如图 4-96 所示。

4.6.5　采集成功率

采集成功率功能是用来查询采集成功率、采集详情。采集成功率页面可以选择查询日期，进行查询相关日期采集成功率。采集成功率界面如图 4-97 所示。

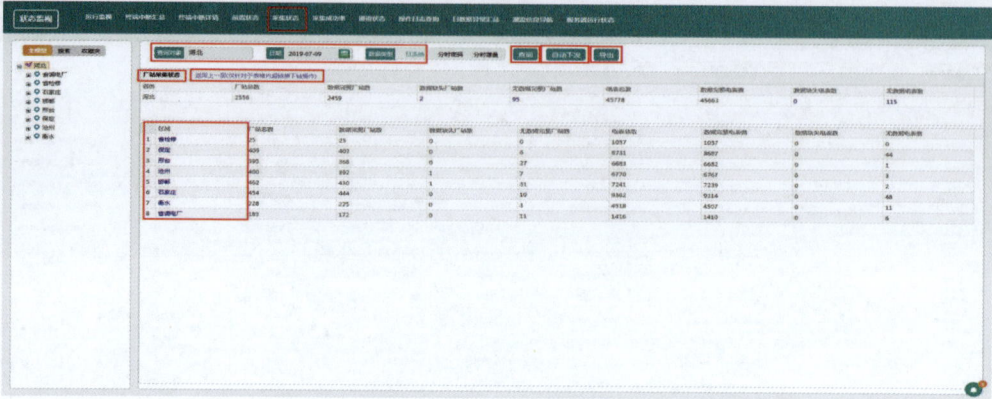

图 4-95　采集状态查询界面

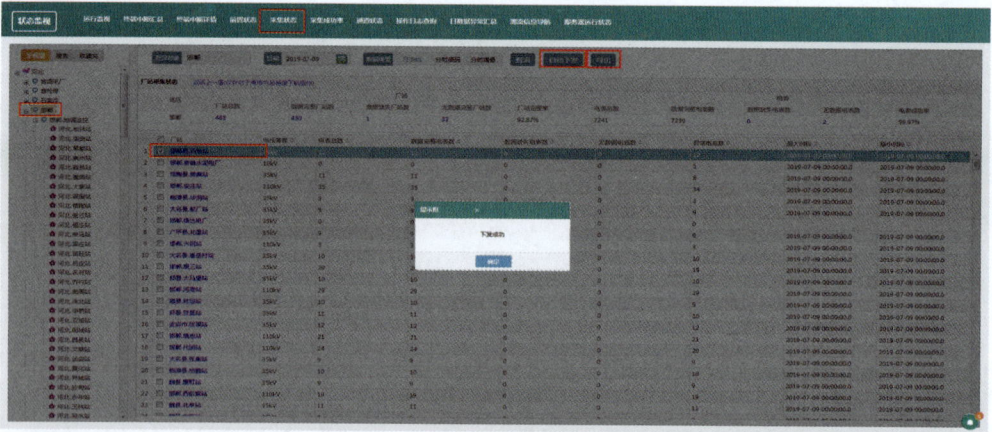

图 4-96　采集状态页面导出界面

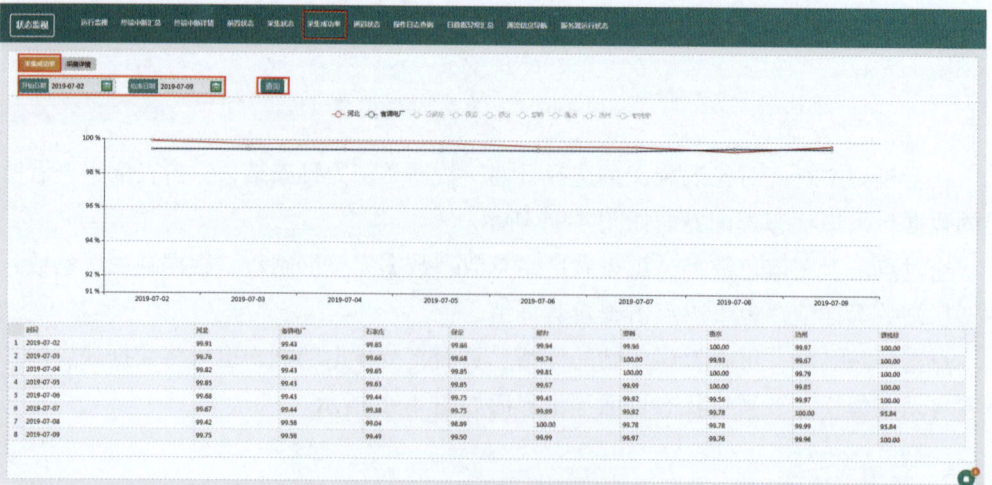

图 4-97　采集成功率界面

采集详情页面可以根据日期查询采集总数、成功数、失败数、成功率等信息。采集详情界面如图 4-98 所示。

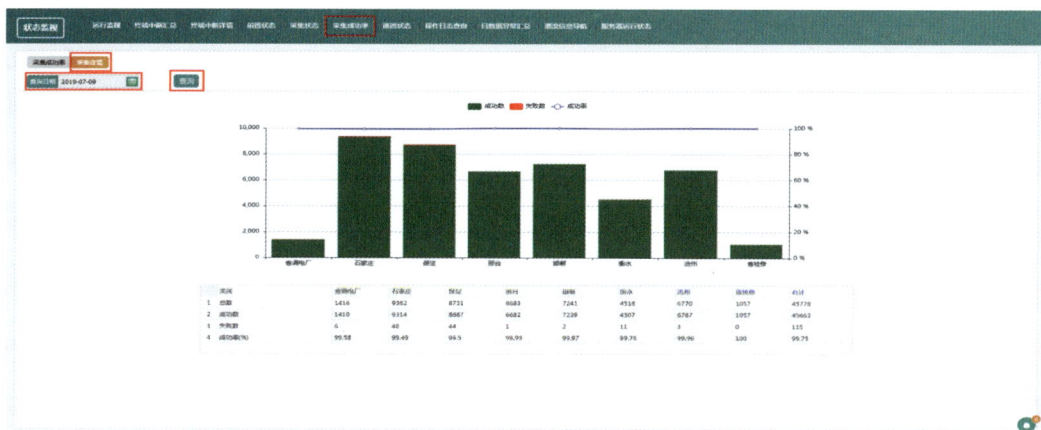

图 4-98 采集详情界面

4.6.6 通道状态功能

通道状态功能是用来监视网络状态，端口状态，通道状态。

通道状态页面显示地区的通道状态汇总。并对地区的通道数量进行统计，将异常的通道进行统计。在通道状态异常区域，单击统计好异常的数字，可以显示该地区所选的异常类型（ip 不通端口）的厂站。通道状态功能界面如图 4-99 所示。

图 4-99 通道状态功能界面

显示所选择地区的 ip 不通的厂站，可以将这些不通的厂站导出。选择厂站，点击当前状态按钮。通道状态功能选择厂站界面如图 4-100 所示。

图 4-100　通道状态功能选择厂站界面

显示该厂站当前网络的实时状态。通道状态功能实时状态界面如图 4-101 所示。

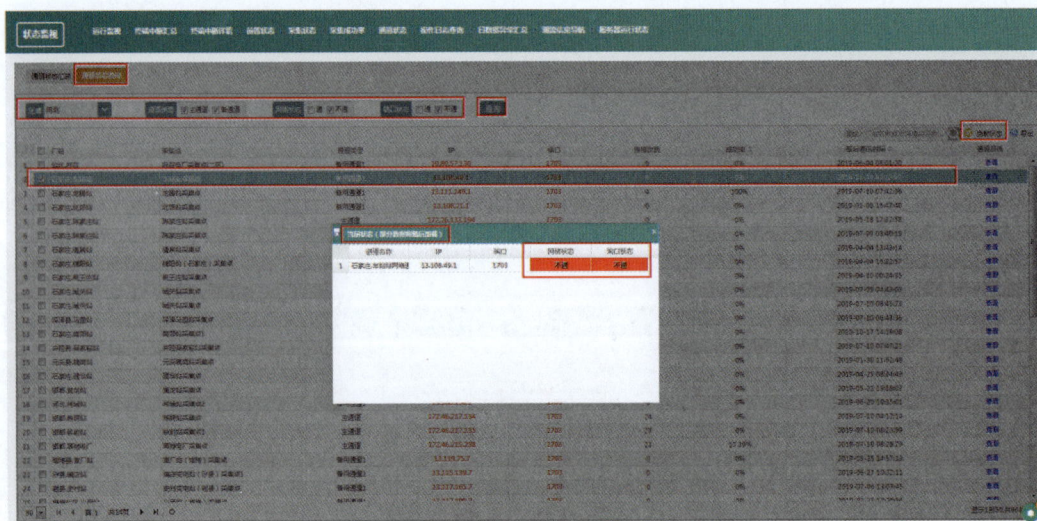

图 4-101　通道状态功能实时状态界面

通道状态功能查看界面如图 4-102 所示。

通道状态功能曲线图如图 4-103 所示，显示所选时间段内，该厂站的通道状态所选时间内的曲线图。

4.6.7　操作日志查询

操作日志查询功能为查询用户历史操作记录。在状态监视—操作日志查询页面，选择日志类型。操作日志查询界面如图 4-104 所示。

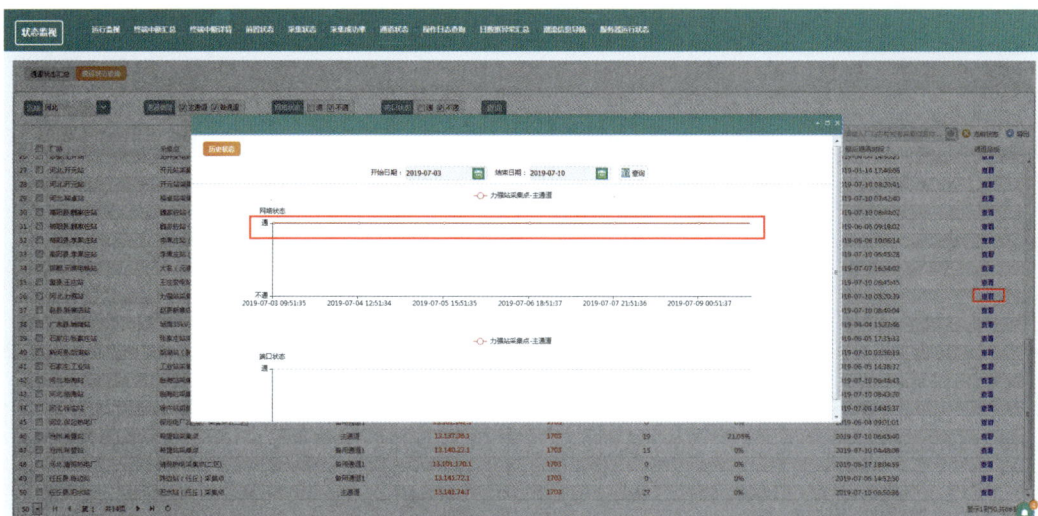

图 4-102　通道状态功能查看界面

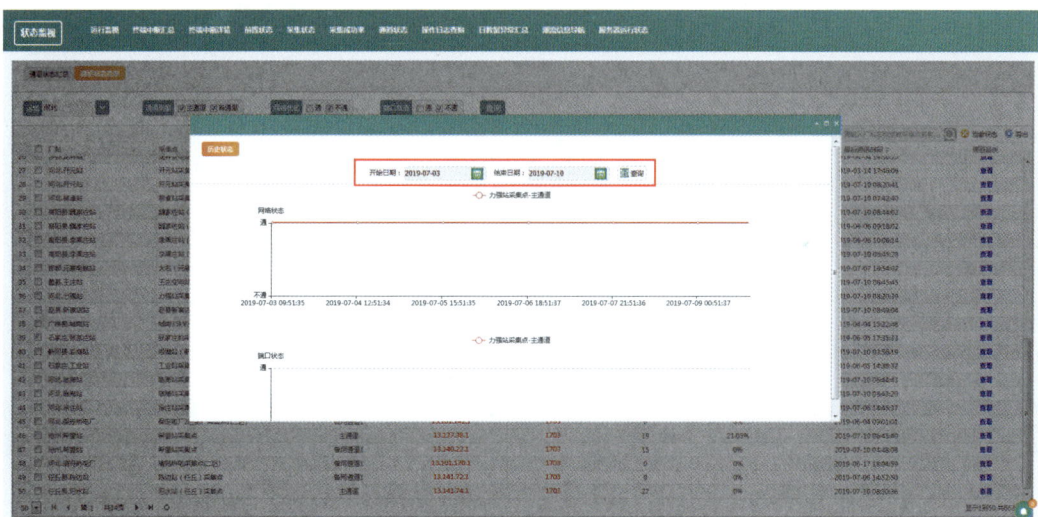

图 4-103　通道状态功能曲线图

图 4-104　操作日志查询界面

选择开始和结束时间。操作日志查询选择时间界面如图 4-105 所示。

图 4-105　操作日志查询选择时间界面

选择操作用户，如不知道具体的操作用户，可直接点击查询。操作日志查询选择操作用户界面如图 4-106 所示。

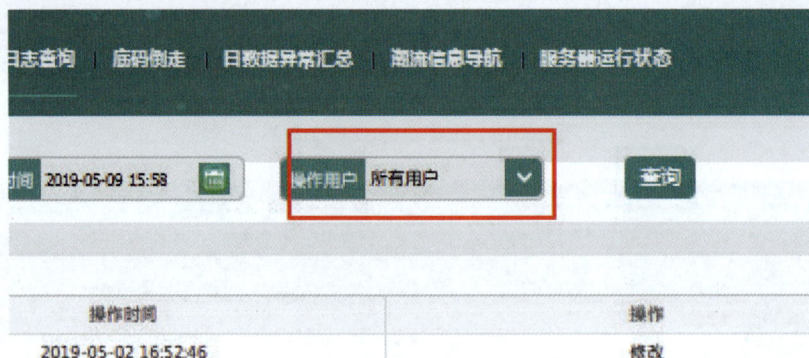

图 4-106　操作日志查询选择操作用户界面

查询结束后，可在下方区域内输入关键字，搜索对应操作记录。操作日志查询输入关键字界面如图 4-107 所示。

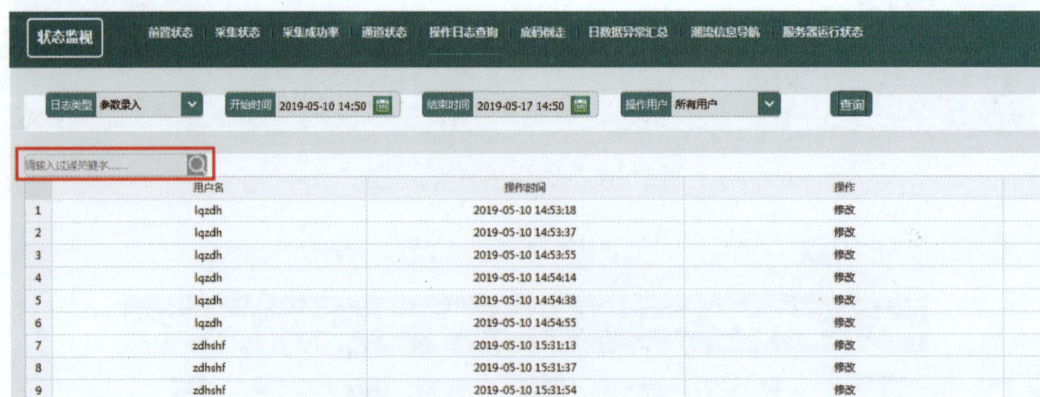

图 4-107　操作日志查询输入关键字界面

需注意，日志类型中选择数据修改，出现数据修改类型，操作日志查询数据修改类型界面如图 4-108 所示，可以选择以下数据修改类型。

（1）总量均摊。均摊电量=总电量÷周期。

（2）ENS 积分替代。系统通过接口从 EMS 系统中获得数据。

（3）遥测积分替代。所需要遥测积分表的遥测数据是通过系统前置采集将进行采集的。

（4）缺相补偿。缺一相=（电表电量÷2）×3，缺二相=电表电量×3。

（5）电表数据替代。可通过系统中最大自由度选择出代的两块替代电表。

图 4-108　操作日志查询数据修改类型界面

4.6.8　日数据异常汇总

日数据异常汇总功能为查看对应地区异常数据条数及日表底异常合格率。进入系统中状态监视—异常数据汇总。此页面目前只支持查看对应地区异常数据条数及日表底异常合格率。日数据异常汇总界面如图 4-109 所示。

图 4-109　日数据异常汇总界面

进入智能研判—日数据异常中，选择日冻结，进行日数据异常详情查看。左侧模型树选择区域，在查询条件中选择时间及异常类型（支持全选），然后查询异常数据详情。

异常数据详情查询界面如图 4-110 所示。

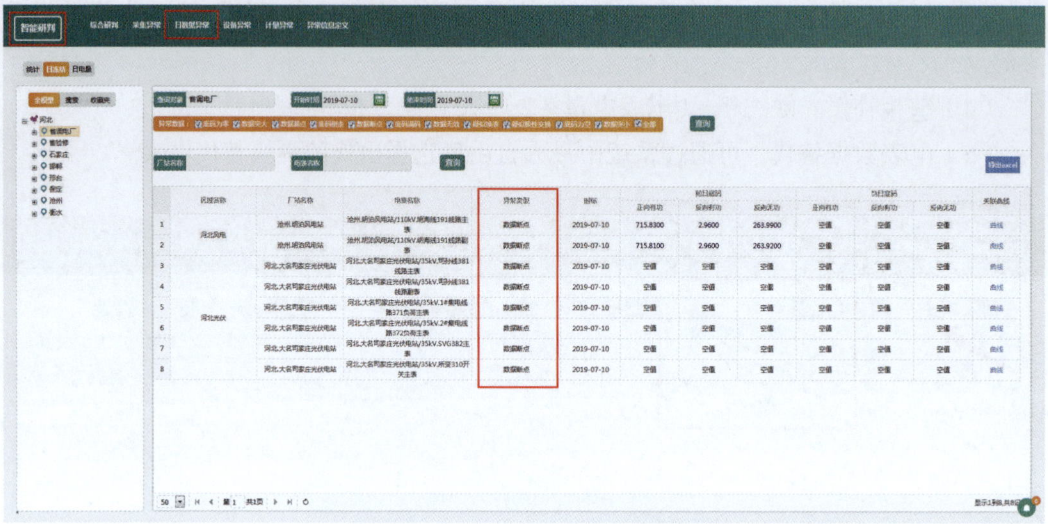

图 4-110　异常数据详情查询界面

根据图 4-110 查询结果中异常类型分析原因，例如数据断点，查询为何采集中断，尽快恢复；底码为 0，分析原因，可查看终端冻结数据是否正常。

异常数据处理中常见异常类型分析如下：

（1）底码为零。终端跳零问题，一般为终端冻结数据失败或终端异常掉电。

（2）数据突大、数据突小、底码倒走。数据跳变，需到现场分析原因。

（3）数据漏点。多出现在长时间中断又恢复的厂站，例如某站长时间中断，4 月 19 日 15:00 恢复采集，会自动补招 48h 内数据，那么 4 月 17 日零点就会研判为数据漏点。

（4）数据断点。采集中断，数据采集中断。

（5）底码满码。采集数据前五位为 99999（默认系统满码一瞬间通过 102 上送的表底码为 99999999），则认为发生了满码事件。

（6）疑似换表。即现场发生换表操作，但是未在 TMR 系统中提交换表流程。

（7）底码为空。即零点冻结值，终端进行上送，但是未上送数据（库中有零点冻结值记录但是数据为空）。

4.7　TMR 系统智能研判

智能研判模块包括综合研判、采集异常、日数据异常、计量异常、设备异常。

4.7.1　综合研判

页面展示的内容主要是将各类异常统一汇总到一起。进入页面后选择电压等级（不选择则默认全部电压等级）和时间，选择左侧树节点，展示查询结果（如果电能表所有项不存在异常则无查询结果），填入筛选条件再选择异常类型，查询出的结果支持排序。TMR 系统综合研判界面如图 4-111 所示。

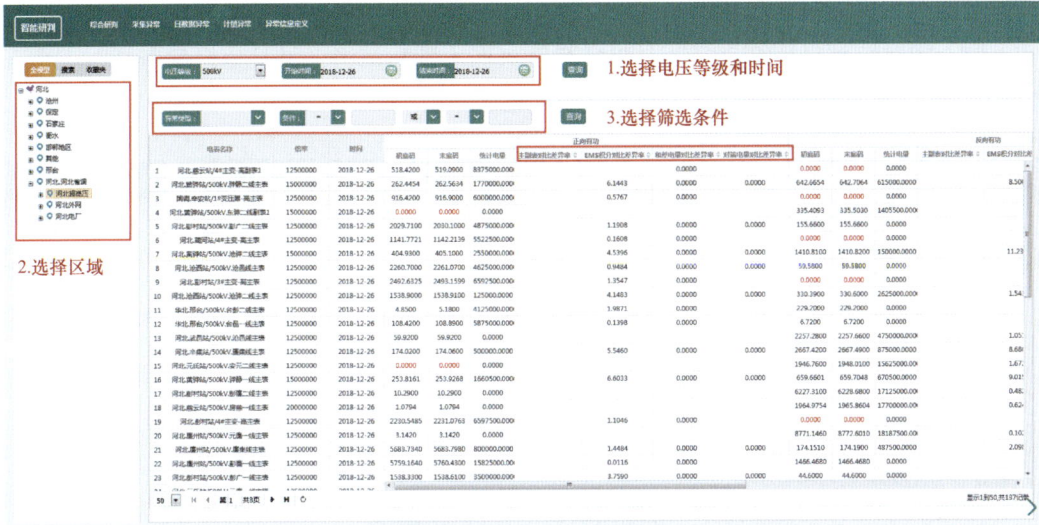

图 4-111　TMR 系统综合研判界面

4.7.2　采集异常

采集异常页面主要判断档案信息类异常，进入页面后展示实时的采集参数信息、计量参数信息异常，点击区域，展示该区域下异常，点击异常类型名称后的数字，会在页面下方展示异常详情。TMR 系统采集异常界面如图 4-112 所示。

图 4-112　TMR 系统采集异常界面

4.7.3 日数据异常

日数据异常页面主要判断日底码和日电量异常，进入页面后，首先展示的是统计图和异常情况，选择时间和地区，展示异常统计，点击日冻结或日电量或异常情况下的异常条数，将跳转到日冻结异常或日电量异常页面（判断逻辑详见日数据异常判断逻辑文档）。TMR 系统日数据异常界面如图 4-113 所示。

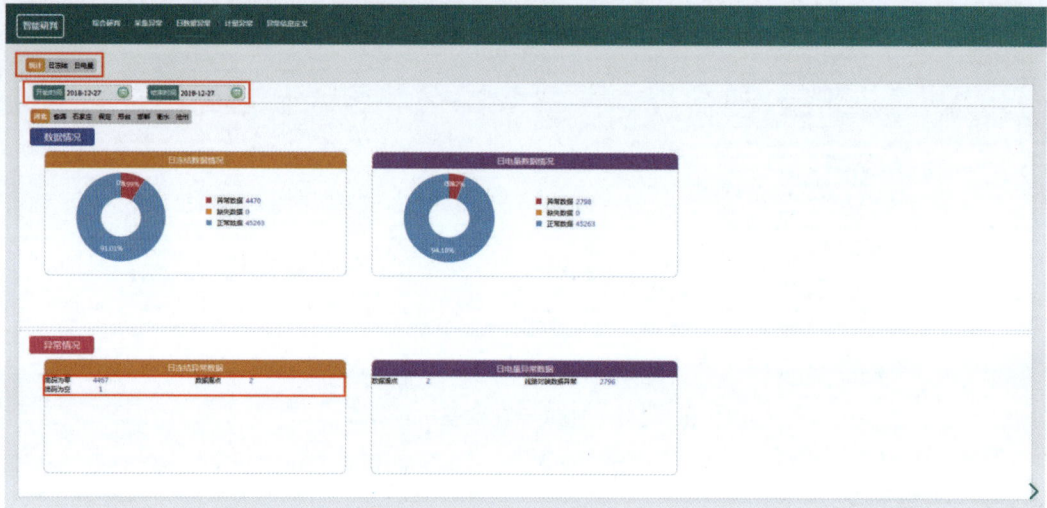

图 4-113　TMR 系统日数据异常界面

TMR 系统日冻结异常详情界面如图 4-114 所示。

图 4-114　TMR 系统日冻结异常详情界面

TMR 系统日电量异常详情界面如图 4-115 所示。

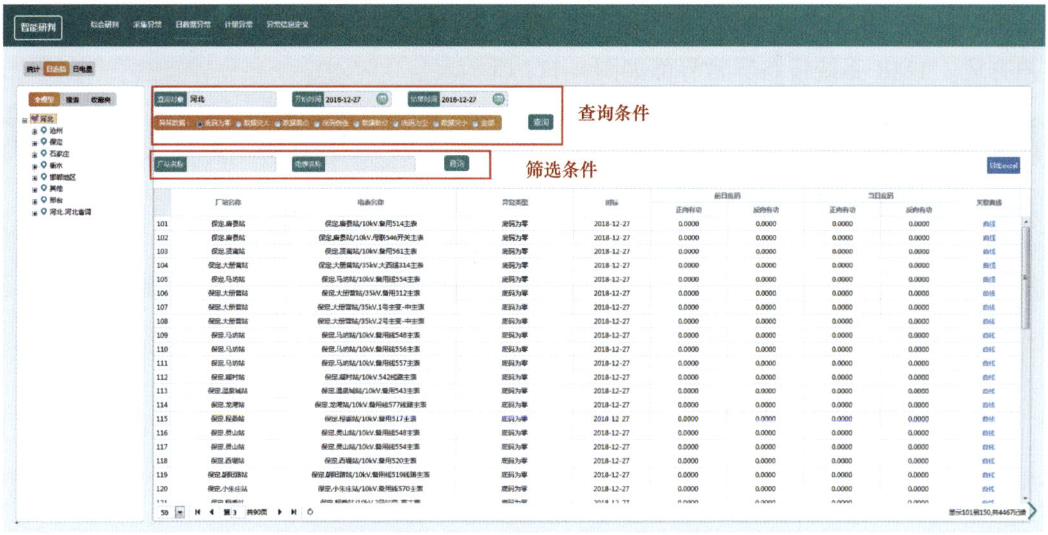

图 4-115 TMR 系统日电量异常详情界面

4.7.4 计量异常

计量异常页面主要判断电压、电流等计量异常，进入页面后，首先展示的是异常总览，由于河北终端暂时不支持上送电表时间，所以此功能暂不可用，也未给用户开放。TMR 系统计量异常界面如图 4-116 所示。

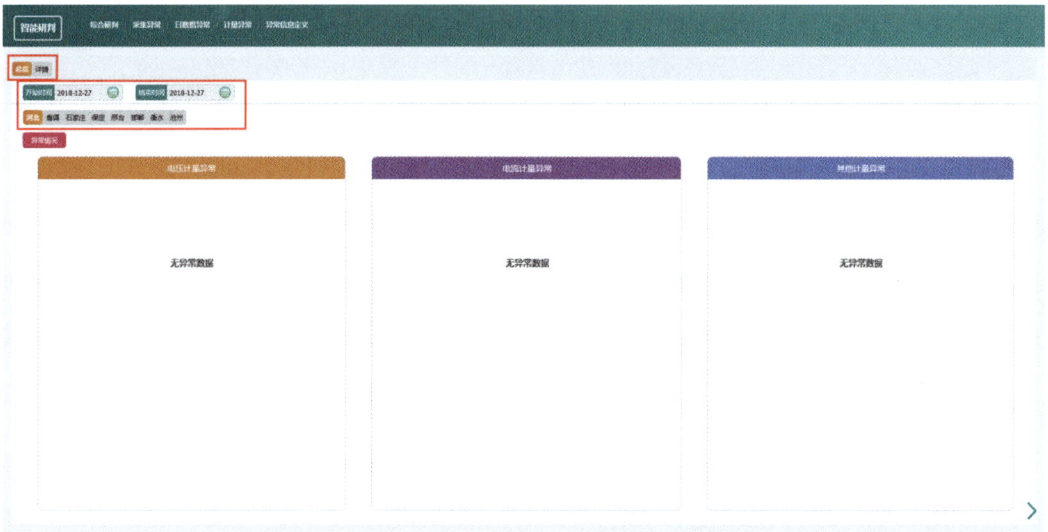

图 4-116 TMR 系统计量异常界面

4.7.5 设备异常

设备异常页面主要包含通道异常、终端异常、电表异常，进入页面后，首先展示的是异常总览，由于河北终端暂时不支持上送电表时间，所以此功能暂不可用，也未给用户开放。TMR 系统设备异常界面如图 4-117 所示。

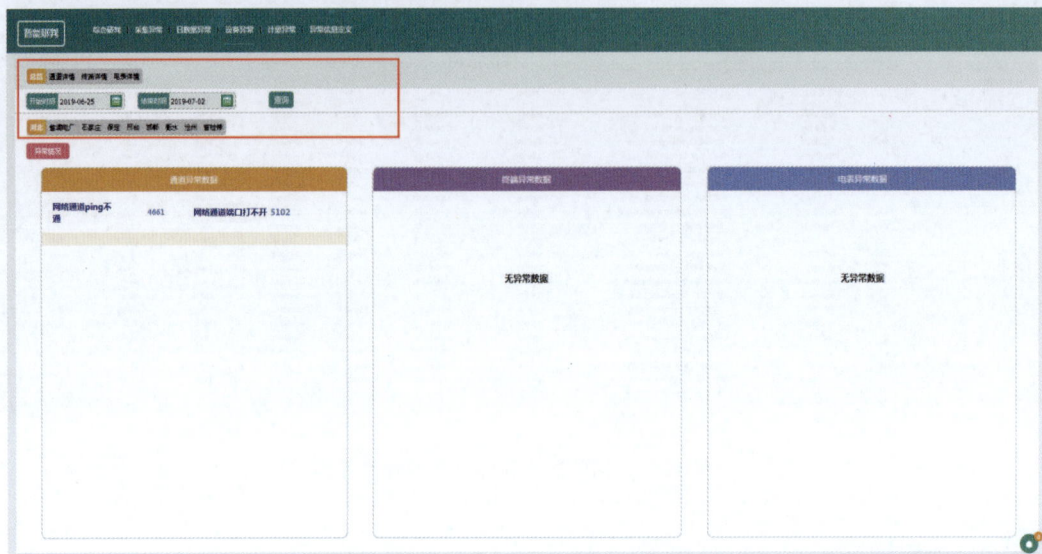

图 4-117　TMR 系统设备异常界面

4.8　TMR 系统网损管理功能

网损管理主要对网损数据的汇总、查询、网损计算分量的管理，包括分区网损查询、分压网损查询、分区模型管理、分压模型管理、关口属性定义五个功能。

4.8.1　分区模型管理

分区模型管理主要对各区域的网损分量类型进行分量电表的计算定义，具体操作步骤如下：选择需要配置的区域和网损分量关口类型，从左侧树选择参加此购电量网损分量计算的电表，可以设置参与方式及取值方式，然后以电表关口属性的方式和计算公式的方式保存。分区模型管理界面如图 4-118 所示。

选中右边表结构中的单条或多条信息，点击左上角修改，可修改选中信息的参与方式与取值方式。分区模型管理修改界面如图 4-119 所示。

4.8.2　分压模型管理

分压模型管理主要对各区域的各电压等级网损分量类型进行分量电表的计算定义，具体操作步骤如下：

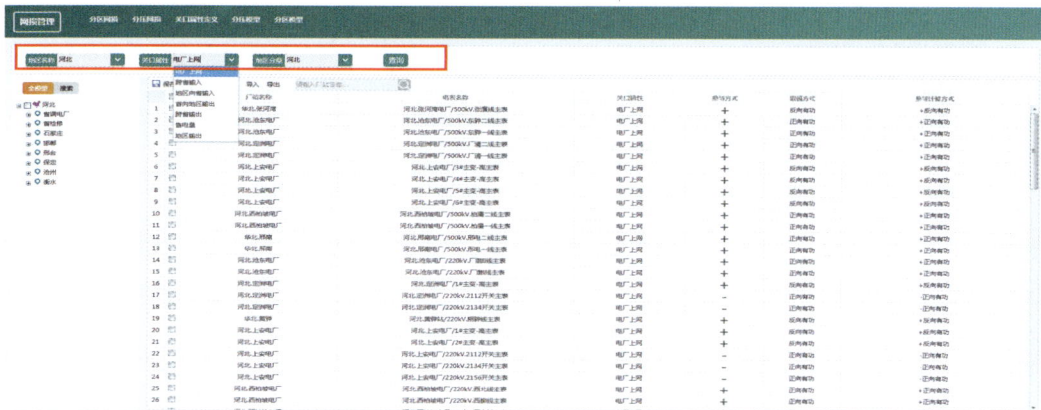

图 4-118　分区模型管理界面

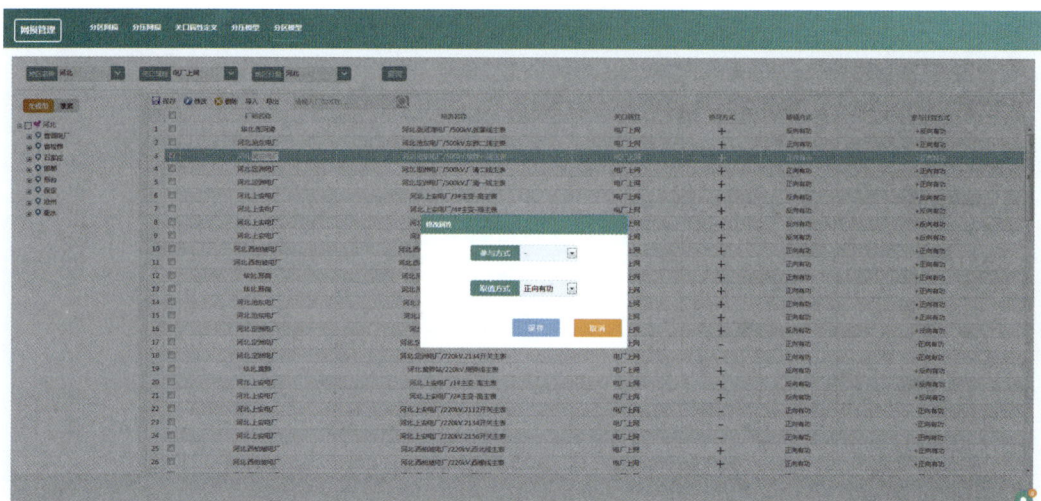

图 4-119　分区模型管理修改界面

选择需要配置的区域、电压等级、需要配置的网损分量关口类型，从左侧树选择参加此分压网损分量计算的电表，可以设置参与方式及取值方式，然后以电表关口属性的方式和计算公式的方式保存。分压模型管理界面如图 4-120 所示。

选中右边表结构中的单条或多条信息，点击左上角修改，可修改选中信息的参与方式与取值方式。分压模型管理修改界面如图 4-121 所示。

4.8.3　分区网损查询

分区网损查询主要查询各区域的输入电量、输出电量、损耗量和损耗率。具体操作步骤如下：

进入分区网损汇总页面，可查询出昨日、本月、上月、本年各分量（电厂上网、地区向省输入、联络线等）的网损情况。分区网损查询界面如图 4-122 所示。

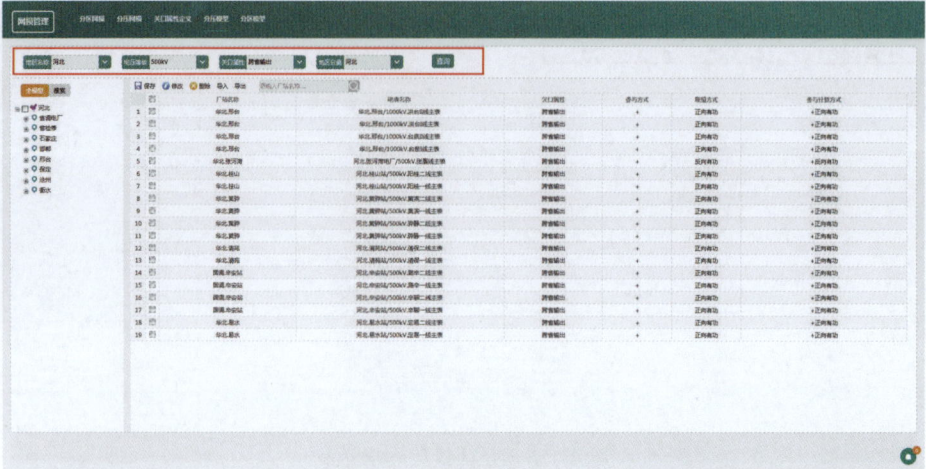

图 4-120　分压模型管理界面

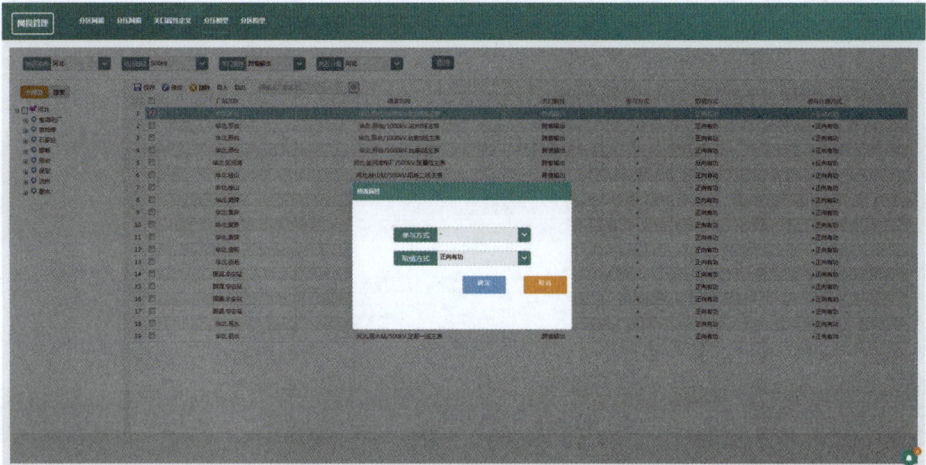

图 4-121　分压模型管理修改界面

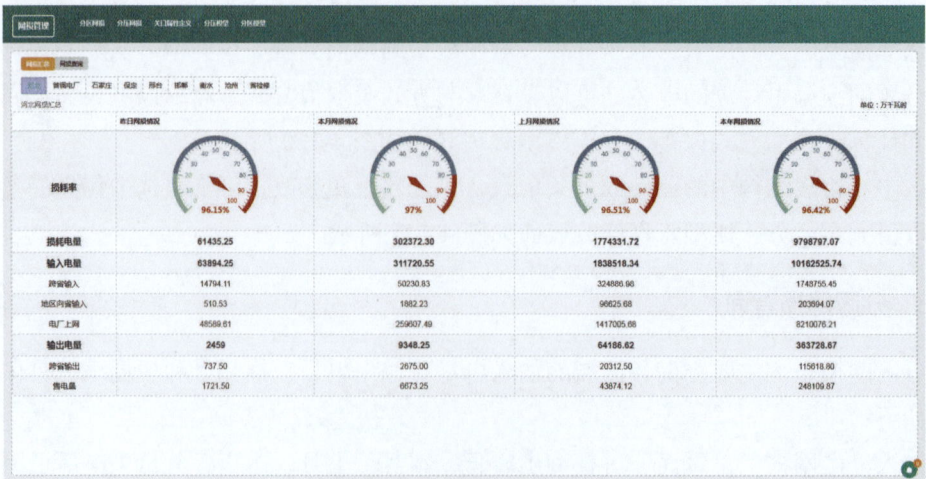

图 4-122　分区网损查询界面

进入分区网损查询页面，选择区域、时间段（日、月、年），点击查询，可查询出某个时段的网损情况，也可将当前时间段的输入、输出、总表导出。分为表格展示和曲线展示，分区网损查询表格展示界面如图 4-123 所示。

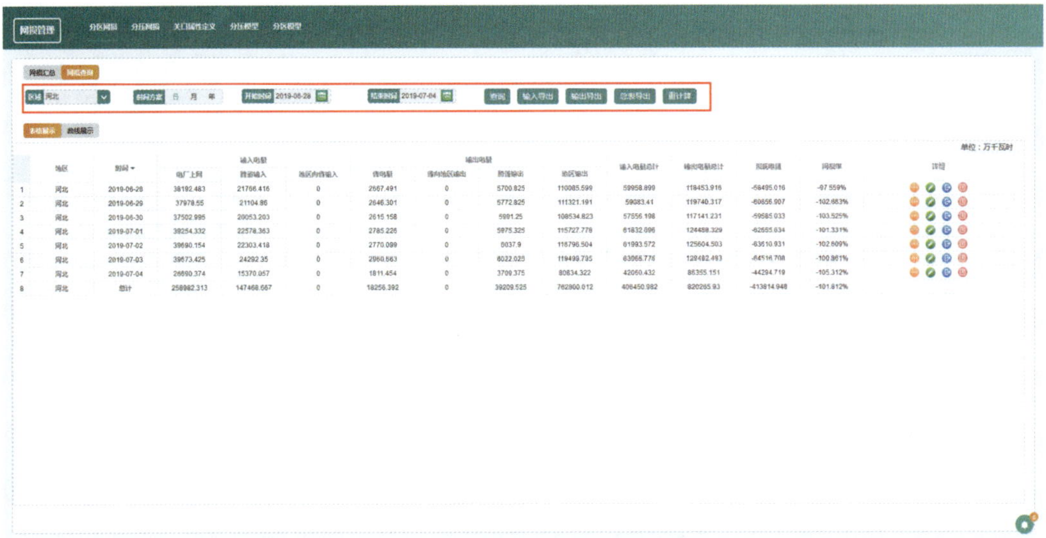

图 4-123　分区网损查询表格展示界面

点击重计算，会将查询结果所有分量、总量的网损公式重新计算，由于公式较多，请耐心等待。分区网损查询重计算界面如图 4-124 所示。

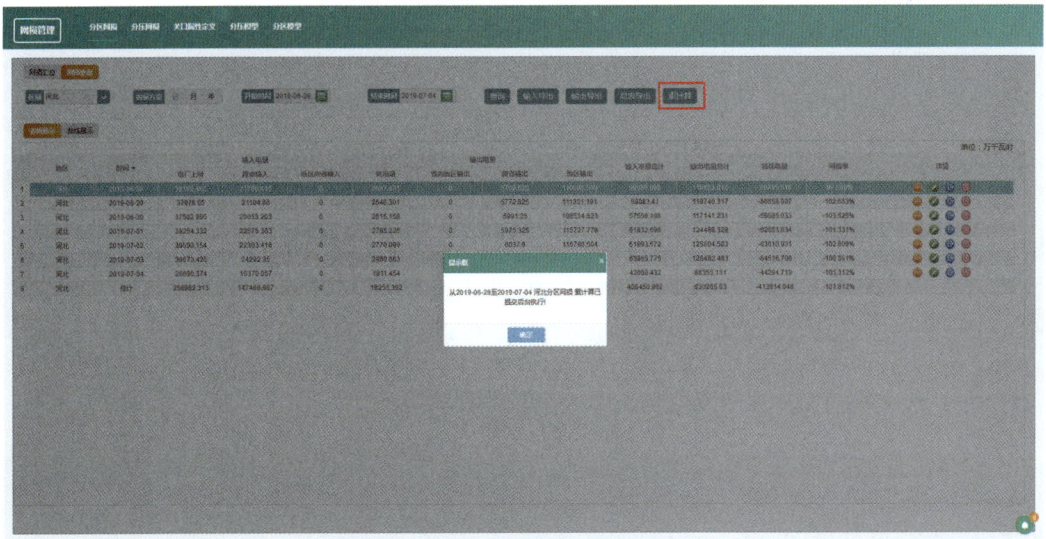

图 4-124　分区网损查询重计算界面

点击页面中某一条信息后方的按钮，可显示其中详细、输入导出、输出导出、总表导出数据信息。分区网损详情界面如图 4-125 所示。

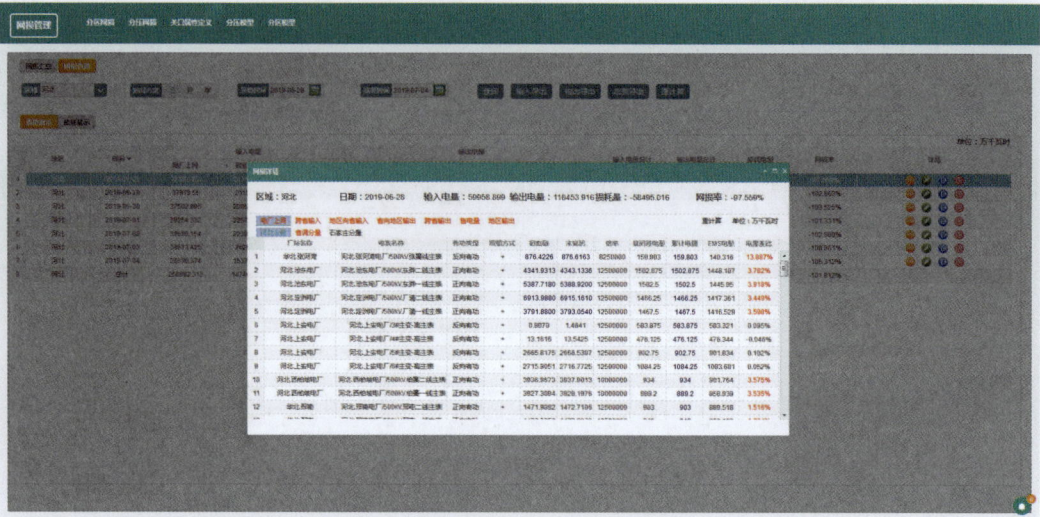

图 4-125　分区网损详情界面

也可点击页面中某一条信息后方的输入导出或输出导出，进行输入输出报表导出。分区网损输入输出报表导出界面如图 4-126 所示。

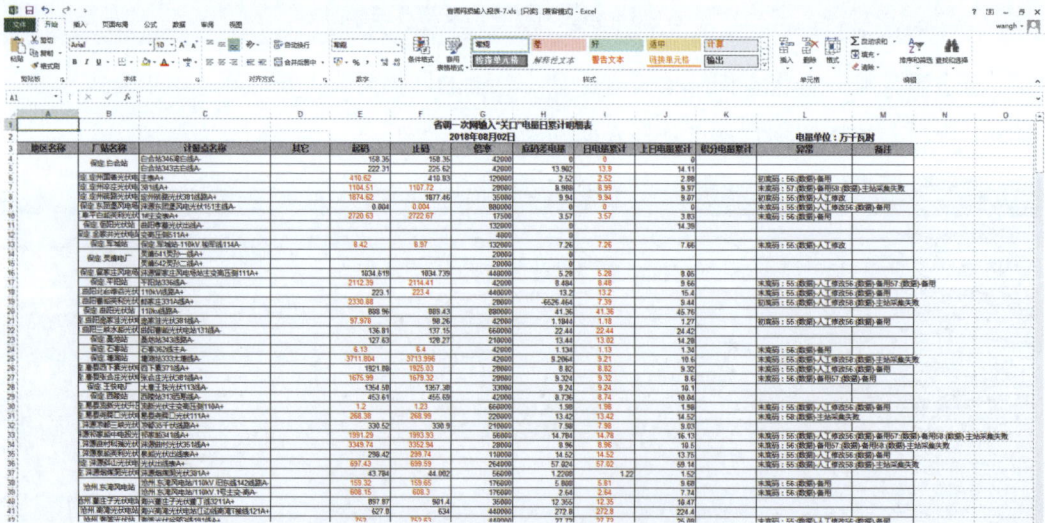

图 4-126　分区网损输入输出报表导出界面

分区网损曲线展示界面如图 4-127 所示。

4.8.4　分压网损查询

分压网损查询主要查询各区域的输入电量、输出电量、损耗量和损耗率。具体操作步骤如下：

选择网损汇总、电压等级，可查询出昨日、本月、上月、本年各分量（电厂上网、地区向省输入等）的网损情况。分压网损汇总界面如图 4-128 所示。

图 4-127　分区网损曲线展示界面

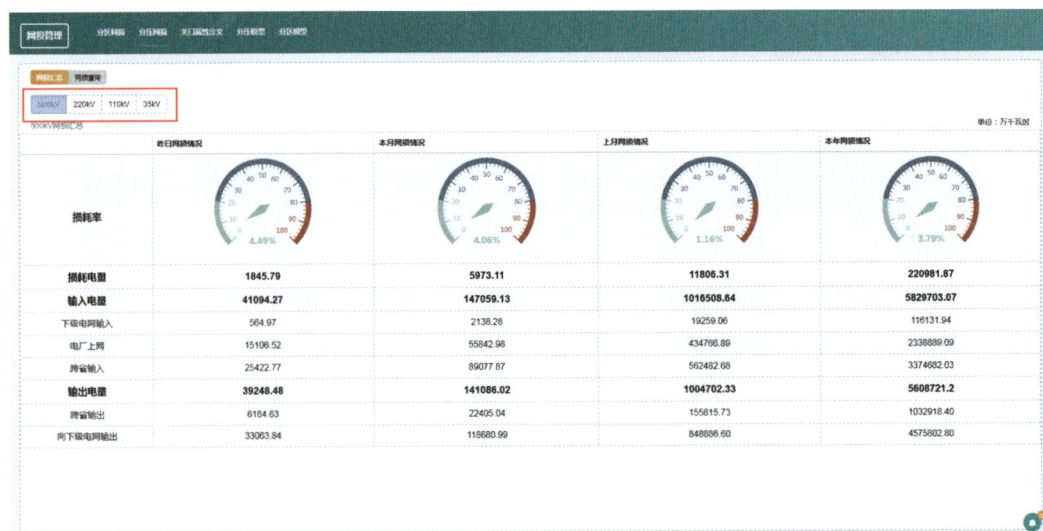

图 4-128　分压网损汇总界面

选择区域、电压等级、时间方案、开始时间、结束时间，点击查询，查询出输入、输出电量、输入电量总计、输出电量总计、损耗电量、网损率。分压网损查询界面如图 4-129 所示。

点击重计算，会将查询结果所有分量、总量的网损公式重新计算，由于公式较多，请耐心等待。分压网损详情界面如图 4-130 所示。

点击输入导入或输出导出，可将输入电量/输出电量以报表形式导出。分压网损报表导出界面如图 4-131 所示。

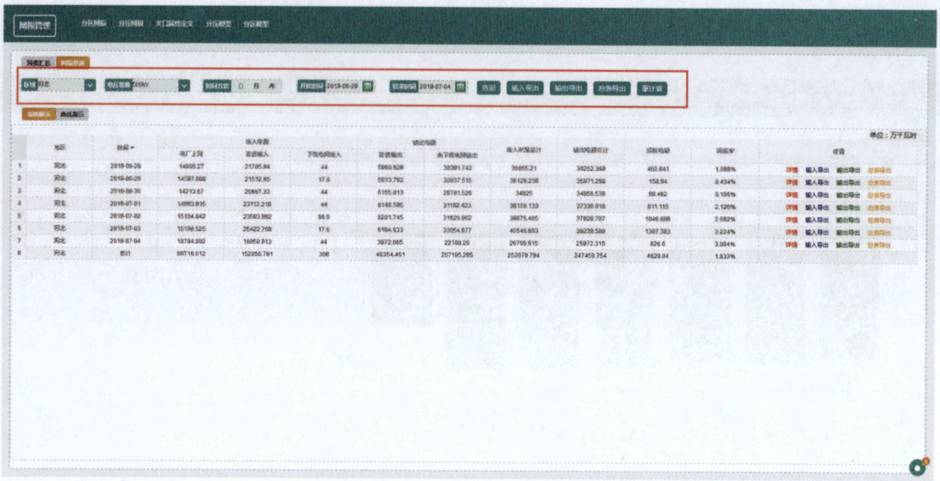

图 4-129　分压网损查询界面

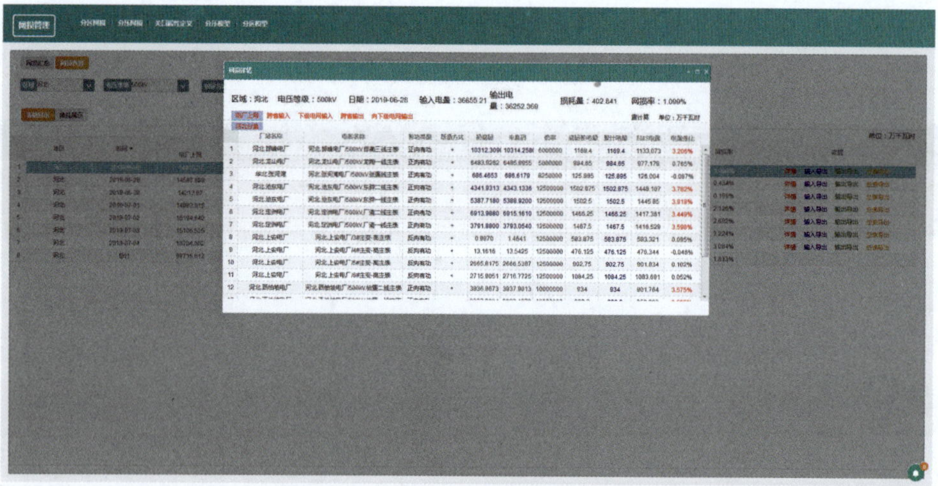

图 4-130　分压网损详情界面

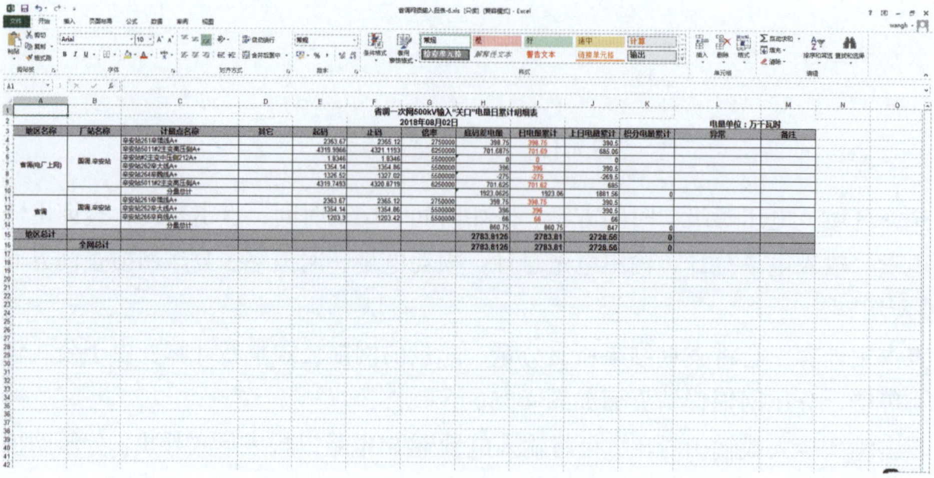

图 4-131　分压网损报表导出界面

4.8.5 关口属性配置

手动配置分区网损和分压网损不同地区或不同电压等级的网损分量。

（1）分区网损。点击区域，显示该区域下的所有网损分量、输出输入方向。分区网损界面如图 4-132 所示。

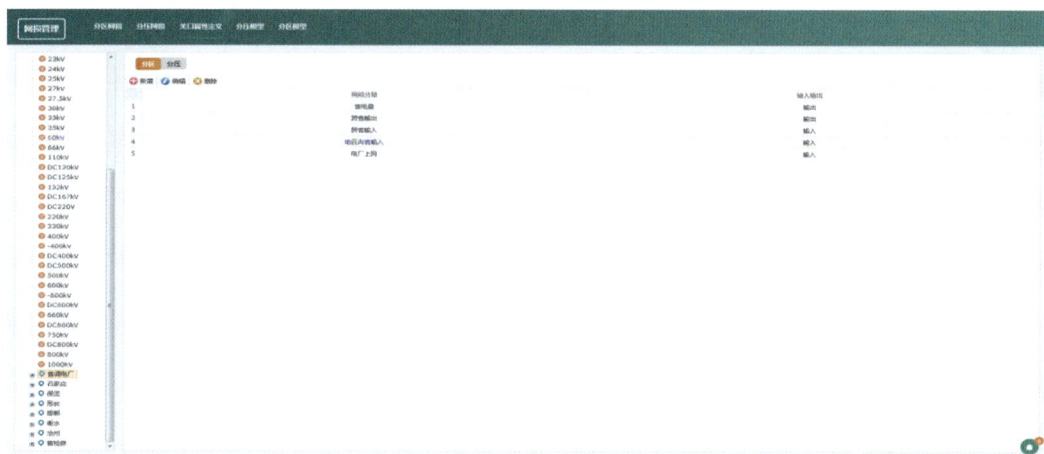

图 4-132 分区网损界面

1）点击新增，可对该区域下的网损分量进行增加操作，其中红色方框部分为必填选项。分区网损新增分区界面如图 4-133 所示。

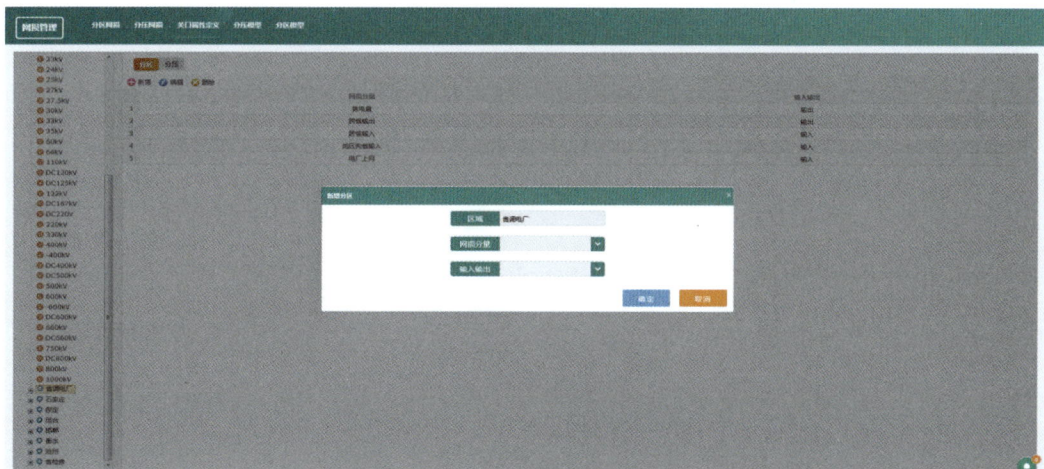

图 4-133 分区网损新增分区界面

2）点击编辑，可对原有信息重新编辑。编辑分区界面如图 4-134 所示。

3）点击删除，可将原有的分量删除。

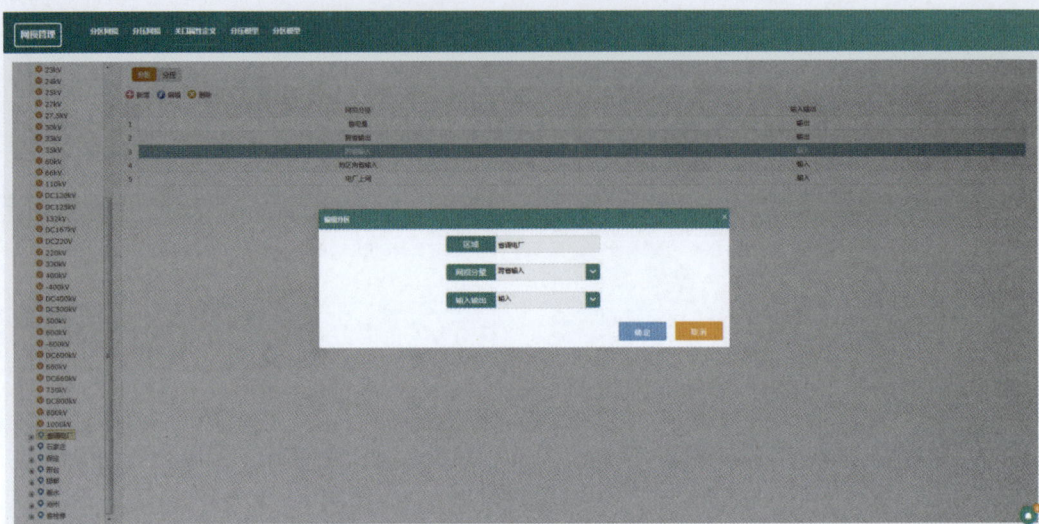

图 4-134　编辑分区界面

（2）分压网损。展开模型树的区域，会显示该区域下所有的电压等级，选择一个电压等级，可查看该电压等级网损分量。分压网损界面如图 4-135 所示。

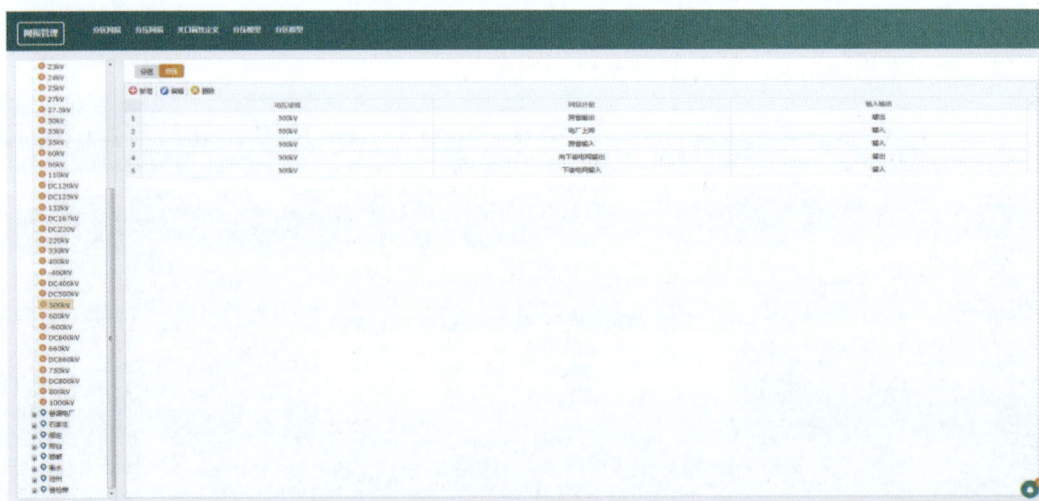

图 4-135　分压网损界面

1）点击新增，可对该电压等级下的网损分量进行增加操作，其中红色方框部分为必填选项。分压网损新增分区界面如图 4-136 所示。

2）点击编辑，可对原有信息重新编辑。编辑分压界面如图 4-137 所示。

3）点击删除，可将原有的分量删除。

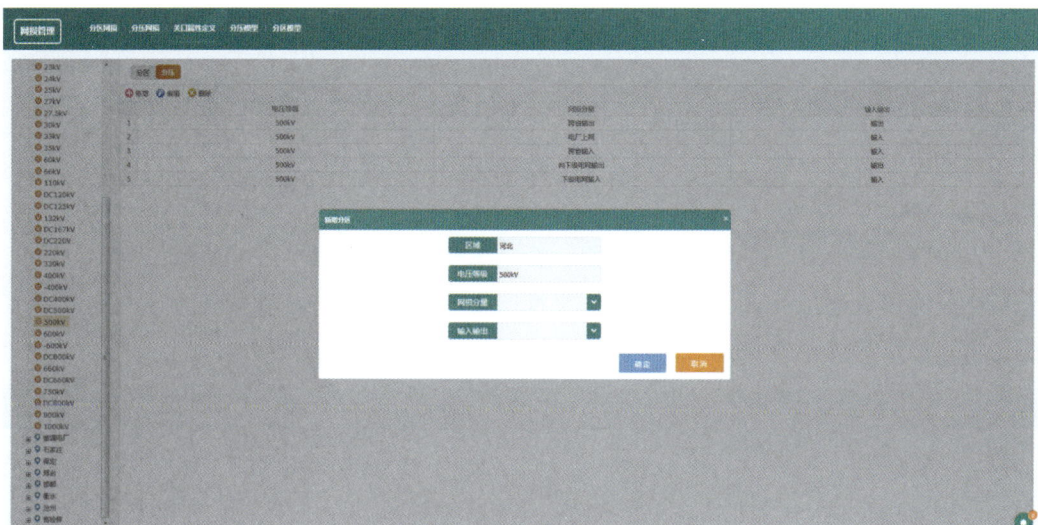

图 4-136　分压网损新增分区界面

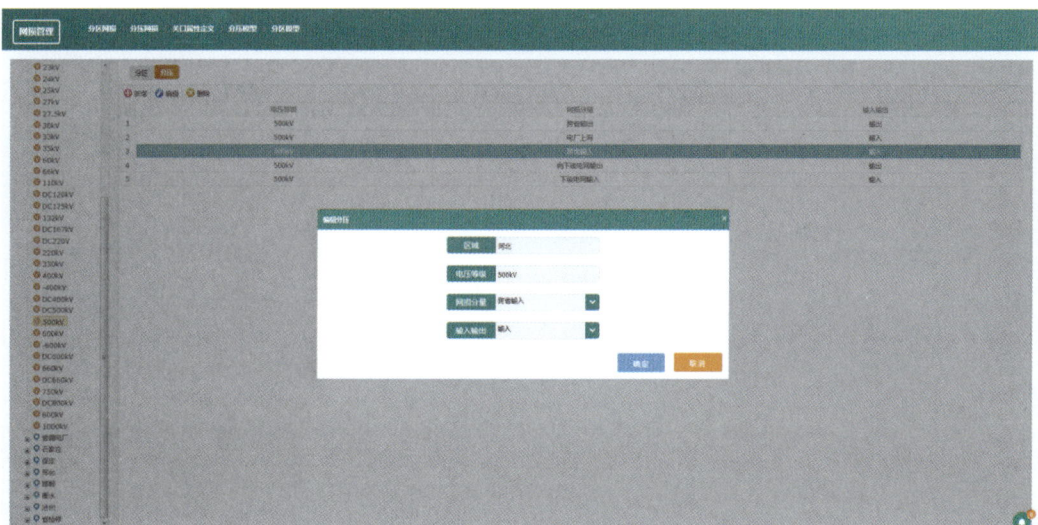

图 4-137　编辑分压界面

4.9　TMR 系统线损平衡功能

　　线损平衡功能模块主要对厂站损耗（站损）、线路损耗（线损）、变压器损耗（变损）、母线平衡（母平）数据计算的公式进行自动或手动管理，对计算后的数据按电压等级或地区进行查询和展示。

　　该模块包括站损浏览、线损平衡配置、线损模型管理、变损模型管理、母线平衡管理、线损数据查询、变损数据查询、母线数据查询、损耗平衡等功能。

4.9.1　损耗率设置（运维）

损耗率设置是分析厂站、线路、变压器的平衡。设置平衡率算出厂站、线路、变压器是否平衡。

点击损耗率设置，进入子功能页面，损耗率设置界面如图 4-138 所示，图 4-138 中，蓝色部分为模板选择及线路损耗、母线平衡、变压器损耗、厂站平衡四个模板，黑色方框为可选电压等级，如 500、220、110、35kV 等多个可选电压等级。

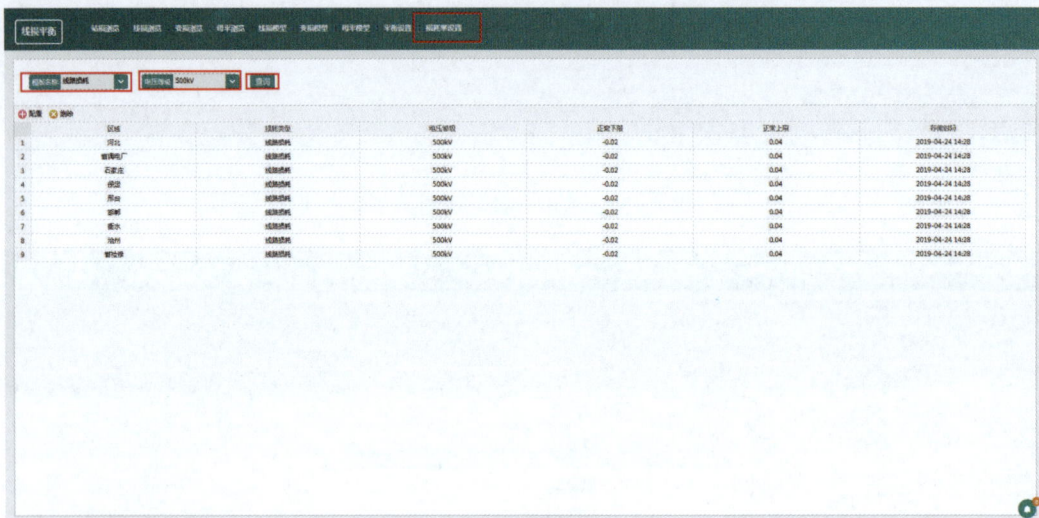

图 4-138　损耗率设置界面

4.9.2　站损浏览

点击站损模型，进入子功能厂站汇总页面，可选择区域、时间方案等选项，查询区域内 220、110kV 等电压等级的合格区间信息及不合格条数等数据。站损浏览界面如图 4-139 所示。

点击站损模型，进入子功能厂站查询页面，在左边树选择厂站，右边会显示相应的线路模型计算配置信息。站损浏览厂站查询界面如图 4-140 所示。

4.9.3　线损模型

点击线损模型，进入子功能页面，在左边树选择厂站，右边会显示相应的线路模型计算配置信息。线损模型界面如图 4-141 所示。

选中某条线路，点击自动生成，在弹出框中会显示当前线路信息。线路两侧设备及是否反接，若无异常信息，即可保存。线损模型自动生成界面如图 4-142 所示，线损模型中自动生成保存界面如图 4-143 所示。

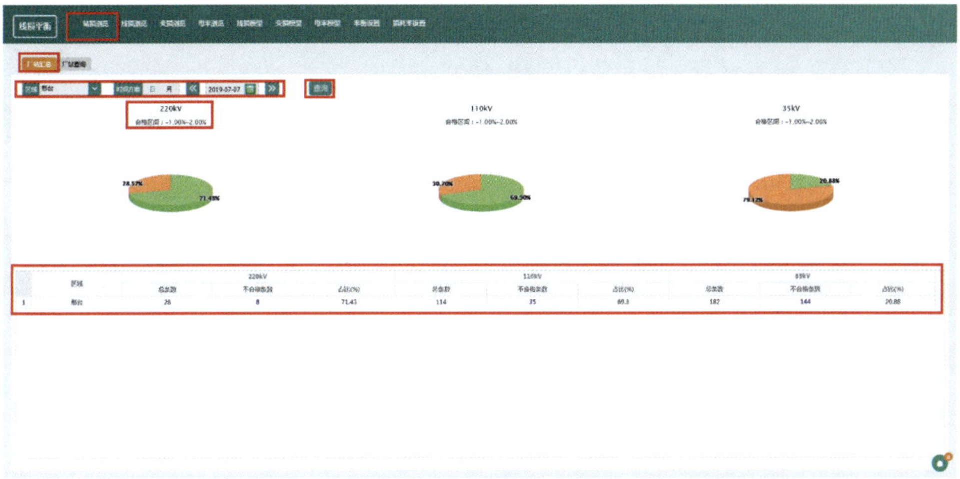

图 4-139　站损浏览界面

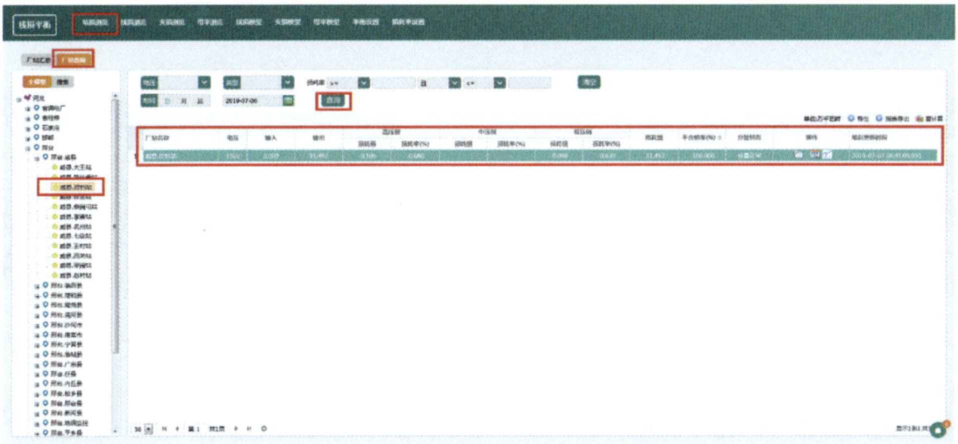

图 4-140　站损浏览厂站查询界面

图 4-141　线损模型界面

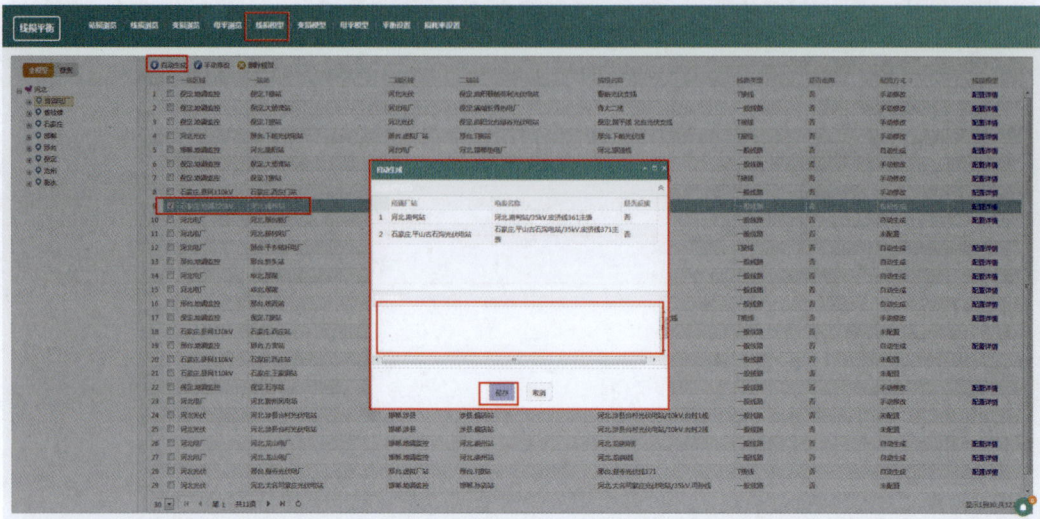

图 4-142　线损模型自动生成界面

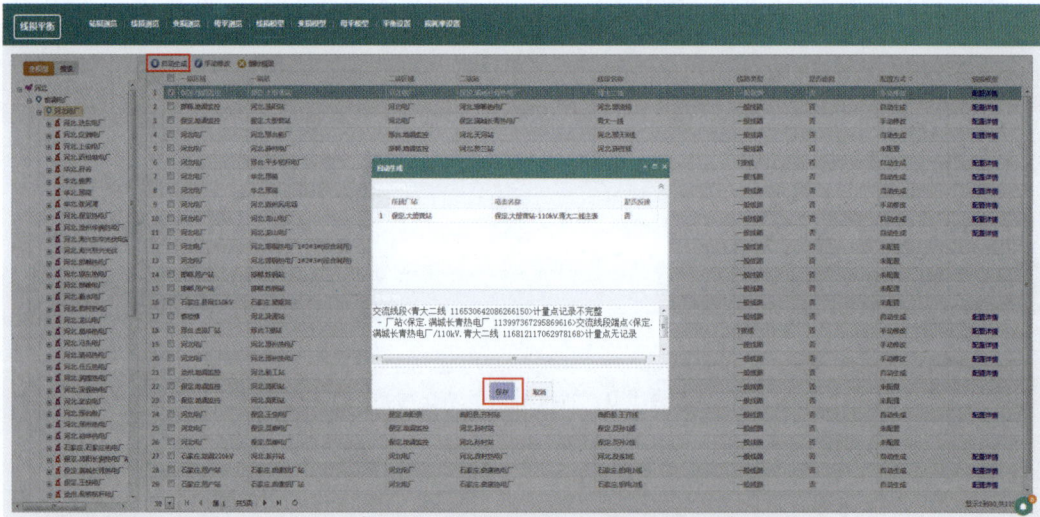

图 4-143　线损模型中自动生成保存界面

　　若当前线路显示异常警告，则线路不完全，需要检查本侧或联系对侧是否有此设备。线损模型中当前线路显示异常警告界面如图 4-144 所示。

　　点击手动修改，会出现已生成、未生成或不完整的模型信息。可进行手动修改、添加/更换设备或反接。线损模型修改界面如图 4-145 所示。

　　删除模型可对已生成的线路进行删除，选中线路模型，点击删除模型。线损模型删除模型界面如图 4-146 所示。

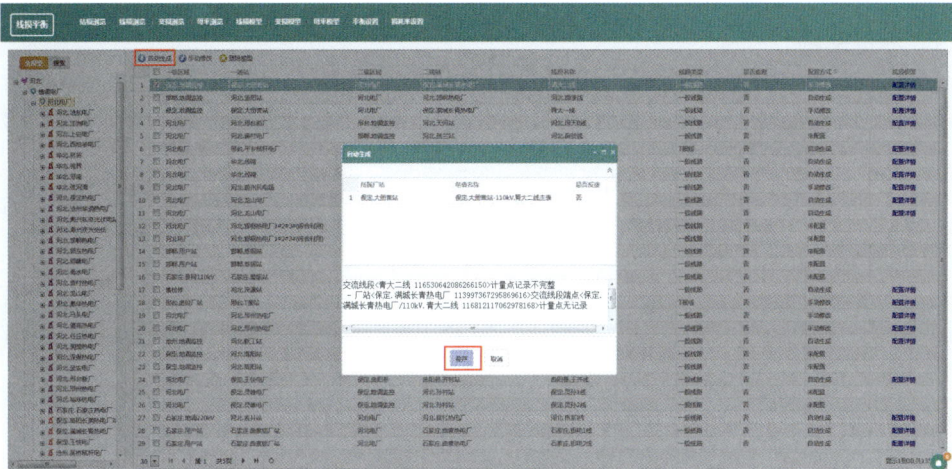

图 4-144 线损模型中当前线路显示异常警告界面

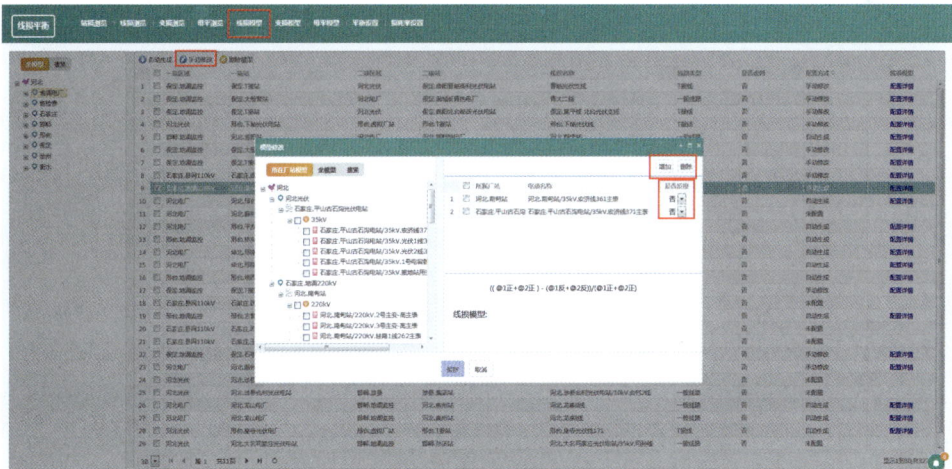

图 4-145 线损模型修改界面

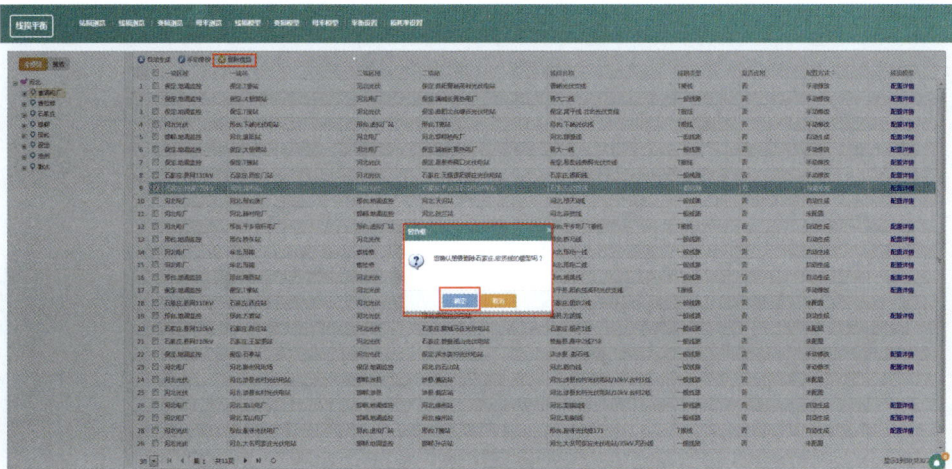

图 4-146 线损模型删除模型界面

4.9.4 变损模型

系统提供根据模型变压器拓扑关系自动生成计算公式，也可手动配置定义虚拟的变压器计算公式，计算变压器损耗具体操作步骤如下：

点击变损模型，进入子功能页面，在左边树选择厂站，右边会显示相应的主变压器模型计算配置信息。变损模型界面如图 4-147 所示。

图 4-147 变损模型界面

点击自动生成变损线路，变损内有变损模型信息所属厂站、电表名称是否反接等信息，若无异常信息，即可保存。变损模型修改界面如图 4-148 所示。

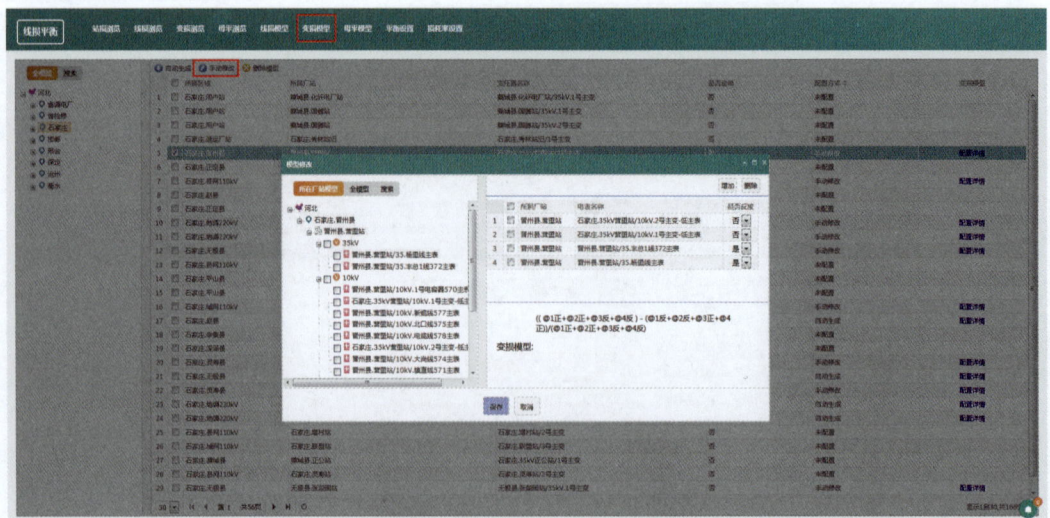

图 4-148 变损模型修改界面

点击手动修改，会出现已生成、未生成或不完整的模型信息。可进行手动修改，添加/更换设备或反接。线损模型修改增加设备界面如图 4-149 所示。

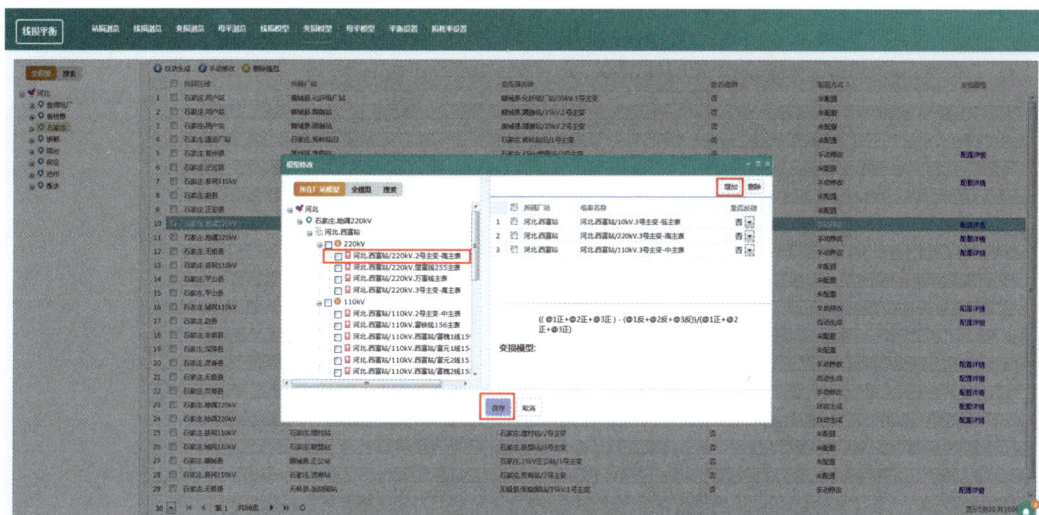

图 4-149　线损模型修改增加设备界面

点击删除模型，即可对模型进行删除。变损模型删除模型界面如图 4-150 所示。

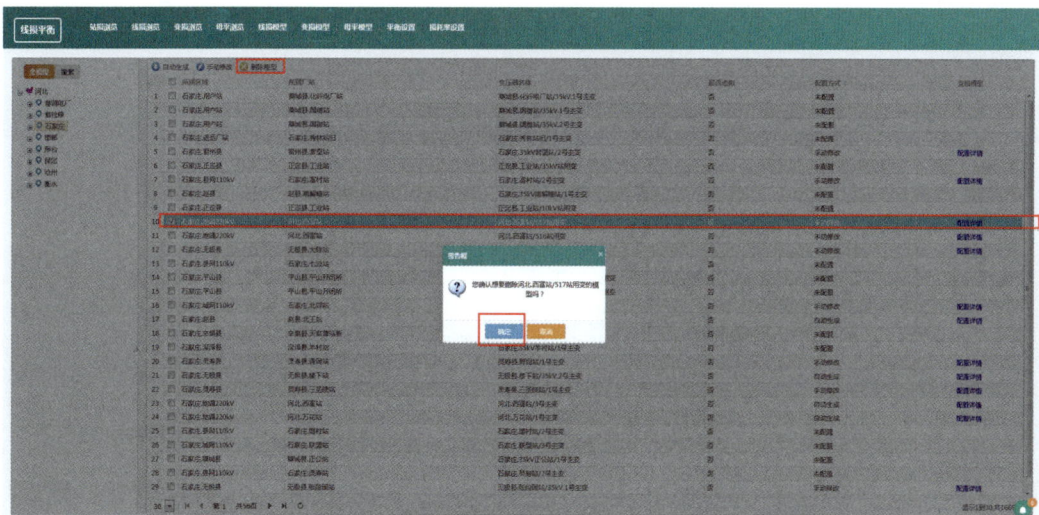

图 4-150　变损模型删除模型界面

4.9.5　母线平衡模型

系统提供根据模型线路拓扑关系自动生成计算公式，也可手动配置定义虚拟的母线计算公式，计算线损损耗具体操作步骤如下：

点击母平模型，进入子功能页面，在左边树选择厂站，右边会显示相应的母线模型计算配置信息。母平模型界面如图 4-151 所示。

图 4-151　母平模型界面

点击自动生成，界面自动生成母平线路。母平内有母平模型信息所属厂站、电表名称是否反接等信息，若无异常信息，即可点击保存。母平模型自动生成界面如图 4-152 所示。

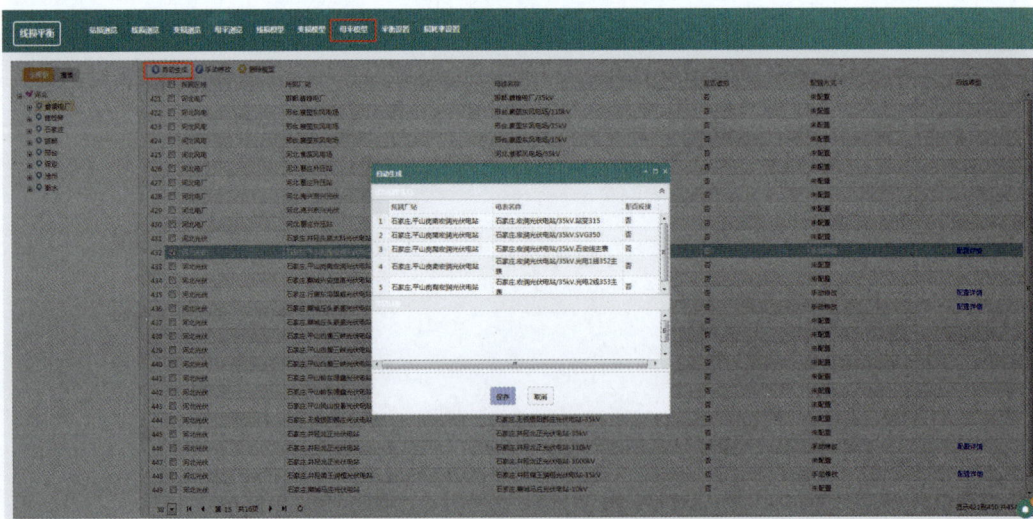

图 4-152　母平模型自动生成界面

点击手动修改，会出现已生成、未生成或不完整的模型信息。可进行手动修改，添加/更换设备或反接。母平模型手动修改界面如图 4-153 所示。

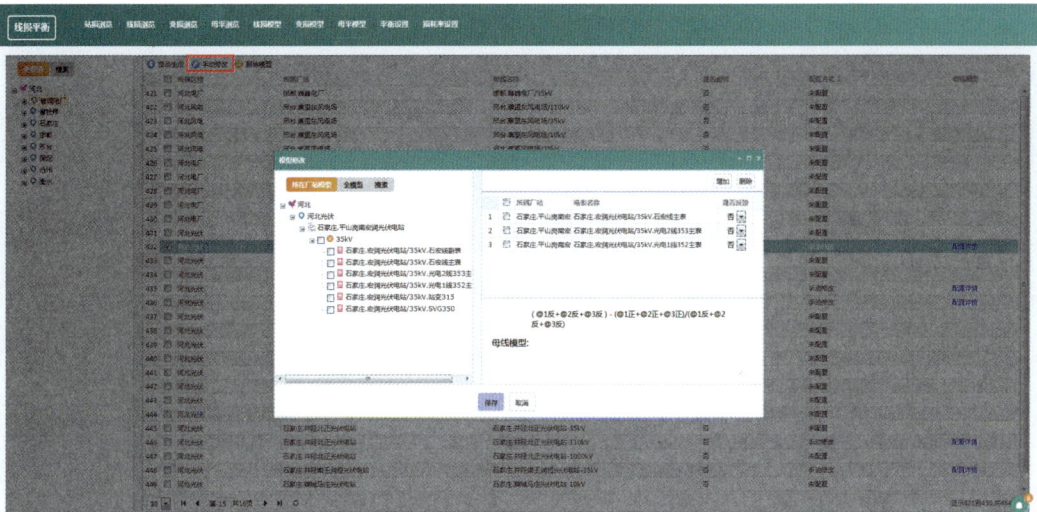

图 4-153　母平模型手动修改界面

点击删除模型即可对模型进行删除。

4.9.6　线损浏览

系统提供按电压等级将线路的总数、线路损耗范围条数及各地区的线路损耗条数通过图形比例展示，可按区域、厂站、电压等级、损耗率、日期查询各线路的数据损耗数据及异常原因，并按线路可生成报表。具体操作步骤如下：

在页面左上角点击线损数据查询按钮，进入线路数据查询页面，首先会显示线损汇总，可对区域、时间及各电压等级线损情况进行图形查看和表格查看。线损汇总查询界面如图 4-154 所示。

图 4-154　线损汇总查询界面

线损查询，在左边树选择厂站。条件行选择电压等级、类型、线损率区间、日期，点击查询。线损查询界面如图4-155所示。

图4-155　线损查询界面

在线损查询结果中选择一条线路，点击操作—线损数据报表查看。线损报表界面如图4-156所示。

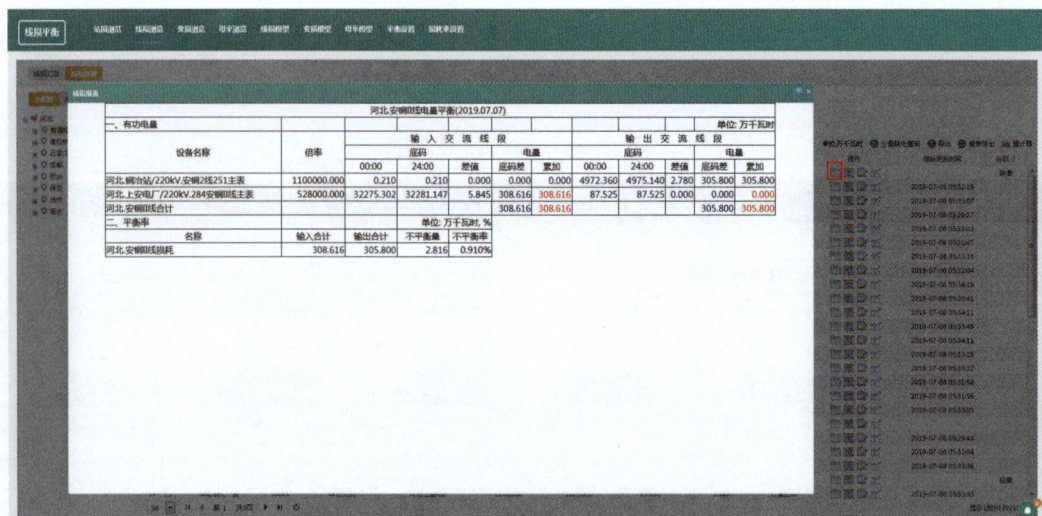

图4-156　线损报表界面

在线损查询结果中选择一条线路，点击操作内详情查看出现线损详情解释。线损详情界面如图4-157所示。

在线损查询结果中选择一条线路，点击蓝色框内详情进行模型修改，功能通同线损模型内手动修改。线损浏览模型修改界面如图 4-158 所示。

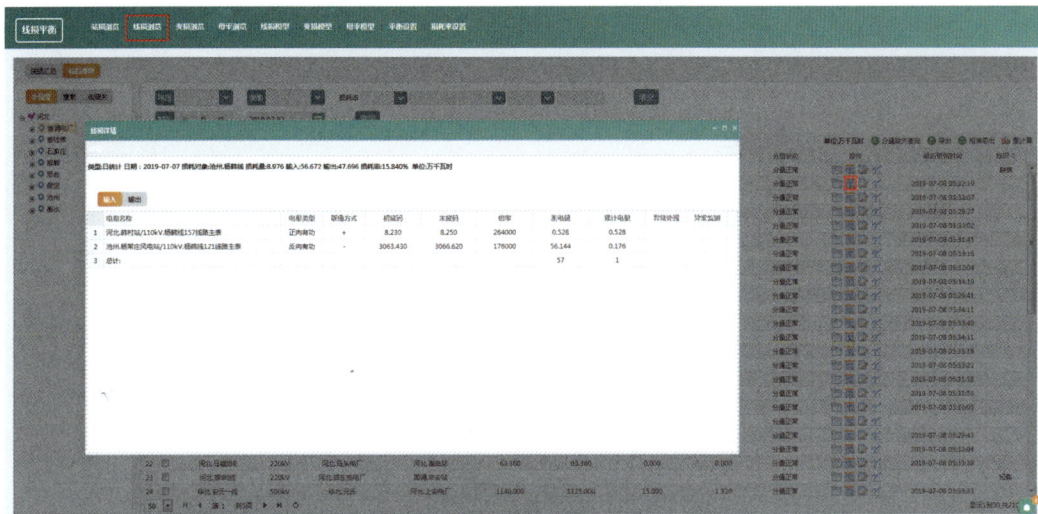

图 4-157 线损详情界面

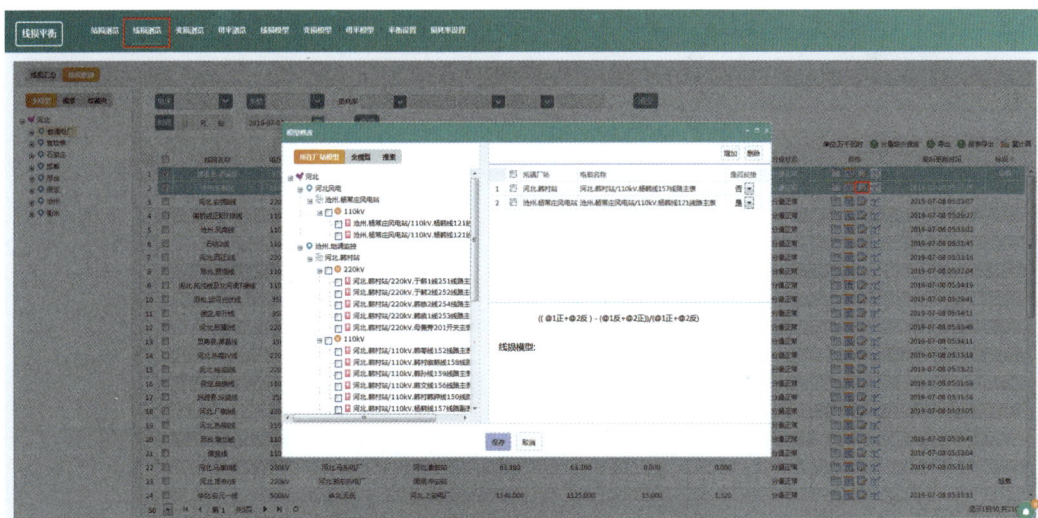

图 4-158 线损浏览模型修改界面

在线损查询结果中选择一条线路，点击操作内趋势分析，可根据时间段查看损耗量和损耗率的柱状图和曲线图。线损浏览趋势分析图表如图 4-159 所示。

页面支持分量缺失查询、导出、报表导出、重计算等功能。线损浏览分量缺失查询界面如图 4-160 所示。

红色框内为重计算，当模型完整且数据完整时，计算有问题的线路可以进行重计算。可在弹出的窗口查看重计算后的值，如果值没问题，点击重计算。线损浏览重计算页面如图 4-161 所示。

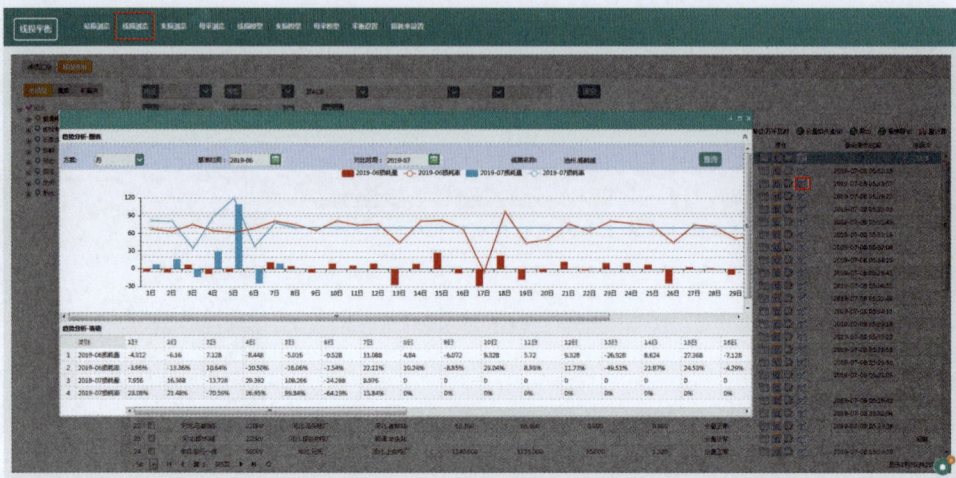

图 4-159　线损浏览趋势分析图表

图 4-160　线损浏览分量缺失查询界面

图 4-161　线损浏览重计算界面

4.9.7 变损浏览

系统提供按电压等级将变压器的总数、变压器损耗范围数量及各地区的变压器损耗数量通过图形比例展示；可按区域、厂站、电压等级、损耗率、日期查询各变压器的数据损耗数据及异常原因，并按线路可生成报表。具体操作步骤如下：

在页面上方点击变损浏览按钮，进入变损浏览页面，首先会显示变损汇总，可对区域、时间及各电压等级变损情况进行图形和表格查看。变损汇总界面如图 4-162 所示。

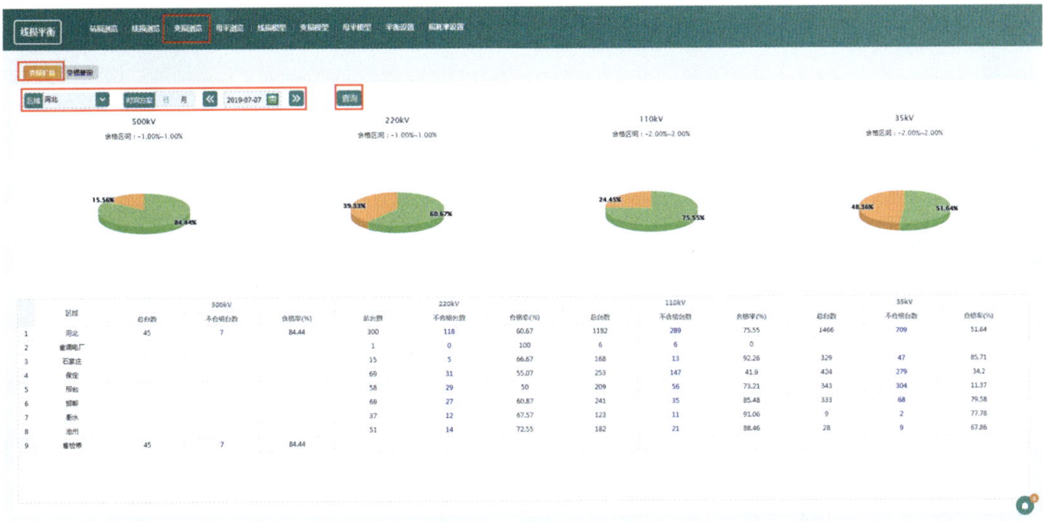

图 4-162　变损汇总界面

变损查询按钮进入变损数据查询页面，在左边树选择厂站，条件行选择电压等级，变损率区间、选择日期，点击查询。变损查询界面如图 4-163 所示。

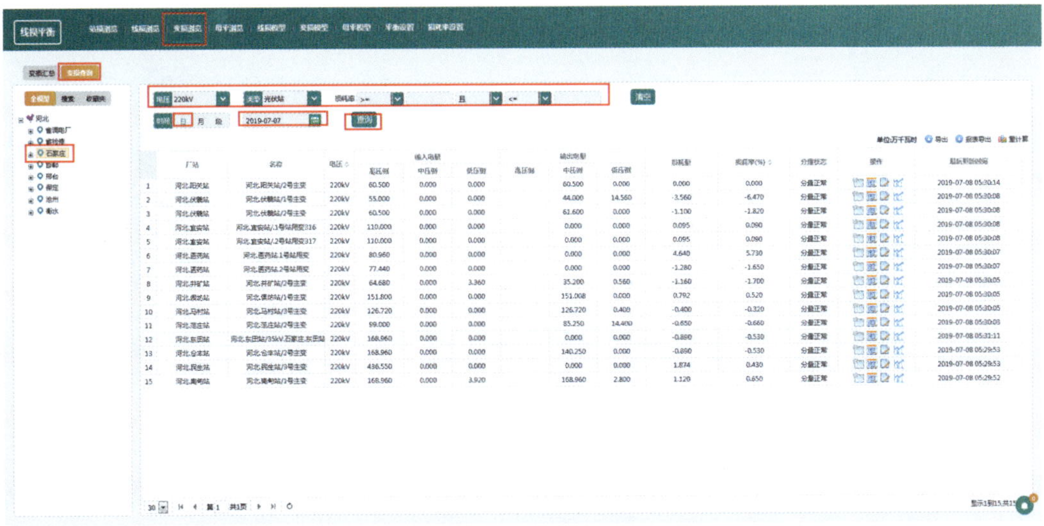

图 4-163　变损查询界面

在变损查询结果中选择一条线路，点击红色框内变损数据报表查看，变损报表界面如图4-164所示。

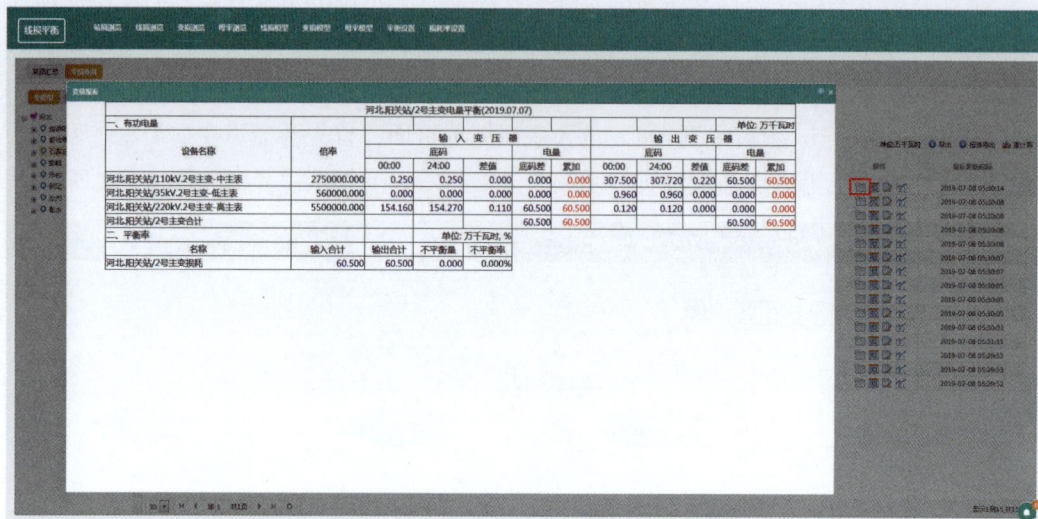

图4-164 变损报表界面

在变损查询结果中选择一条线路，点击红色框内详情查看出现变损详情解释。变损详情界面如图4-165所示。

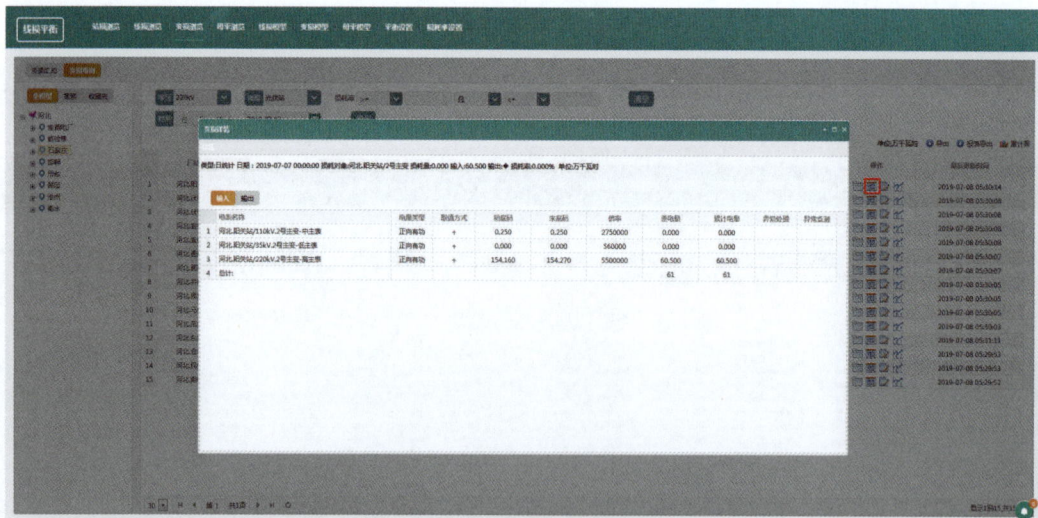

图4-165 变损详情界面

在变损查询结果中选择一条线路，点击红色框内模型修改，功能同网损模型中手动修改，可以模型进行修改。变损查询模型修改界面如图4-166所示。

在变损查询结果中选择一条线路，点击红色框内趋势分析，可根据时间段查看损耗量和损耗率的柱状图和曲线图。变损查询趋势分析图表界面如图 4-167 所示。

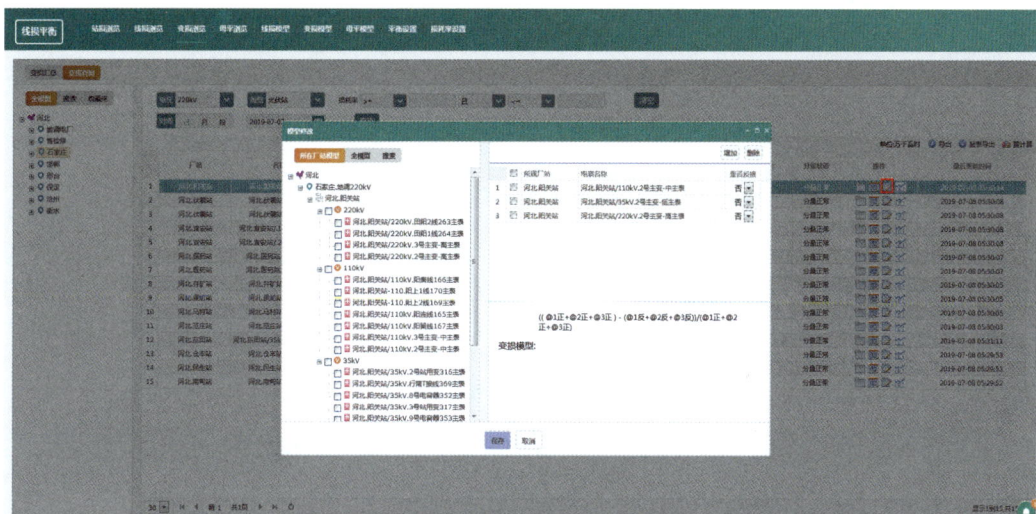

图 4-166　变损查询模型修改界面

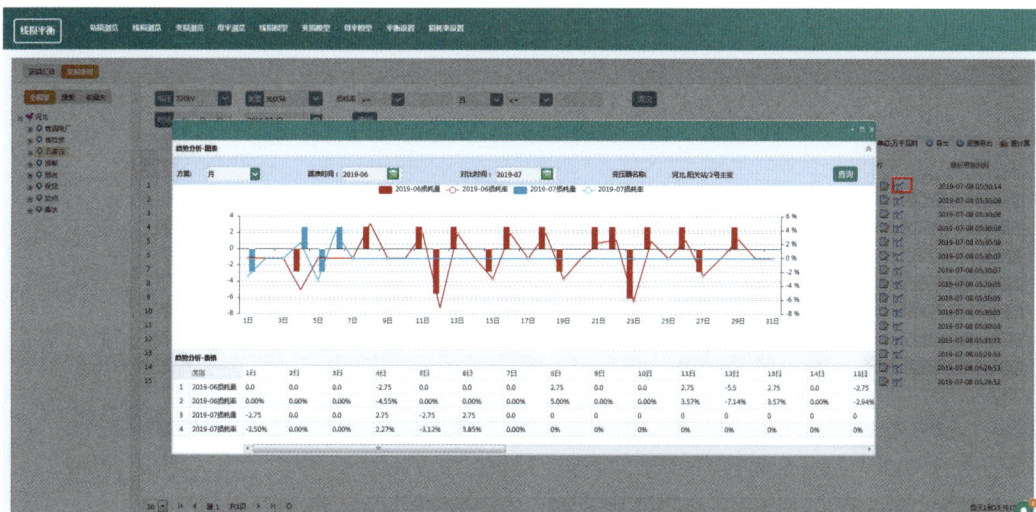

图 4-167　变损查询趋势分析图表界面

点击导出，导出当前查询结果中所有记录。变损查询导出界面如图 4-168 所示。

点击报表导出，将当前查询结果中所有记录的报表详情导出。变损查询报表导出界面如图 4-169 所示。

点击重计算，当模型完整且数据完整时，计算有问题的记录可以进行重计算。可在弹出的窗口查看重计算后的值，如果值没问题，点击重计算。变损查询重计算界面如图 4-170 所示。

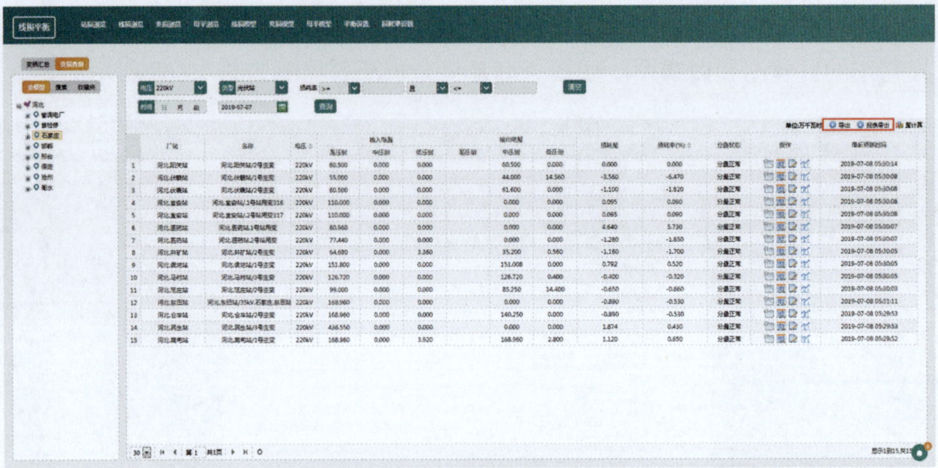

图 4-168　变损查询导出界面

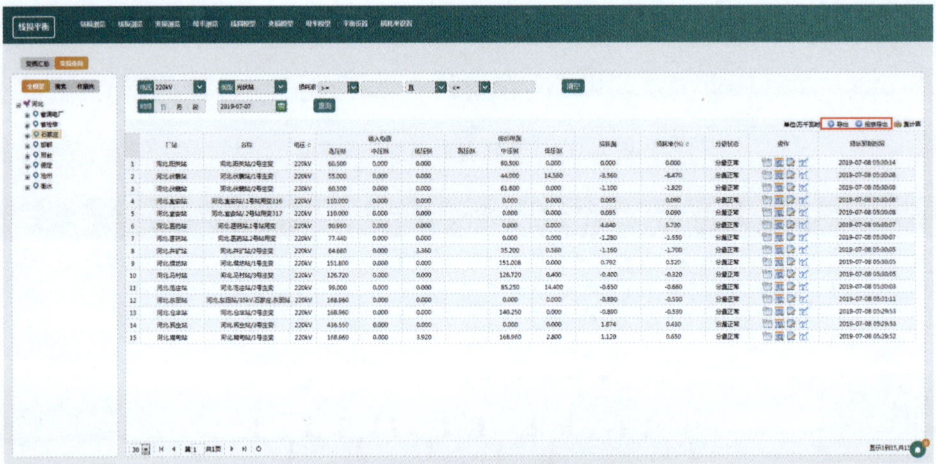

图 4-169　变损查询报表导出界面

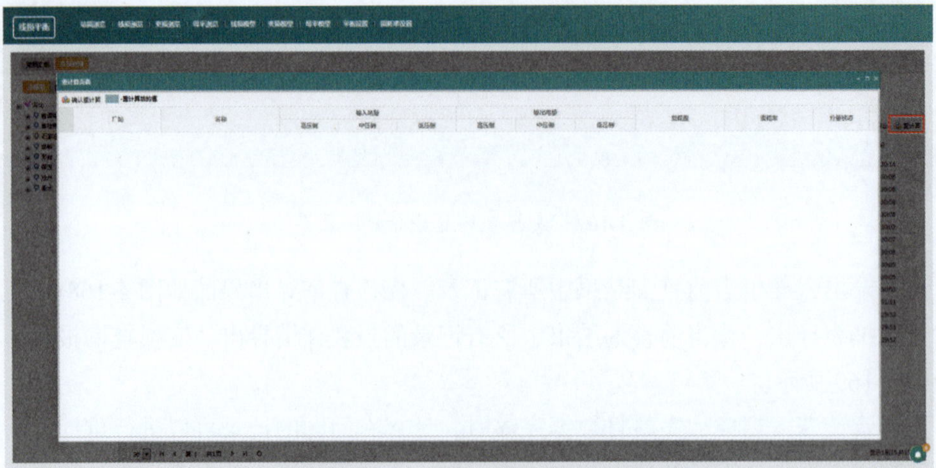

图 4-170　变损查询重计算界面

4.9.8　母线平衡浏览

系统提供按电压等级、类型将母线的总数、母线损耗范围数量及各地区的母线损耗数量通过图形比例展示；可按区域、厂站、电压等级、损耗率、日期查询各母线的数据损耗数据及异常原因，并按线路可生成报表。具体操作步骤如下：

在页面上方点击母平浏览按钮，进入母平浏览页面，首先会显示母平汇总，可对区域、时间及各电压等级的损耗率情况进行图形查看和表格查看。母平汇总界面如图 4-171 所示。

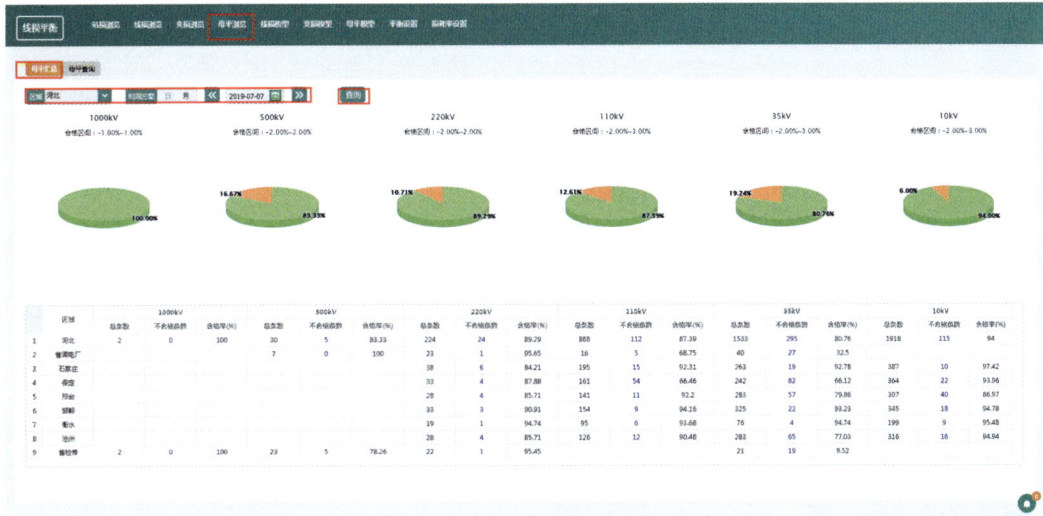

图 4-171　母平汇总界面

母平查询按钮进入母平数据查询页面，在左边树选择厂站，条件行选择电压等级、变损率区间、选择日期，点击查询。母平查询界面如图 4-172 所示。

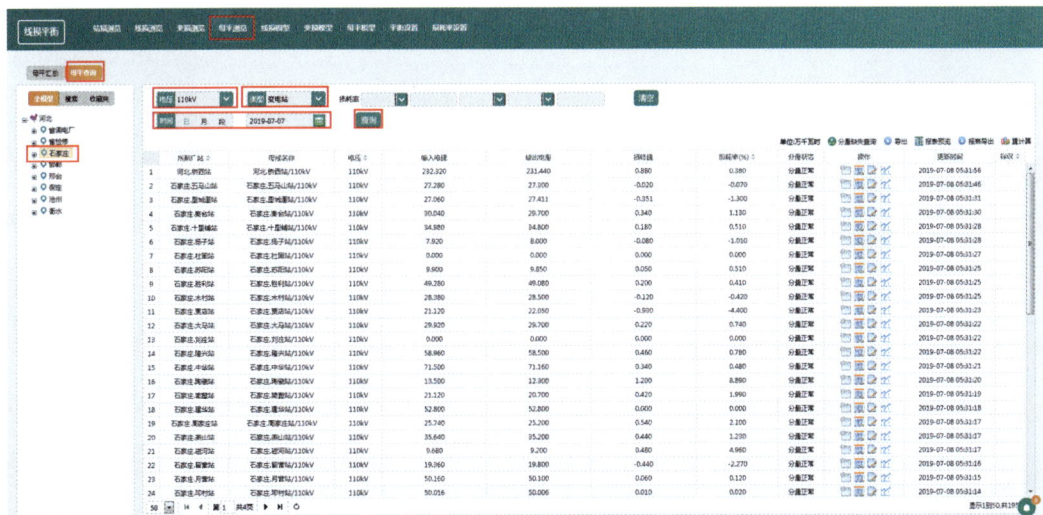

图 4-172　母平查询界面

在母平数据查询里选择一条线路，点击红色框内数据报表查看详情。母平报表界面如图 4-173 所示。

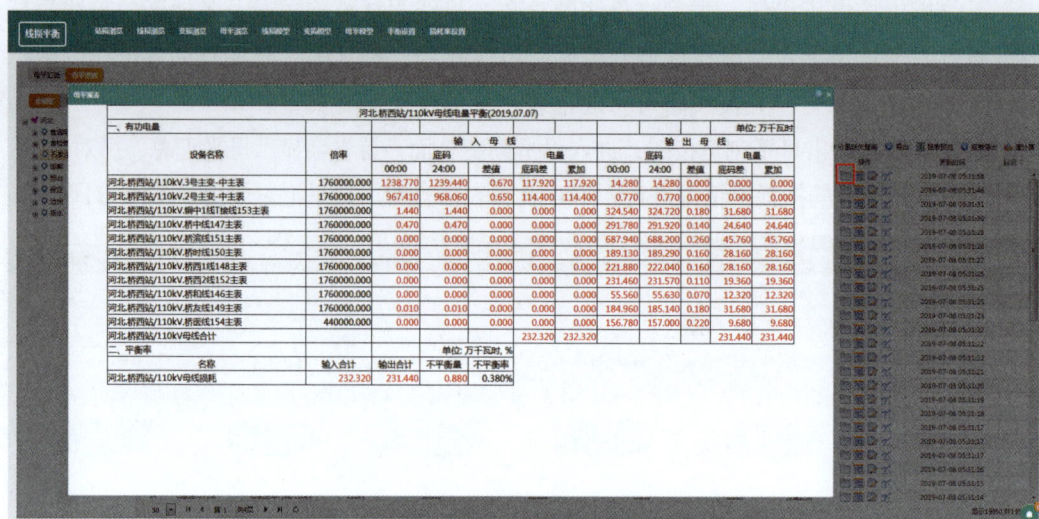

图 4-173　母平报表界面

在母平数据查询结果中选择一条记录，点击红色框内详情查看出现母平详情解释。母平详情界面如图 4-174 所示。

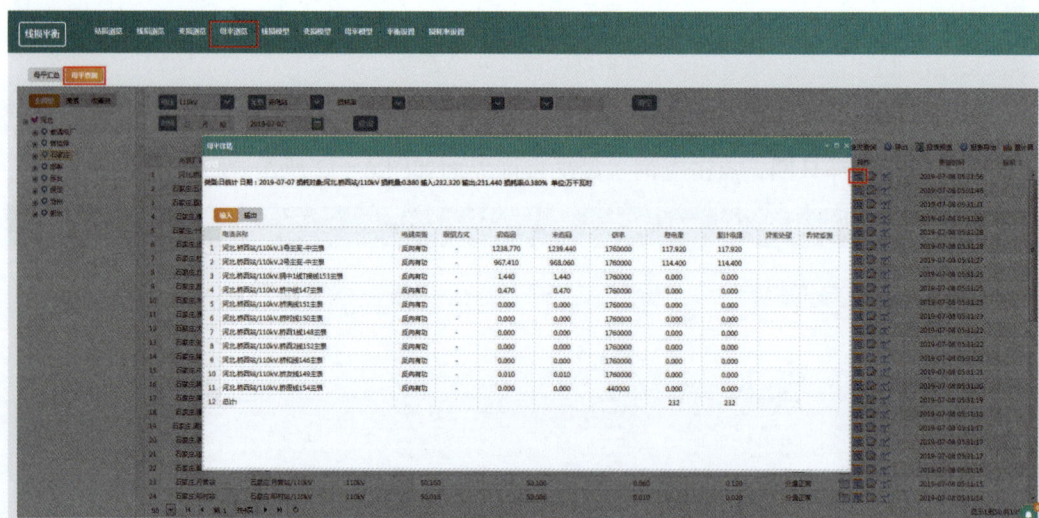

图 4-174　母平详情界面

在母平数据查询结果中选择一条记录，点击红色框内模型修改，可对模型进行修改，功能同母平模型内手动修改。母平浏览模型修改界面如图 4-175 所示。

在母平数据查询结果中选择一条记录，点击红色框内趋势分析，可根据时间段查看损耗量和损耗率的柱状图和曲线图。母平查询趋势分析图如图 4-176 所示。

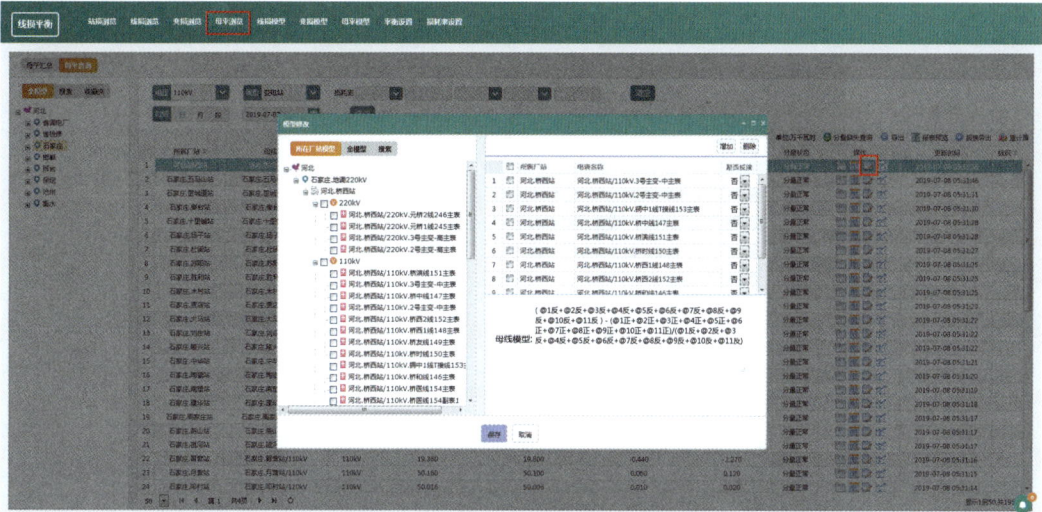

图 4-175 母平浏览模型修改界面

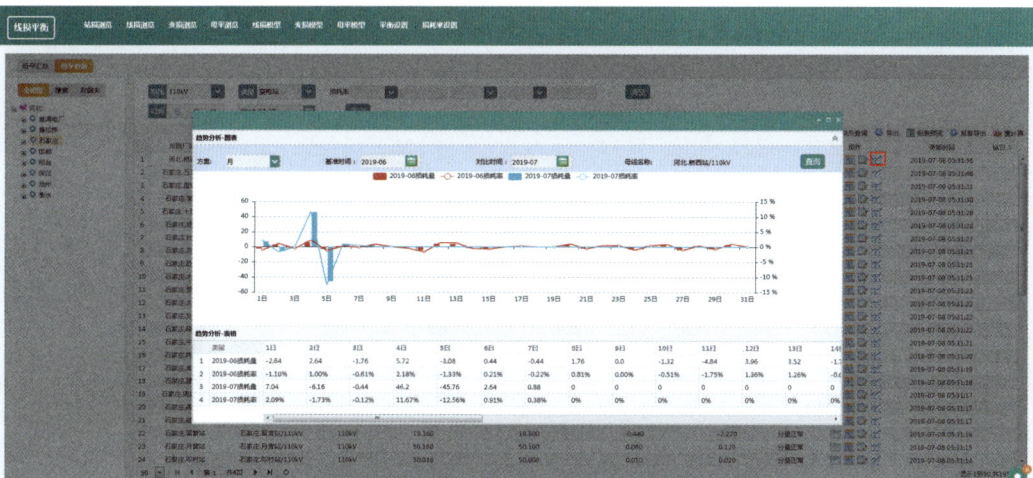

图 4-176 母平查询趋势分析图

点击导出，可对当前查询结果中所有记录导出。点击分量缺失查询，可以查询分量缺失的母线。母平查询导出界面如图 4-177 所示。

点击报表预览、报表导出，可对报表进行预览，可对当前查询结果中所有记录的报表导出。报表预览及报表导出界面如图 4-178 所示。

点击重计算，当模型完整且数据完整时，计算有问题的记录可以进行重计算。可在弹出的窗口查看重计算后的值，如果值没问题，点击重计算。母平浏览重计算界面如图 4-179 所示。

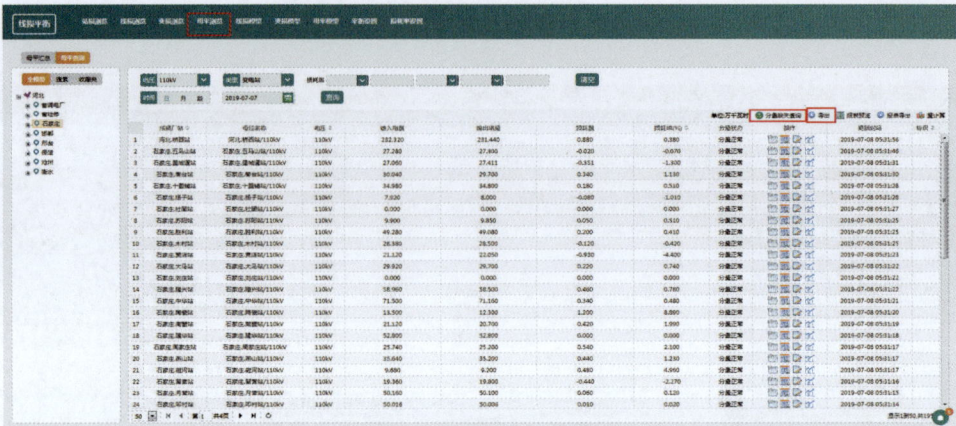

图 4-177　母平查询导出界面

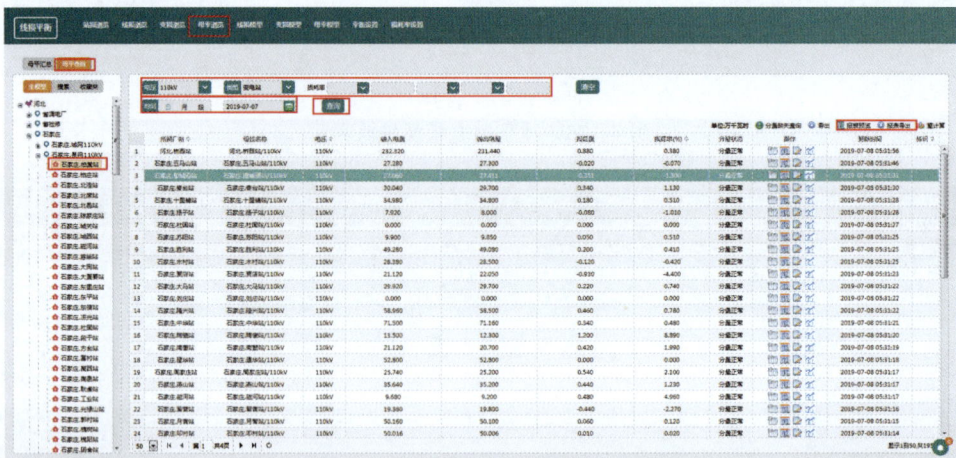

图 4-178　报表预览及报表导出界面

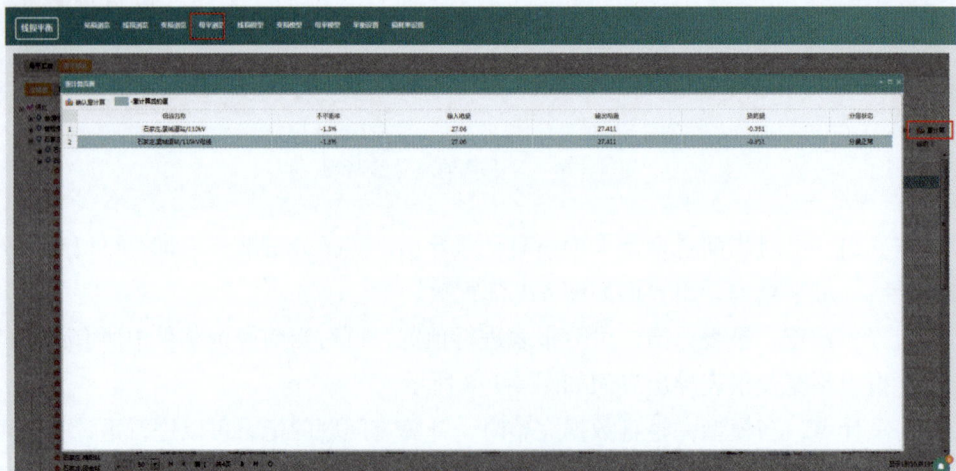

图 4-179　母平浏览重计算界面

5 数据通信与传输规约

5.1 数据通信基础

通信指人与人或人与自然之间通过某种行为或媒介进行的信息交流与传递，从广义上指需要信息的双方或多方在不违背各自意愿的情况下采用任意方法、任意媒质，将信息从某方准确安全地传送到另方。

通信在不同的环境下有不同的解释，在出现电波传递通信后，通信被单一解释为信息的传递，指由一地向另一地进行信息的传输与交换，其目的是传输消息。然而，在人类实践过程中，随着社会生产力的发展对传递消息的要求不断提升，使得人类文明不断进步。在各种各样的通信方式中，利用"电"来传递消息的通信方法称为电信，这种通信具有迅速、准确、可靠等特点，且几乎不受时间、地点、空间、距离的限制，因而得到了飞速发展和广泛应用。相比之下，曾经在人类历史上发挥重要作用的实物性通信（邮政通信），尽管它承载着远古人类物质交换过程中的文化交流与实体经济积累，但在如今电波通信的快捷性面前，逐渐被视为制约经济发展的因素。

在古代，人类通过驿站、飞鸽传书、烽火报警、符号、身体语言、眼神、触碰等方式进行信息传递。在现代，随着科学水平的飞速发展，相继出现了无线电、固定电话、移动电话、互联网甚至视频电话等各种通信方式。通信技术拉近了人与人之间的距离，提高了经济的效率，深刻地改变了人类的生活方式和社会面貌。

实现信息传递所需的一切技术设备和传输媒质的统称为通信系统，通信系统的一般模型如图 5-1 所示。

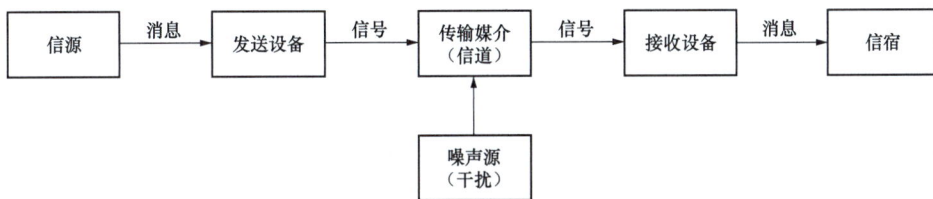

图 5-1 通信系统的一般模型

图 5-1 中，信源指消息的产生地，其作用是把各种消息转换成原始电信号，称之为

消息信号或基带信号。电话机、电视摄像机和电传机、计算机等各种数字终端设备就是信源。

发送设备将信源和信道匹配起来，即将信源产生的消息信号变换为适合在信道中搬移的场合。对需要频谱搬移场合，调制是最常见的变换方式。对数字通信系统来说，发送设备又分为信源编码和信道编码。

传输媒介为传输信号的物理媒质。

噪声源是通信系统中各种设备及信道中所固有的，为了分析方便，把噪声源视为各处噪声的集中表现而抽象加入到信道。

接收设备完成发送设备的反变换，即进行解调、译码、解码等。它的任务是从带有干扰的接收信号中正确恢复出相应的原始基带信号来。

信宿为传输信息的归宿点，其作用是将复原的原始信号转换成相应的信息。

5.1.1 模拟通信与数字通信

数据通信时要传输的信息可以分为模拟量和离散量两类。

（1）模拟量的状态是连续变化的，也称为连续量，它在时间上和数量上是连续的物理量。如温度计用水银长度来表示温度高低。其特点是数值由连续量表示，其运算过程也是连续的。

（2）离散量又称数字量，它是将模拟量离散化之后得到的物理量。即任何仪器设备对于模拟量都不可能有完全精确的表示，因为它们都有一个采样周期，在该采样周期内，其物理量的数值都是不变的，而实际上的模拟量则是变化的。这样就将模拟量离散化，从而成为离散量。离散量是可数的。

当信号的某一参量无论在时间上或者是幅度上都是连续的，这种信号称为模拟信号。当信号的某一参量携带着离散信息，而使该参量的取值是离散的，这样的信号称为数字信号。最常见的数字信号是幅度取值只有两种的波形，称为二进制信号，一般用0和1代表。

数字通信是用数字信号作为载体来传输消息，或用数字信号对载波进行数字调制后再传输的通信方式。它可传输电报、数字数据等数字信号，也可传输经过数字化处理的语声和图像等模拟信号。

数字通信系统的模型如图5-2所示，图5-2中，信源输出的是模拟信号，经过数字终端的信源编码器成为数字信号，终端输出的数字信号，经过信道编码器后变成适合于信道传输的数字信号，然后由调制器把数字信号调制到系统所使用的数字信道上，再传输到接收端，经过相反的转换后最终送到信宿。

数字通信与模拟通信相比较，数字通信具有以下的优点：

（1）抗干扰能力强。由于在数字通信中，传输的信号幅度是离散的，以二进制为例，信号的取值只有两个，接收端只需判别两种状态。信号在传输过程中受到噪声的干扰，必然会使波形失真，接收端对其进行抽样判决，以辨别是两种状态中的哪一个。只要噪声的大小不足以影响判决的正确性，就能正确接收（再生）。而在模拟通信中，传输的信号幅度是连续变化的，一旦叠加上噪声，即使噪声很小，也很难消除它。

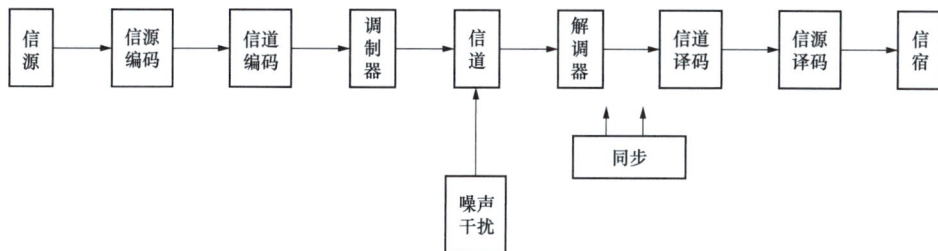

信源 → 信源编码 → 信道编码 → 调制器 → 信道 → 解调器 → 信道译码 → 信源译码 → 信宿

同步

噪声干扰

图 5-2　数字通信系统的模型

数字通信抗噪声性能好还表现在微波中继通信时，它可以消除噪声积累。这是因为数字信号在每次再生后，只要不发生错码，它仍然像信源中发出的信号一样，没有噪声叠加在上面。因此中继站再多，数字通信仍具有良好的通信质量。而模拟通信中继时，只能增加信号能量（对信号放大），而不能消除噪声。

（2）差错可控。数字信号在传输过程中出现的错误（差错），可通过纠错编码技术来控制，以提高传输的可靠性。

（3）易加密。数字信号与模拟信号相比，更容易加密和解密。因此，数字通信保密性好。

（4）易于与现代技术相结合。由于计算机技术、数字存储技术、数字交换技术及数字处理技术等现代技术飞速发展，许多设备、终端接口均是数字信号，因此极易与数字通信系统相连接。

5.1.2　数字通信的传输方式

对于点对点之间的通信，按照数据在线路上的传输方向，通信方式可分为单工通信、半双工通信与全双工通信。

单工通信指消息只能单方向进行传输的一种通信工作方式，只支持数据在一个方向上传输，又称为单向通信。如无线电广播、电视广播、遥控、无线寻呼都是单工通信，这里信号（消息）只从广播发射台、遥控器和无线寻呼中心分别传到收音机、遥控对象和 BP 机（寻呼机）上。

半双工通信指通信双方都能收发消息，但不能同时进行收和发的工作方式。允许数据在两个方向上传输，但在同一时刻，只允许数据在一个方向上传输。它实际上是一种可切换方向的单工通信，即通信双方都可以发送信息，但不能双方同时发送或接受。这种方式一般用于计算机网络的非主干线路中，对讲机、收发报机等都是这种通信方式。

全双工通信指通信双方可同时进行双向传输消息的工作方式，允许数据同时在两个方向上传输，又称为双向同时通信，即通信的双方可以同时发送和接收数据。如现代电话通信提供了全双工传送。这种通信方式主要用于计算机与计算机之间的通信。

1. 并行数据通信与串行数据通信

并行数据通信指数据各位信息以成组的方式，在多条并行信道上同时进行传输。并行和串行数据传输方式示意图如图 5-3 所示，并行数据传输如图 5-3（a）所示，常用的就是将一个字符代码的几位二进制码，分别在几个并行行道上进行传输。例如，采用 8 单位代码的字符，可以用 8 个信道并行传输，一次传送一个字符，因此收、发双方不存在字符的同步问题，不需要加"起""止"信号或其他信号来实现收、发双方的字符同步，这是并行数据通信的一个主要优点。

并行传输速度快，但是在并行传输系统中，除了需要数据线外，往往还需要一组状态信号线和控制信号线，数据线的根数等于并行传输信号位数。显然并行传输需要的传输信号线多、成本高，因此常用在短距离（通常小于 10m）、高传输速度的场合。早期的变电站监控系统，由于受当时通信技术和网络技术等具体条件的限制，变电站内部通信大多采用并行通信，在变电站监控系统的结构上，多为集中组屏式。

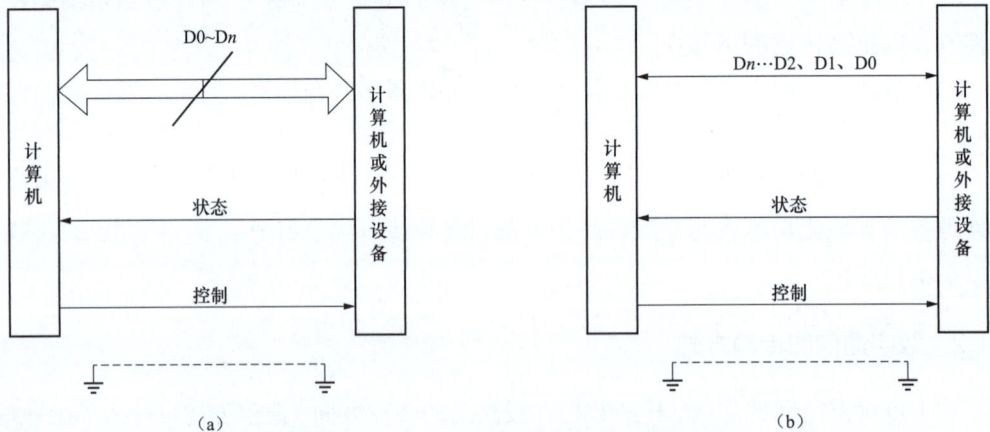

图 5-3　并行和串行数据传输方式示意图

（a）并行数据传输；（b）串行数据传输

串行传输是构成字符的二进制代码在一条信道上以位（码元）为单位，按时间顺序逐位传输的方式。串行通信是数据一位一位顺序地传送，串行数据传输如图 5-3（b）所示。显而易见，串行通信数据的不同位可以分时使用同一传输线，所以串行通信最大的优点是可以节约传输线，特别是当位数很多和远距离传送时，此优点更为突出，一方面降低了传输线的投资，另一方面简化了接线。但串行通信的缺点是传输速度慢，且通信软件相对复杂些，因此适合于远距离的传输，数据串行传输的距离可达数千公里。

在变电站监控系统内部，各种自动装置间或继电保护装置与监控系统间，为了减少连接电缆，简化配线，降低成本，常采用串行通信。

2. 异步数据传输和同步数据传输

在串行数据传送中，有异步传送和同步传送两种基本的通信方式。

（1）在异步通信方式中，发送的每一个字符均带有起始位、停止位和可选择的奇偶校验位。当发送一个字符代码时，字符前面要加一个"起"信号，表示字符的开始，长度为 1 个码元宽，极性为"0"，即空号极性；而在发完一个字符后面加一个"止"信号，表示字符的结束，长度为 1、1.5（国际 2 号代码时用）或 2 个码元宽，极性为"1"，即传号极性。异步数据传输的格式如图 5-4 所示，一般信息帧如图 5-4（a）所示。

针对图 5-4 中的空闲位，可以有也可以没有，若不设空闲位，则紧跟着上一个要传送的字符的停止位后面，便是下一个要传送的字符的起始位。在这种情况下，若传送的字符为 ASCⅡ 码，其字符为 7 位，加上一个奇偶校验位，一个起始位，一个停止位总共10 位，ASCⅡ 码帧如图 5-4（b）所示。

接收端通过检测起、止信号，即可区分出所传输的字符。字符可以连续发送，也可单独发送，不发送字符时，连续发送止信号。每一个字符起始时刻可以是任意的，一个字符内码元长度是相等的，接收端通过止信号到起信号的跳变（"1""0"）来检测一个新字符的开始。该方式简单，收、发双方时钟信号不需要精确同步。缺点是增加起、止信号，效率低，使用于低速数据传输中。

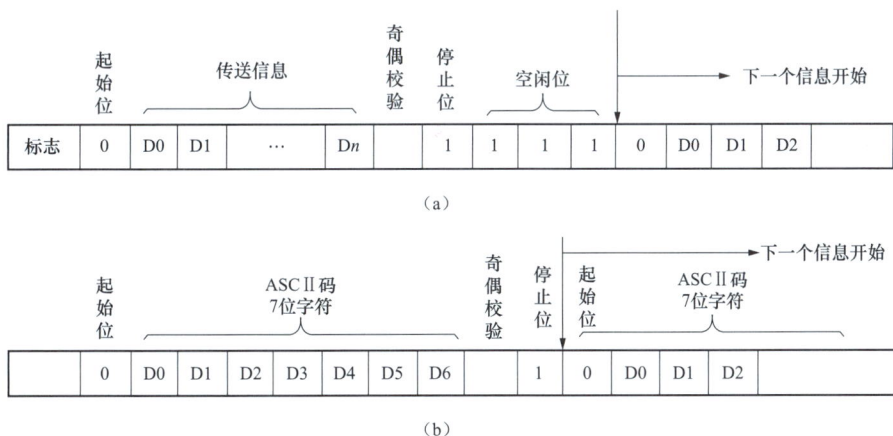

(a)

(b)

图 5-4　异步数据传输的格式

（a）一般信息帧；（b）ASCⅡ 码帧

在异步传送中，每一个字符要用起始位和停止位作为字符开始和结束的标志，占用了时间。所以在数据块传送时，为了提高速度，去掉这些标志，采用同步传送。同步传送的特点是在数据块的开始处集中使用同步字符来作传送的指示，同步数据传输示意图如图 5-5 所示。

（2）同步传输中，每个顿以一个或多个"同步字符"开始。同步字符通常称为 SYN，是一种特殊的码元组合。通知接收装置是一个字符块的开始，接着是控制字符。帧的长度可包括在控制字符中，这样接收装置寻找 SYN 字符，确定帧长，指定数目的字符，然后再寻找下一个 SYN 符，以便开始下一帧。

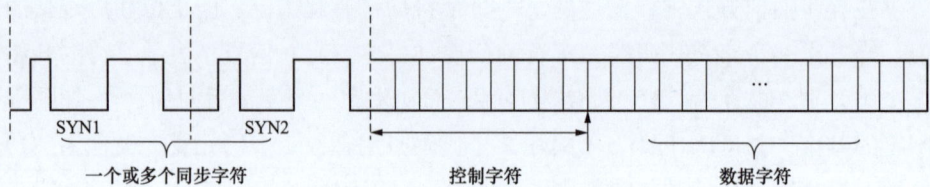

图 5-5 同步数据传输示意图

同步是数据通信系统的一个重要环节。数字式远传的各种信息是按规定的顺序一个码元一个码元地逐位发送，接收端也必须对应地逐位接收，收发两端必须同步协调地工作。同步是指收发两端的时钟频率相同、相位一致地运转。

数据通信中，信息以数字方式传送，开关位置状态、测量值或远动命令等都变成数字代码，转换成相应的物理信号（如电脉冲等），把每个信号脉冲称为一个码元，再经过适当变换后由信道传送给对方，常用的是二进制代码"0""1"。数据传送的速度可以用每秒传送的码元数来衡量，称码元速率，单位为 Bd（波特）。在串行数据传送中，数据传送速率是用每秒传送二进制数码的位数来表示，单位为 bps 或 b/s（位/秒）。数据经传输后发生错误的码元数与总传输码元数之比，称为误码率。误码率与线路质量、干扰等因素有关。

我国电力行业标准《循环式远动传输规约》（简称 CDT 规约）采用同步传输方式，同步字符为 EB9OH。同步字符连续发 3 个，共占 6 个字节，按照低位先发、高位后发，每字的低编号字节先发、高字节后发的原则顺序发送。

5.2 数据通信通道

在变电站电能采集系统中常用的数据传输通道有 4 种，分别是 RS-232 通道、RS-485 通道、以太网络通道、无线公用通道。

5.2.1 RS-232 通道

RS-232D 是美国电子工业协会（EIA）制定的物理接口标准，也是目前数据通信与网络中应用最广泛的一种标准。它的前身是 EIA 在 1969 年制定的 RS-232C 标准。RS 是推荐标准（Recommend Standard）的英文缩写，232 是该标准的标识符，RS-232C 是 RS-232 标准的第二版。RS-232C 标准接口是在终端设备和数据传输设备间，以串行二进制数据交换方式传输数据最常用的接口。经 1987 年 1 月修改后，定名为 EIA-RS-232D。由于两者相差不大，因此 RS-232D 与 RS-232C 成为物理接口基本等同的标准，经常称为"RS-232 标准"。

RS-232D 标准给出了接口的电气和机械特性及每个针脚的作用，RS-232 接口通信示意图如图 5-6 所示。

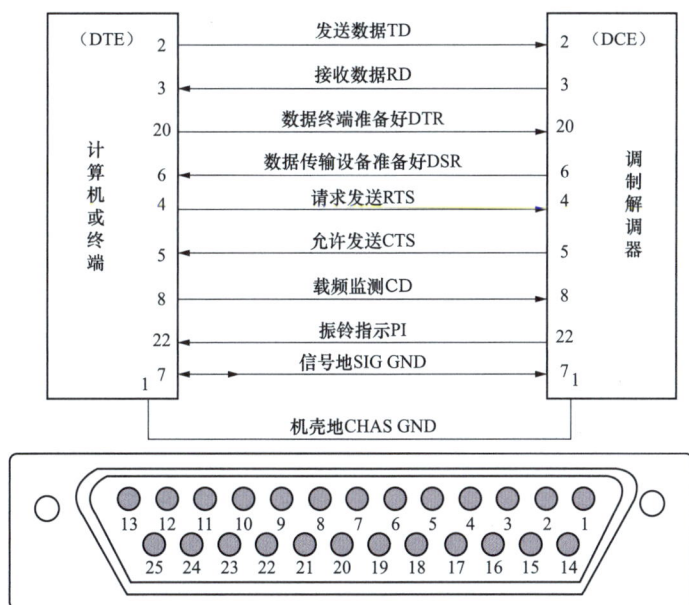

图 5-6 RS-232 接口通信示意图

RS-232D 标准把调制解调器作为一般的数据传输设备（DCE）看待，把计算机或终端作为数据终端设备（DTE）看待。

RS-232D 标准的内容分功能、规约、机械、电气四个方面的规范。

（1）功能特性。功能特性规定了接口连接的各数据线的功能。将数据线、控制线分成四组，更容易理解其功能特性。RS-232D 功能特性分组见表 5-1。

表 5-1　　　　　　　　　　　RS-232D 功能特性分组

组别	状态	解释
数据线	TD（发送数据）	DCE 向电话网发送的数据
	RD（接收数据）	DCE 从电话网接收的数据
设备准备好线	DTR（数据终端准备好）	表明 DTE 准备好
	DSR（数据传输设备准备好）	表明 DCE 准备好
半双工联络线	RTS（请求发送）	表示 DTE 请求发送数据
	CTS（允许发送）	表示 DCE 可供终端发送数据用
电话信号和载波状态线	CD（载波检测）	DCE 用来通知终端，收到电话网上载波信号，表示接收器准备好
	PI（振铃指示）	收到呼叫，自动应答 DCE，用以指示来自电话网上的振铃信号

（2）规约特性。RS-232D 规约特性规定了 DTE 与 DCE 之间控制信号与数据信号的发送时序、应答关系与操作过程。

（3）机械特性。在机械特性方面，RS-232D 规定了用一个 25 根插针（DB-25）的标准连接器，一台具有 RS-232 标准接口的计算机应当在针脚 2 上发送数据，在针脚 3 上接收数据。有时还会在 D-25 型连接器上看到字母"P"或"S"的字样，表示连接器是凸型的"P"还是凹型的"S"。通常在 DCE 上应当采用凹型 DB-25 型连接器插头；而在 DTE（计算机）上应当采用凸型 DB-25 型连接器。从而保证符合 RS-232D 标准的接口国际上是通用的。

由于 EIA-232 并未定义连接器的物理特性，因此出现了 DB-25 型和 DB-9 型两种连接器，其引脚的定义各不相同。DB-25 型连接器虽然定义了 25 根信号，但实际异步通信时，只需 9 个信号，即 2 个数据信号，6 个控制信号和 1 个信号地线。因此，目前变电站监控系统常常采用 DB-9 型连接器作为两个串行口的连接器。

（4）电气特性。RS-232D 标准接口 20KB 采用非平衡型。每个信号用一根导线，所有信号回路公用一根地线。信号速率限于 20kbps 之内，电缆长度限于 15m 之内。

其电性能用 ±12V 标准脉冲，值得注意的是 RS-232D 采用负逻辑。

在数据线上：Mark（传号）=−5V～−15V，逻辑"1"电平；

　　　　　　　Space（空号）=+5V～+15V，逻辑"0"电平。

在控制线上：On（通）=+5V～+15V，逻辑"0"电平；

　　　　　　　Off（断）=−5V～−15V，逻辑"1"电平。

RS-232 简单的连接方法常用三线制接法，即地、接收数据、发送数据三线互联。因为串口传输数据只要有接收数据引脚和发送数据引脚就能实现，串行连接方法表见表 5-2。

表 5-2　　　　　　　　　　　　　串行连接方法表

连接器型号	9 针-9 针		25 针-25 针		9 针-25 针	
引脚编号	2	3	3	2	2	2
	3	2	2	3	3	3
	5	5	7	7	5	7

连接的原则是接收数据引脚（或线）与发送数据引脚（或线）相连，彼此交叉，信号地对应连接。

5.2.2　RS-485 通道

EIA-485（过去叫作 RS-485 或者 RS-485）是隶属于 OSI 模型物理层的、电气特性规定为 2 线、半双工、平衡传输线多点通信的标准，是由电信行业协会（TIA）及电子工业联盟（EIA）联合发布的标准。实现此标准的数字通信网可以在有电子噪声的环境下进行长距离、有效率的通信。在线性多点总线的配置下，可以在一个网络上有多个接收器，因此适用在工业环境中。

注：EIA 一开始将 RS（Recommended Standard）作为标准的前缀，后来为了便于识别标准的来源，已将 RS 改为 EIA/TIA。电子工业联盟（EIA）已结束运作，此标准目前是电信行业协会（TIA）维护，名称为 TIA-485，但工程师及应用指南仍继续用 RS-485 来称呼此一协议。

EIA-485 的电气特性和 RS-232 不大一致。用缆线两端的电压差值来表示传递信号，不同的电压差分别标识为逻辑 1 及逻辑 0。两端的电压差最小为 0.2V 以上时有效，任何不大于 12V 或者不小于–7V 的差值对接受端都被认为是正确的。

EIA-485 使用双绞线进行高电压差分平衡传输，它可以进行大面积长距离传输（超过 4000 英尺）。EIA-485 的发送端需要设置为发送模式，可以使用双线模式实现真正的多点双向通信。推荐使用在点对点网络中，线型、总线型，不能是星型、环型网络。假如必须要使用星型网络，可以配合特殊的 RS-485 star/hub 中继器，在多个网络中双向监听数据，并且将数据再发送到其他网络上。

EIA-485 只是电气信号接口，本身不是通信协议，有许多通信协议使用 EIA-485 准位的电气信号，但 EIA-485 规格本身没有提到通信速度、格式及数据传输的通信协议。若二台不同厂商的设备都使用 EIA-485，即使是类似性质的设备，只有电气信号接口相同，不保证互操作性。RS-485 通信示意图如图 5-7 所示。

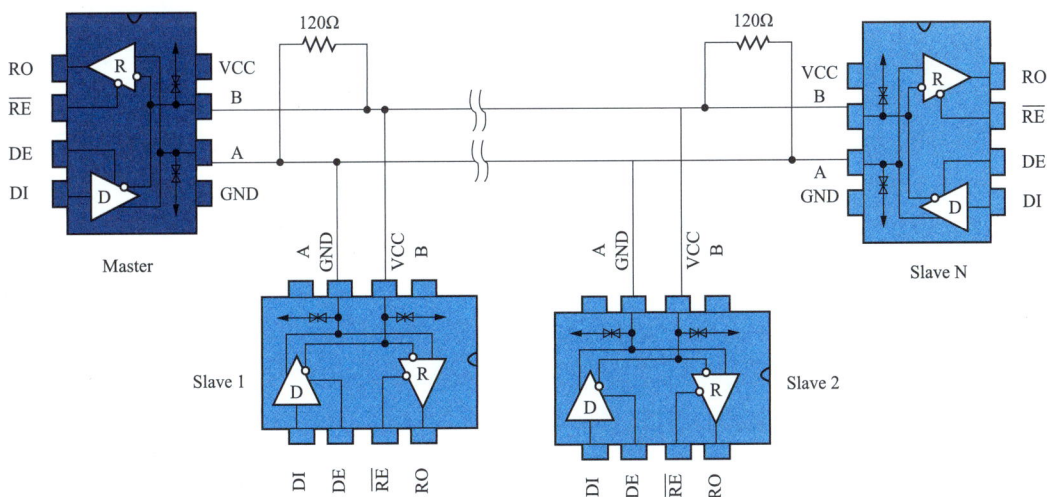

图 5-7　RS-485 通信示意图

在电能表常用的通信协议中，电能表的 RS-485 接口应该符合以下几点要求：

（1）驱动与接收端耐静电放电 ± 15kV（人体模式）。

（2）共模输入电压：–7V～12V。

（3）差模输入电压：大于 0.2V。

（4）驱动输出电压：在负载阻抗54Ω时，最大为5V，最小1.5V。

（5）在通信速率不大于100kbps条件下，有效传输距离不小于1200m。

5.2.3　以太网络通道

以太网是现实世界中最普遍的一种计算机网络。以太网有经典以太网、交换式以太网两种，使用了一种称为交换机的设备连接不同的计算机。经典以太网是以太网的原始形式，运行速度为3～10Mbps；而交换式以太网正是广泛应用的以太网，可运行在100、1000和10000Mbps的高速率，分别以快速以太网、千兆以太网和万兆以太网的形式呈现。

以太网的标准拓扑结构为总线型拓扑，但快速以太网（100BASE-T、1000BASE-T标准）为了减少冲突，将能提高的网络速度和使用效率最大化，使用交换机来进行网络连接和组织。如此一来，以太网的拓扑结构成了星型；但在逻辑上，以太网仍然使用总线型拓扑和载波多重访问（CSMA）/碰撞侦测（CD）的总线技术。

传输介质是网络中信息传输的媒体，是网络通信的物质基础之一。传输介质的性能特点对传输速率、通信的距离、可连接的网络结点数目和数据传输的可靠性等均有很大的影响。因此，必须根据不同的通信要求，合理地选择传输介质。在局域网中常用的传输介质有双绞线、同轴电缆和光导纤维等。

1. 双绞线

双绞线（又称双扭线）是最普通的传输介质，它由两根绝缘的金属导线扭在一起而成，通常还把若干对双绞线对（2对或4对）捆成一条电缆并以坚韧的护套包裹着，每对双绞线合并作一根通信线使用，以减小各对导线之间的电磁干扰。

双绞线分为有屏蔽双绞线（STP）和无屏蔽双绞线（UTP）。有屏蔽双绞线外面环绕一圈金属屏蔽保护膜，可以减少信号传送时所产生的电磁干扰，但相对无屏蔽双绞线价格较贵。

RJ-45是布线系统中信息插座（通信引出端）连接器的一种，连接器由插头（接头、水晶头）和插座（模块）组成，插头有8个凹槽和8个触点。

信息模块或RJ45连插头与双绞线端接有T568A或T568B两种结构。在T568A中，与之相连的8根线分别定义为白绿、绿，白橙、蓝，白蓝、橙，白棕、棕。在T568B中，与之相连的8根线分别定义为白橙、橙，白绿、蓝，白蓝、绿，白棕、棕。其中定义的差分传输线分别是白橙色和橙色线缆、白绿色和绿色线缆、白蓝色和蓝色线缆、白棕色和棕色线缆。

为达到最佳兼容性，制作直通线时一般采用T568B标准。RJ-45水晶头针顺序号应按照如下方法进行观察：将RJ-45插头正面（有铜针的一面）朝自己，有铜针一头朝上方，连接线缆的一头朝下方，从左至右将8个铜针依次编号为1～8。网线RJ-45接头（水晶头）排线示意图如图5-8所示。

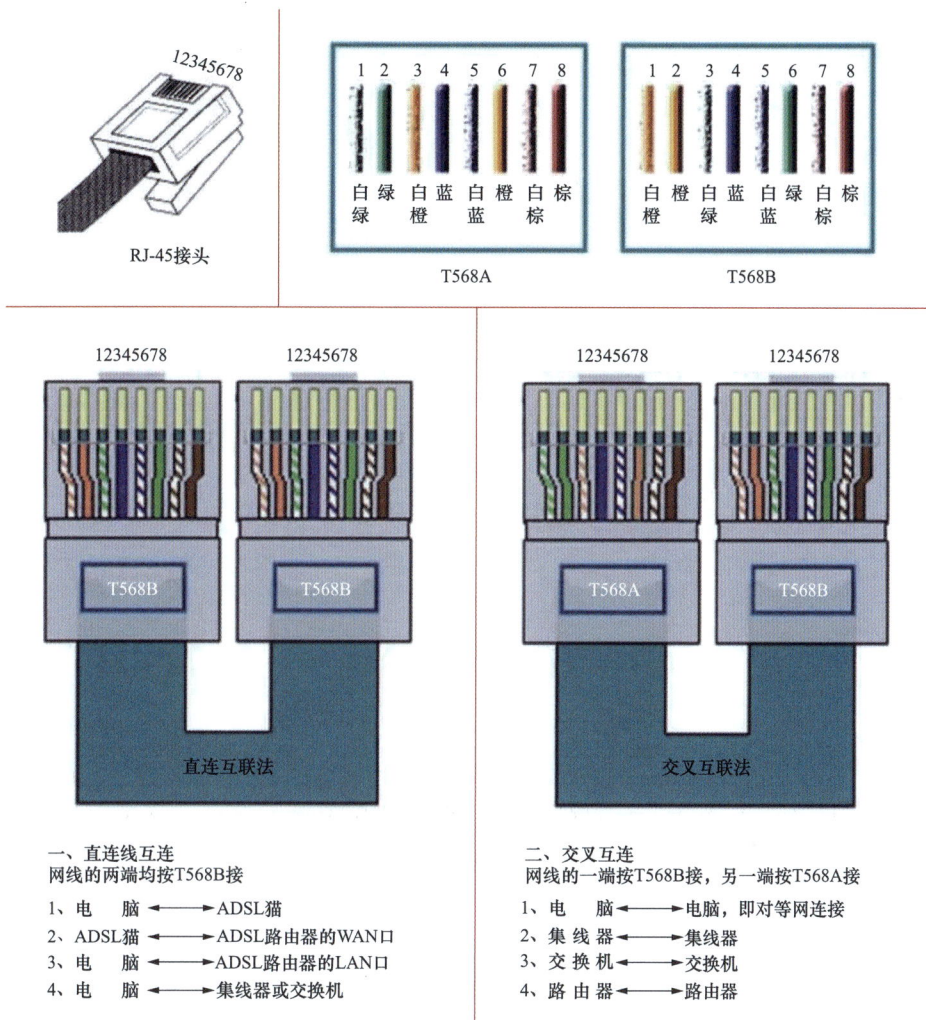

RJ-45接头

T568A   T568B

12345678   12345678   12345678   12345678

T568B   T568B   T568A   T568B

直连互联法   交叉互联法

一、直连线互连
网线的两端均按T568B接

1、电　　脑 ◄────► ADSL猫
2、ADSL猫 ◄────► ADSL路由器的WAN口
3、电　　脑 ◄────► ADSL路由器的LAN口
4、电　　脑 ◄────► 集线器或交换机

二、交叉互连
网线的一端按T568B接，另一端按T568A接

1、电　　脑 ◄────► 电脑，即对等网连接
2、集 线 器 ◄────► 集线器
3、交 换 机 ◄────► 交换机
4、路 由 器 ◄────► 路由器

图 5-8　网线 RJ-45 接头（水晶头）排线示意图

2. 同轴电缆

同轴电缆是网络中最常用的传输介质，共有四层，最内层是中心导体，从里往外依次分为绝缘层、导体网和保护套，按带宽和用途来划分，同轴电缆可以分为基带和宽带。基带同轴电缆传输的是数字信号，在传输过程中，信号将占用整个信道，数字信号包括由 0 到该基带同轴电缆所能传输的最高频率，因此，在同一时间内，基带同轴电缆仅能传送一种信号。宽带同轴电缆传送的是不同频率的信号，这些信号需要通过调制技术调制到各自不同的正弦载波频率上。传送时应用频分多路复用技术分成多个频道传送，使数据、声音和图像等信号在同一时间内的不同频道中被传送。宽带同轴电缆的性能比基带同轴电缆好，但需要附加信号处理设备，安装比较困难，适用于长途电话网、电缆电视系统及宽带计算机网络。

BNC 接口指同轴电缆接口，BNC 接口用于 75 欧同轴电缆连接，提供收（RX）、发

（TX）两个通道，用于非平衡信号的连接。

同轴电缆接头示意图如图 5-9 所示。

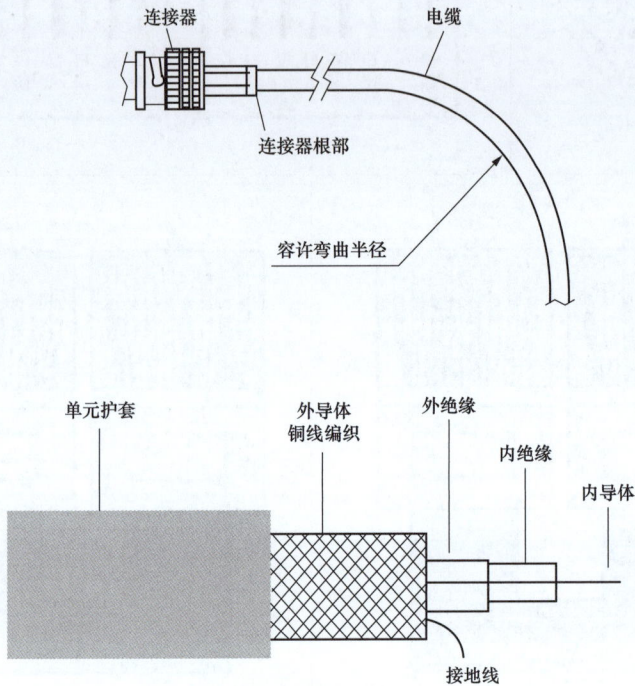

图 5-9　同轴电缆接头示意图

3. 光纤

光导纤维电缆简称光纤电缆或光缆。随着对数据传输速度的要求不断提高，光缆的使用日益普遍。对于计算机网络来说，光缆具有无可比拟的优势。

光缆由纤芯、包层和护套层组成。其中纤芯由玻璃或塑料制成，包层由玻璃制成，护套由塑料制成。

光纤通信具有许多优点，首先是传输速率高，实际可达到的传输速率为几十至几千 Mbit/s，其次是抗电磁干扰能力强、重量轻、体积小、韧性好、安全保密性高等，多用于作为计算机网络的主干线。光纤的最大问题是与其他传输介质相比，价格昂贵且光纤衔接和光纤分支均较困难，而且在分支时，信号能量损失很大。

光纤接口是用来连接光纤线缆的物理接口。通常有 SC、ST、LC、FC 等几种类型，常见光纤接口示意图如图 5-10 所示。对于 10Base-F 连接来说，连接器通常是 ST 类型，另一端 FC 连的是光纤步线架。

FC 是 Ferrule Connector 的缩写，其外部加强方式是采用金属套，紧固方式为螺丝扣。ST 接口通常用于 10Base-F，SC 接口通常用于 100Base-FX 和 GBIC，LC 通常用于 SFP。

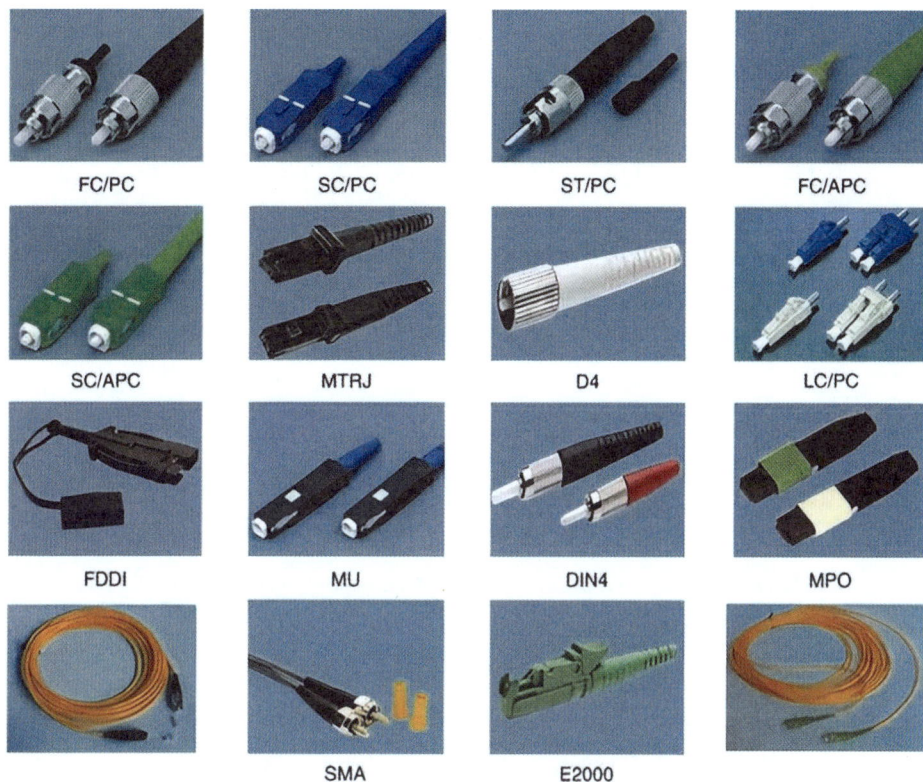

FC/PC SC/PC ST/PC FC/APC

SC/APC MTRJ D4 LC/PC

FDDI MU DIN4 MPO

SMA E2000

图 5-10 常见光纤接口示意图

光纤种类如下：

（1）按照传输性能、距离和用途的不同，光缆可以分为用户光缆、市话光缆、长途光缆和海底光缆。

（2）按照光缆内使用光纤的种类不同，光缆又可以分为单模光缆和多模光缆。

（3）按照光缆内光纤纤芯的多少，光缆又可以分为单芯光缆、双芯光缆等。

（4）按照加强件配置方法的不同，光缆可分为中心加强构件光缆、分散加强构件光缆、护层加强构件光缆和综合外护层光缆。

（5）按照传输导体、介质状况的不同，光缆可分为无金属光缆、普通光缆、综合光缆（主要用于铁路专用网络通信线路）。

（6）按照铺设方式不同，光缆可分为管道光缆、直埋光缆、架空光缆和水底光缆。

（7）按照结构方式不同，光缆可分为扁平结构光缆、层绞式光缆、骨架式光缆、铠装光缆和高密度用户光缆。

5.3 传输规约分类

在电网通信系统中，有大量的信息要进行交换。为了保证通信双方能有效、可靠及自动通信，在发送端和接收端之间规定了一系列约定和顺序，称为通信规约或通信协议。规约统一以后，不论哪个制造厂家生产的设备，只要符合通信规约，便可以顺利地进行通信。规约应有两方面内容：①规定信息传送的格式。使发送出去的信息到对方后，能够识别、接收和处理。这些规定包括传送的方式是同步传送还是异步传送、收发双方的传送速率、帧同步字、抗干扰的措施、位同步方式、帧结构等。②规定信息传输的具体步骤。以实现数据的收集、监视和控制。例如，将信息按其重要性程度和更新周期，分成不同类别或不同循环周期传送，实现系统对时、全部数据或某个数据的收集及远动设备本身的状态监视的方式等。

5.3.1 循环式传输规约

原电力工业部 1991 年颁布的《循环式远动规约》是典型的循环式传送的远动规约，总结了我国电网数据采集和监控系统在规约方面的多年经验，为满足我国电网调度安全监控系统对远动信息实时性、可靠性的要求而制定，是早期在国产电网调度自动化系统中应用最广泛的一种传输规约。

循环式传输规约以变电站端远动终端（RTU）为主动方，以固定的传送速率循环不断地向调度端发送遥测、遥信、数字量、事件顺序记录等数据。数据格式在发送端和接收端事先约定好，以帧的形式传送，连续循环发送，周而复始。主站端在接收到数据后，首先检出同步码，然后根据帧代码，判断帧类别是遥测、遥信或其他信息等。

CDT 规约采用可变帧长度、多种帧类别循环传送，变位遥信传选信送，重要遥测量平均循环时间较短，区分循环量、随机量和插入量采用不同形式传送信息。循环式传输规约的信息字格式如图 5-11 所示。按规约规定，由远动信息产生的任何信息字都由 48 位二进制数构成，即所有的信息字位数相同。

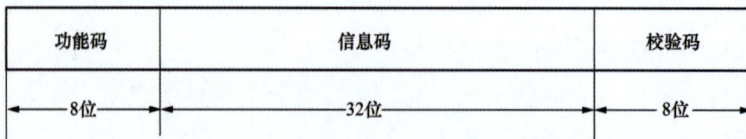

功能码	信息码	校验码
8位	32位	8位

图 5-11　循环式传输规约的信息字格式

（1）功能码。信息字中的前 8 位是功能码，它有 28 种不同取值，用来区分代表不同信息内容的各种信息字，可以把它看作信息字的代号。

（2）信息码。在主站和变电站间主要传送的信息有遥测、遥信、事件顺序记录、电能脉冲计数值、遥控命令、设定命令、升降命令、对时命令、广播命令、复归命令、子站的工作状态等。信息码用来表示信息内容，它可以是遥测信息中模拟量对应的 A/D 转换值、遥信对象的状态值、电能量的脉冲计数值、系统频率值对应的 BCD 码等，也可以是遥控信息中控制对象的合/分状态及开关序号,还可以是遥测信息中的调整对象号及设定值等。信息内容可根据功能码的取值范围进行区分。

(3)校验码。信息字的最后 8 位是校验码,采用循环冗余校验(CRC)。校验码是信息字中用于检错和纠错的部分,它的作用是提高信息字在信道传输过程中抗干扰的能力。

5.3.2 问答式传输规约

问答式传输规约也称为 Polling 方式,在该传输规约中,必须由主站端主动向变电站端发送查询命令报文,其主要特点是一个以主站为主动的数据传输规约,由它向子站询问召唤某一类别信息,子站只有在响应后才上送本子站信息。通常,子站装置对数字量变化优先传送;对模拟量,采用变化量超过预定范围同时传送。主站端正确接收此类别信息后,才开始下一轮新的询问,否则还继续向子站询问召唤此类信息。这种传输模式通常以问答方式,即一问一答的方式进行通信,故称为问答式。问答式规约主要有 SC1801、u4F、Modbus、IEC 60870-5-102、部颁 GB07 规约等。

在问答传输模式中,主站可以请求被控站发送某一信息,也可以要求发送某些类型的信息等。问答式传输模式需要上行、下行双向通信,因此需要全双工、半双工信道。问答传输模式不仅适用于点对点配置方式,而且也适用于一点对多点、多点共线、多点环形或多点星形的通信系统。

我国大多数电力系统规约中,规定信息传输采用异步通信方式。问答式传输规约中的报文格式如图 5-12 所示,报文以 8 位字节为单位。

图 5-12　问答式传输规约中的报文格式

(1)报文头。通常有 3~4 个字节,指出进行问答的双方中 RTU 的地址(报文中识别其来源或目的地的部分),报文所属的类型和报文中数据区的字节数。

(2)数据区。表示报文要传送的信息内容,它的字节数和字节中各位的含义随报文类型的不同而不同,且数据区的字节数是多少,由报文信息头中的有关字节指出。

(3)校验码。按照规约给定的某种编码规则,用报文头和数据区的字节运算得到。它可以是一个字节的奇偶校验码,也可以是一个或两个字节的 CRC 校验码。

5.3.3 通信规约的应用分析

1. IEC 60870-5-101

IEC 60870-5-101 为基本远动任务配套标准,一般用于变电站远动设备和调度主站之间的数据通信，能够传输遥信、遥测、遥控、遥脉、保护事件信息、保护定值、录波等数据。该标准规定了变电站远动设备和调度主站之间以问答式方式进行数据传输的帧格式、链路层的传输规则、服务原语、应用数据结构、应用数据编码、应用功能和报文格式。它适用于传统远动的串行通信工作方式，一般用于变电站与调度中心之间的信息交换，网络结构多为点对点的简单模式或星型模式，信息传输采用非平衡方式或平衡方式（主动循环发送和查询结合的方法）。其传输介质可为双绞线、电力线载波和光纤等。

2. IEC 60870-5-104

IEC 60870-5-104 是将 IEC 60870-5-101 和由 TCP/IP（传输控制协议/以太网协议）提供的传输功能结合在一起，可以说是网络版的 101 规约，是将 IEC 60870-5-101 以 TCP/IP 的数据包格式在以太网上传输的扩展应用。

3. IEC 60870-5-102

EC60870-5-102 为电能量传输配套标准，主要应用于变电站电量采集终端和远方电量计费系统之间，传输实时或分时电能量数据。该协议支持点对点、点对多点、多点星形、多点共线、点对点拨号的传输网络。传输仅采用非平衡方式（某个固定的站址为启动站或主站）。该标准目前已经在电能量计费系统中广泛应用，各种主站计费系统根据实际需求进行了修改，形成自己的"变种规约"。

4. IEC 60870-5-103

IEC 60870-5-103 为继电保护设备信息接口配套标准，应用于变电站继电保护设备和监控系统间的通信。该规约是将变电站内继电保护装置接入变电站监控系统，用以传输继电保护的所有信息。该规约的物理层可采用光纤传输，也可采用 EIA-RS-485 标准的双绞线等传输，规约中详细描述了遥测、遥信、遥脉、遥控、保护事件信息、保护定值、录波等数据传输格式和传输规则，可满足变电站传输保护信息的要求。

5. IEC 61850

当前电力系统中，对变电站自动化的要求越来越高，变电站监控系统在实现控制、监视和保护功能的同时，还需实现不同厂家的设备间信息共享，使变电站监控系统成为开放、具有互操作性的系统。为了方便变电站中各种 IED 的管理及设备间的互联，需要一种通用的通信方式。IEC 61850 提出了一种公共的通信标准，通过对设备的一系列规范化，使其形成一个规范的输出，实现系统的无缝连接。

IEC 61850 标准是基于通用网络通信平台的变电站监控系统中唯一的国际标准。此标准的制定参考和吸收了许多相关标准，其中主要有：基本远动任务配套标准 IEC 60870-5-101、继电保护设备信息接口配套标准 IEC 60870-5-103 等。变电站通信体系 IEC 61850 将变电站通信体系分为站控层、过程层、间隔层 3 层。在变电站层和层之间的网络采用通信服务接口映射到制造报文规范、TCP/IP、以太网或光纤网。IED 均采用统一的协议规范通过网络进行信息交换。

5.4 电能量传输配套标准

IEC 60870-5-102:1996（电力系统电能累计量传输配套标准）由 IEC 的电力系统管理及信息交换技术委员会（TC57）制定。此配套标准是为了满足电能量计量系统主站与电能累计量数据终端之间传输电能累计量的需要，实现电力系统中电能累计量数据终端之间的互换性和互操作性，适应当时电力市场相关业务需求，该标准于 1996 年发布。DL/T 719-2000 规约由原电力工业部提出，等同采用了 IEC 60870-5-102:1996 电力系统电能累计量传输配套标准，于 2000 年发布并沿用至今。

5.4.1 IEC 60870-5-102 传输规约模型结构

IEC 60870-5 规约是基于"增强性能结构（EPA）"的三层参考模型，EPA 模型和配套标准所选用的标准定义见表 5-3。

表 5-3　　　　　　　　　EPA 模型和配套标准所选用的标准定义

从 IEC 60870-5-5 中所选用的应用功能	用户过程
从 IEC 60870-5-4 中所选用的应用信息元素	应用层（第 7 层）
从 IEC 60870-5-3 中所选用的应用服务数据单元	
从 IEC 60870-5-2 中所选用的链路传输过程	链路层（第 2 层）
从 IEC 60870-5-1 中所选用的传输帧格式	
从 ITU-T 建议中选用	物理层（第 1 层）

物理层采用 ITU-T 建议，该建议在所要求的介质上提供了二进对称和无记忆传输，使在链路层所定义的组编码方法下保持高的数据完整性。

链路层由若干个链路传输规则所组成，这些链路传输规则采用明确的链路规约控制信息（LPCI），链路规约控制信息将应用服务数据单元（ASDUs）作为链路用户数据，链路层采用帧格式集的一个选集，可以提供所需的传输的完整性、效率和方便性。

应用层包含有一组应用功能，这些功能包含在介于源和宿之间传输的应用数据单元内。

在此配套标准中，应用层不采用明确的应用规约控制信息（APCI），应用规约控制信息隐含在所采用的应用服务数据单元的数据单元标识域和链路服务类型内。

5.4.2 网络拓扑结构

IEC 60870-5-102 提供了在主站和终端之间发送基本报文的通信文件集，网络拓扑结构如图 5-13 所示有点对点、多个点对点、多点星形、多点共线多种方式，要求主站与终端之间采用固定的数据电路，传输介质可为双绞线、电力载波或者光纤等。

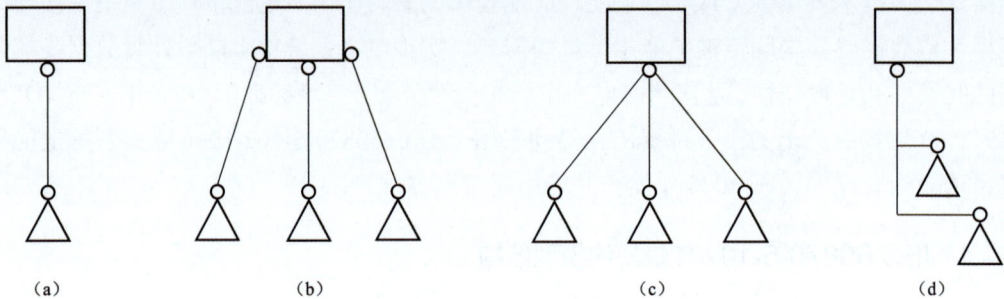

图 5-13 网络拓扑结构

（a）点对点；（b）多个点对点；（c）多点星形；（d）多点共线

5.4.3 链路传送规则

根据国家电网有限公司的使用需要，物理层增加了对以太网 802.3 接口的支持。电能量采集终端设备作为服务端，电能计量主站作为访问的客户端。服务端的监听端口属于系统参数，需在工程中协商定义。

为保证数据采集的完整性与准确性，电能量采集终端设备在过去的某个时段内没有采集到的电能量数据，应使用上一个周期的数据替代，同时设置质量标志。

电能量采集终端设备接收到主站发出的数据采集命令，当命令中的起始时间大于电能量采集终端设备的当前系统时间，或电能量采集终端设备的采集任务尚未采集到该时间范围的电量数据时，应向电能量主站系统回送无所请求的数据记录报文，不得发送带有异常状态的数据。

传输的电能量数据采用保留四位有效数据的格式进行数据传输时，当计量精度不足四位时，末尾补零，超出四位小数部分采用四舍五入的舍入方式处理；电流、电压数据保留两位有效数据，功率数据保留四位有效数据，功率因数保留三位有效数据的格式进行数据传输，当计量精度不足时，末尾补零（以上小数位具体以主站要求为准，数据传输过程中不带小数位，需要双方约定）。

5.4.4 帧格式

传送信息时，一组信息称为 1 帧，每帧信息由若干"字"组成，这些"字"可以分别表示同步、电量、遥测等内容，其组成顺序和形式称为帧格式。

IEC 规定的数据传输基本方式为 8 个数据位、1 个起始位和 1 个奇偶校验位。本规约采用的帧格式为 FT1.2 异步式字节传输帧格式。FT1.2 帧格式允许采用固定帧长和可变帧长，单个控制字符也是允许的。传输数据帧格式（FT1.2）如图 5-14 所示。

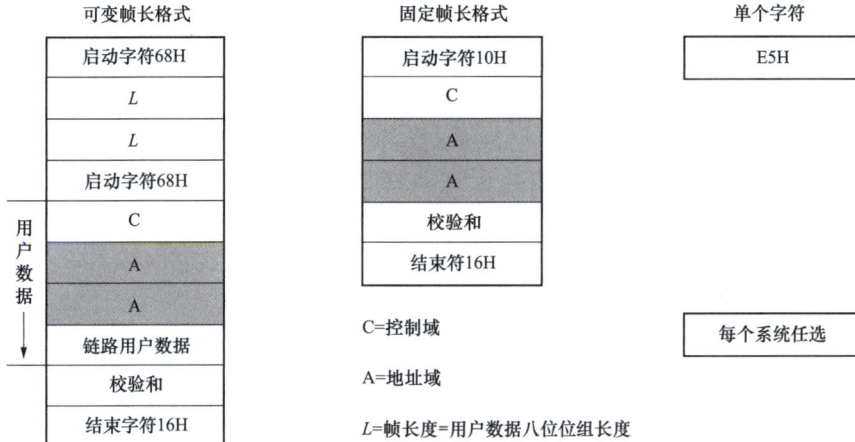

图 5-14　传输数据帧格式（FT1.2）

固定帧长帧={启动字符（=10H），控制，地址，校验和，结束字符（=16H）}。此帧无链路用户数据，长度为 6 字节。

可变帧长帧={启动字符（=68H），长度，长度，启动字符（=68H），控制，地址，链路用户数据，校验和，结束字符（=16H）}，长度为 L+6 字节（小于 256），L 为用户数据区的长度，2 个 L 相等。

单个字符 1=E5H，长度为 1 字节，用于子站向主站传输的确认（肯定或否定）。

地址域 A=地址 A 的八位位组是一个固定的系统参数，链路地址（一般是 RTU 编号）为 2 字节，低字节在前，高字节在后。

数据传输方式是异步传输方式，共 11 位，其中启动位为二进制 0，数据位 8 位，一个偶校验位，一个停止位。

1. 控制域 C 的定义

控制域包含了报文传输方向、传输状态及链路功能类型等信息，共 1 字节。其定义分主站侧和子站侧。

（1）主站侧。主站侧控制域字节如图 5-15 所示。

Bit7	Bit6	Bit5	Bit4	Bit3	Bit2	Bit1	Bit0
RES（0）	PRM（1）	FCB	FCV	功能码			

图 5-15　主站侧控制域字节

1）RES（Reserved）为保留位，一般默认为 0。

2）PRM（Primary Message）为信源信息。PRM=1，报文从主站侧发出。

3）FCB（Frame Count Bit）为帧计数位。值为 0 或者 1，主站确认子站已收到命令帧并发送下一帧命令帧的时候，要将 FCB 位取反，表示是一帧新的命令帧；否则，保持FCB 位不变，表示要求子站重发上一帧数据。

4）FCV（Frame Count Valid）为帧计数有效位。FCV 位取 0，表示不需要考虑 FCB为是否取反，此时 FCB 位应该取 0；反之，FCV 位取 1，表示 FCB 位取反有效，子站通过 FCB 位的状态判断下一步做什么，重发或者是继续。

5）功能码表示链路功能命令，即子站从链路层判断需要执行的操作。功能码常见定义表见表 5-4。

表 5-4 功能码常见定义表

CODE	FT	FUCTION	FCV
0x00	发送/确认帧	复位通信单元 CU	0
0x03	发送/确认帧	下发数据命令	1
0x09	请求/响应	召唤链路状态	0
0x0A	请求/响应	召唤Ⅰ级用户数据	1
0x0B	请求/响应	召唤Ⅱ级用户数据	1

注 1. Ⅰ级用户数据为历史数据。
　　2. Ⅱ级用户数据为最近一次采集的电能数据；如果在下一次采集电能数据之前再次召唤Ⅱ级用户数据，子站应该返回"没有所召唤的数据"，即Ⅱ级用户数据上传之后就不再是Ⅱ级用户数据了。
　　3. 功能码 0x00、0x09、0x0A、0x0B 用于定长帧；功能码 0x03 用于变长帧，下发召唤数据命令。

（2）子站侧。子站向主站传输数据的报文中，子站侧控制域字节如图 5-16 所示。

Bit7	Bit6	Bit5	Bit4	Bit3	Bit2	Bit1	Bit0
RES（0）	PRM（0）	ACD	DFC	功能码			

图 5-16 子站侧控制域字节

1）RES（Reserved）为保留位，一般默认为 0。

2）PRM（Primary Message）为信源信息。PRM=0，报文从子站侧发出。

3）ACD（Access Demand）为访问要求。ACD 位取 1 表示子站有Ⅰ级用户数据等待上传，主站接收数据完成之后应该发送召唤Ⅰ级用户数据命令；反之，ACD 位取 0 表示子站待传数据已全部上传完成。

4）DFC（Data Flow Control）为数据流控制位。DFC 取 0 表示子站可接收数据，取1 表示子站缓冲区已满，无法接收数据。

5）功能码表示链路功能命令，即主站从链路层判断需要执行的操作。功能码常见定义表见表 5-5。

表 5-5 功能码常见定义表

CODE	FT	FUCTION
0x00	确认帧	响应链路复位
0x01	确认帧	链路忙，没收到报文
0x08	响应帧	以数据响应请求帧
0x09	响应帧	没有所召唤的数据
0x0B	响应帧	响应请求链路状态

注 1. 功能码 0x00，0x01，0x09，0x0B 用于定长帧。

2. 功能码 0x08 用于变长帧，上传数据。

2. 链路用户数据（ASDU）

（1）ASDU 结构。ASDU 结构如图 5-17 所示。

图 5-17 ASDU 结构

每一个链路规约数据单元只有一个 ASDU。ASDU 由数据单元标识符和一个或多个信息体所组成。

（2）ASDU 类型标识。数据单元标识符在所有应用服务数据单元中常有相同的结构，一个应用服务数据单元中的信息体常有相同的结构和类型，由类型标识域所定义。

ASDU 类型标识长度为 1 字节，在主站侧表示的是主站召唤的数据类型，例如子站系统时间、子站单点信息、子站电能数据等；在子站侧表示子站上传的信息元素的类型。

ASDU 常用类型标识主站侧清单见表 5-6，ASDU 常用类型标识子站侧清单见表 5-7。

表 5-6　　　　　　　　　　　ASDU 常用类型标识主站侧清单

标识	功　　能	注释
100	读制造厂和产品规范	
101	读带时标的单点信息的记录	
102	读一个选定时间范围的带时标的单点信息的记录	常用
103	读采集器的当前系统时间	常用
104	读最早累计时段的积分电能量—表底值	常用
120	读选定时间范围、选定地址范围的积分电能量—表底值	常用
121	读选定时间范围、选定地址范围的积分电能量—增量值	
128	时钟同步	常用
170	读指定地址范围和时间范围的复费率积分电能量—表底值	常用
171	读指定地址范围的遥测量当前值	常用
172	读指定累计时段、选定地址范围的遥测量	

表 5-7　　　　　　　　　　　ASDU 常用类型标识子站侧清单

标识	功　　能	注释
1	带时标的单点信息	常用
2	积分电能量—表底值，4 字节	常用
5	积分电能量—增量值，4 字节	
70	初始化结束	常用
71	采集器的制造厂和产品规范	
72	采集器的当前系统时间	常用
128	时钟同步	常用
160	复费率积分电能量—表底值，4 字节	常用
161	遥测量当前值	常用
162	遥测量历史值	常用

（3）可变结构限定词。可变结构限定词（VSQ）长度 1 字节，低 7 位表示信息体数目，最高位是寻址方法位 SQ 位。SQ 取 0，表示后面的每个信息体都有信息体地址，VSQ 取值 0~127；SQ 取 1，表示只有第一个信息体有信息体地址，后续的信息体是连续的，VSQ 取值 128~255。

（4）传输原因。长度 1 字节，ASDU 常用传输原因（COT）类型清单见表 5-8。

表 5-8   ASDU 常用传输原因（COT）类型清单

COT	解　释	方向（下面为发出方）
4	初始化	子站侧
5	请求/被请求	主站侧/子站侧
6	激活	主站侧
7	激活确认	子站侧
8	停止激活	主站侧
9	停止激活确认	子站侧
10	激活终止	子站侧
13	无所请求数据	子站侧
14	无所请求的 ASDU 类型	子站侧
15	记录地址错误	子站侧
16	虚拟设备地址错误	子站侧
17	无所请求的信息体	子站侧
18	无所请求的累计时段	子站侧
48	时钟同步	主站侧/子站侧

在主站侧，COT 表示命令的请求方式，例如是请求应答（COT=5）或激活上传数据（COT=6）；在子站测，COT 表示应答方式，以及是否有数据待传。

（5）虚拟设备地址。长度 2 字节，高字节在前、低字节在后，指虚拟 RTU 设备地址，一般在终端的采集量超过 255 个才使用。可以将采集量分组，每组即是一个虚拟 RTU 设备。采用虚拟 RTU 设备，可以针对不同需求的主站上传不同的数据，做到数据隔离，节省信道资源，并且起到数据保密作用。

在没有设置虚拟 RTU 设备的情况下，虚拟设备地址一般取 0。

（6）记录地址。长度 1 字节，用来表示同类数据的不同缓冲区类型，已使用的记录地址（RAD）类型已列出，ASDU 常用的 RAD 类型清单见表 5-9。

（7）信息体。在不同的主站命令帧和子站上传数据帧中，信息体有不同的结构。

1）主站命令结构。只选取包含信息体元素或者常用的 ASDU 类型。ASDU 常用的类型清单见表 5-10。

表 5-9 　　　　　　　　　　　　ASDU 常用的 RAD 类型清单

RAD	解　　释
0	缺省
11	电能累计量累计时段 1
12	电能累计量累计时段 2
13	电能累计量累计时段 3
51	全部单点信息
52	单点信息记录区段 1（一般指终端设备的单点信息）
53	单点信息记录区段 2（一般指电能表的单点信息）

表 5-10 　　　　　　　　　　　　ASDU 常用的类型清单

ASDU 类型	VSQ	COT	RAD	信息体
102-单点信息	1	6	0/51/52/53	起始和结束时间，时间信息 a
103-子站时钟	0	5	0	无
120-电能量	1	6	0/11/12/13	起始和结束地址（取值 1~255）； 起始和结束时间，时间信息 a
128-时钟同步	1	48	0	主站系统时间，时间信息 b

2）子站数据结构。

a. 单点信息。每条单点信息的信息体包含 9 字节，单点信息结构如图 5-18 所示，单点信息地址表见表 5-11。

1字节	1字节		7字节
信息体地址（SPA）	高7位	低1位	时间信息b
	单点信息限定词（SPQ）	单点信息状态（SPI）	
详见表5-11中单点信息地址表			详见图5-28中时间信息b定义

图 5-18 　单点信息结构

表 5-11 　　　　　　　　　　　　单点信息地址表

类别	事件	SPA	SPQ	SPI
终端事件	退出系统	180	3	0
	启动系统	1	3	0
	时钟同步	7	5	0
	修改参数	15	1	0

续表

类别	事件	SPA	SPQ	SPI
终端事件	电源故障	3	1	0
	电池故障	4	1	0
	硬件故障	8	1	0
	打印机故障	8	33	0
	通讯模块故障	8	49	0
电能表事件	通讯失败	128	电能表序号	1
	通讯恢复	128	电能表序号	0
	PT失压（发生）	A：135	电能表序号	未使用
		B：136		
		C：137		
	断相（发生）	A：129	电能表序号	未使用
		B：130		
		C：131		
	过压（发生）	A：132	电能表序号	未使用
		B：133		
		C：134		

b. 电能数据。每个累计时段的电能数据分别组帧，公共时标用时间信息 a 表示，位于全部信息体的后面。电能数据结构如图 5-19 所示。

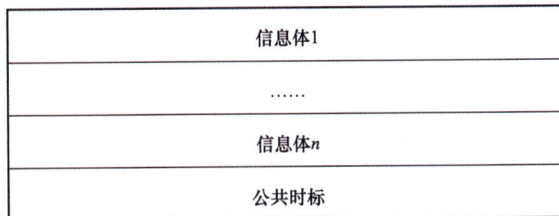

信息体1
……
信息体n
公共时标

图 5-19　电能数据结构

每个电能数据信息体包含 7 字节，电能数据信息体结构如图 5-20 所示。信息体地址对应在子站注册的采集量的编号，取值 1～255。

信息体地址	电能数据	帧计数	电能数据校验
1字节	4字节	1字节	1字节

图 5-20　电能数据信息体结构

帧计数字节定义如图 5-21 所示。

Bit7	Bit6	Bit5	Bit4	Bit3	Bit2	Bit1	Bit0
数据状态	0	0	帧计数				

图 5-21　帧计数字节定义

数据状态位表示信息体中的电能数据是否为有效数据，0 为有效，1 为无效。

帧计数在上传电能数据、分时电量、遥测量时使用，每上传完成一个累计时段的数据，帧计数加 1；如果同一累计时段的数据需要分帧上传，帧计数不变。

电能数据校验是保护电能数据有效的另一个标志，是计算 ASDU 类型标识、虚拟设备地址、记录地址、信息体地址、电能累计量、帧计数及公共时标个字节的算术和取 256 的模。

c. 分时电量。帧结构与电能数据基本相同，差别在于信息体的结构不同；信息体共包含 27 字节，分时电量信息体结构如图 5-22 所示。

1字节	24字节	1字节	1字节
信息体地址	分时电量数据	帧计数	电能数据校验

图 5-22　分时电量信息体结构

除了分时电量数据之外，定义与电能数据信息体中一致；分时电量数据定义如图 5-23 所示。

总电量（4字节）
费率1（4字节）—尖
费率2（4字节）—峰
费率3（4字节）—平
费率4（4字节）—谷
费率5（4字节）—暂未使用

图 5-23　分时电量数据定义

d. 遥测量。遥测量数据结构如图 5-24 所示。

信息体1
……
信息体n
公共时标

图 5-24　遥测量数据结构

历史数据帧包含公共时标，瞬时数据帧中没有。每个遥测量信息体包含 6 字节，遥测量信息体结构如图 5-25 所示。

1字节	4字节	1字节
信息体地址	遥测量数据	数据状态

图 5-25　遥测量信息体结构

信息体地址的取值为 1～255。

数据状态字节定义如图 5-26 所示。

Bit7	Bit6	Bit5	Bit4	Bit3	Bit2	Bit1	Bit0
数据状态	保留（0）						

图 5-26　数据状态字节定义

数据状态位表示信息体中的遥测量数据是否为有效数据，0 为有效，1 为无效。

（8）时间表示。

1）时间信息 a。共 5 字节，表示年、月、日、时、分及周，时间信息 a 定义如图 5-27 所示。

	Bit7	Bit6	Bit5	Bit4	Bit3	Bit2	Bit1	Bit0
分	0	0	分（0～59）					
时	0	备用（0）		时（0～23）				
周/日	周（1～7）			日（1～31）				
月	（未使用）		（未使用）		月（1～12）			
年	（0）	年（0～99）						

图 5-27　时间信息 a 定义

时间信息用于电能数据、分时电量和遥测量历史数据的时标。

2）时间信息 b。共 7 字节，表示年、月、日、时、分、秒、毫秒及周，时间信息 b 定义如图 5-28 所示。

	Bit7	Bit6	Bit5	Bit4	Bit3	Bit2	Bit1	Bit0
毫秒	毫秒（包括秒字节低两位，共 10 位）（0～999）							
秒	秒（0～59）						毫秒	
分	0	0	分（0～59）					
时	0	备用（0）		时（0～23）				
周/日	周（1～7）			日（1～31）				
月	（未使用）		（未使用）		月（1～12）			
年	（0）	年（0～99）						

图 5-28　时间信息 b 定义

时间信息 b 用于单点信息的时标，以及子站系统时间。

5.4.5 报文示例

1. 召唤链路状态

> 主站：10 49 01 00 4A 16
>
> 子站：10 0B 01 00 0C 16

主站报文解析如下：

```
10        // 帧头
49        // 控制字 C,0x49= 0100 1001
```

0	1	0	0	1	0	0	1
保留	下行	FCB	FCV=0，表示关闭 FCB 功能	功能码：0x9，召唤链路状态			

```
01 00     // RTU 地址,低位在前,1
4A        // 校验和
16        // 帧尾
```

子站报文解析如下：

```
10        // 帧头
0B        // 控制字 C,0x0B = 0000 1011
```

0	0	0	0	1	0	1	1
保留	上行	ACD=0，表示无数据上传	DFC=0，表示子站能够接收数据	功能码：0xB，召唤链路状态			

```
01 00     // RTU 地址,低位在前,1
0C        // 校验和
16        // 帧尾
```

2. 复位链路单元

> 主站：10 40 01 00 41 16
>
> 子站：10 20 01 00 21 16

主站报文解析如下：

```
10        // 帧头
40        // 控制字 C,0x40 = 0100 0000
```

0	1	0	0	0	0	0	0
保留	下行	FCB	FCV=0，表示关闭 FCB 功能	功能码：0x0，复位通信单元			

```
01 00     // RTU 地址,低位在前,1
41        // 校验和
16        // 帧尾
```

子站报文解析如下：

```
10        // 帧头
20        // 控制字 C,0x20 = 0010 0000
```

0	0	1	0	0	0	0	0
保留	上行	ACD=1，表示有 I 级数据等待上传	DFC=0，表示子站 可接收数据	功能码：0x0，确认帧， 响应链路复位			

```
01 00     // RTU 地址,低位在前,1
0C        // 校验和
16        // 帧尾
```

3. 读取子站系统时间

> 主站：68 09 09 68 73 01 00 67 00 05 01 00 00 E1 16
>
> 子站：E5
>
> 主站：10 5A 01 00 5B 16
>
> 子站：68 10 10 68 08 01 00 48 01 05 01 00 00 00 EC 15 0D 2D 06 05 9E 16
>
> 子站时间：05 年 6 月 13 日，星期一，13 时 21 分 59 秒。

报文解析：

```
主站：68 09 09 68    //启动字符 68、帧长度 09、帧长度 09、启动字符 68
     73             // 控制字 C,0x73=0111 0011
     01 00          // RTU 地址,1
                    // ASDU 开始
     67             // 类型标识,0x67=103,读采集器的当前系统时间
     00             // VSQ
     05             // COT,请求
     01 00          // 虚拟设备地址,1
     00             // 记录地址 RAD,0
                    // ASDU 结束
     E1             // 校验和
     16             // 帧尾
子站：E5             // 子站回复该字符,表示子站已收到。
主站：10             // 帧头
     5A             // 控制字 C,0x5A = 0101 1010
```

0	1	0	1	1	0	1	0
保留	下行	FCB，翻转该 位表示新命令	FCV=1，表示 启用 FCB 功能	功能码：0xA，召唤链路状态			

```
     01 00          // RTU 地址,低位在前,1
     5B             // 校验和
     16             // 帧尾
主站：68 10 10 68    // 启动字符 68、帧长度 10、帧长度 10、启动字符 68
     08             // 控制字 C,0x08=0000 1000
```

0	0	0	0	1	0	0	0
保留	上行	ACD=0，表示 数据上传完毕	DFC=0，表示 子站可接收数据	功能码：0x8，响应帧，以数据响应请求帧			

```
01 00                 // RTU 地址,1
48                    // 类型标识,0x48=72,采集器的当前系统时间
01                    // VSQ
05                    // COT,被请求
01 00                 // 虚拟设备地址,1
00                    // 记录地址 RAD,0
00 EC 15 0D 2D 06 05  // 时间 b,7 字节。
```

```
// 二进制表示为
//   0  0      E  C    1  5    0  D    2  D    0  6    0  5
// 0000 0000 1110 1100 0001 1001 0000 1101 0010 1101 0000 0110 0000 1001
    毫秒 00   秒 59    分 25    时 13   周 1 日 13   月 6    年 05
9E   // 校验和
16   // 帧尾
```

4. 子站系统时钟同步（对时）

主站时间：05 年 06 月 13 日，星期一，13 时 37 分 37 秒。

主站：68 10 10 68 73 01 00 80 01 30 01 00 00 00 94 25 0D 2D 06 05 24 16

子站：E5

主站：10 5A 01 00 5B 16

子站：68 10 10 68 08 01 00 80 01 30 01 00 00 00 94 25 0D 2D 06 05 B9 16

报文解析：

```
主站：68 10 10 68 73 01 00
     80                          // ASDU 类型标识,0x80=128,时钟同步。
     01 30 01 00 00
     00 94 25 0D 2D 06 05        // 新时间,05 年 06 月 13 日,星期一,13 时 37 分 37 秒。
     24 16
```

子站：E5   // 子站回复该字符,表示子站已收到。

主站：10 5A 01 00 5B 16

子站：68 10 10 68 08 01 00 80 01 30 01 00 00 00 94 25 0D 2D 06 05 B9 16
                                 // 镜像帧确认

5. 采集单点信息

累计时段：05 年 06 月 14 日 00 时 00 分-05 年 06 月 14 日 14 时 00 分。

主站：68 13 13 68 73 01 00 66 01 06 01 00 00 00 00 0E 06 05 00 0E 0E 06 05 22
     16

子站：E5

主站：10 5A 01 00 5B 16

子站：68 13 13 68 08 01 00 66 01 07 01 00 00 00 00 0E 06 05 00 0E 0E 06 05 B8
16

主站：10 7A 01 00 7B 16

子站：68 F3 F3 68 08 01 00 01 1A 05 01 00 00 01 06 00 C4 15 0A 4E 06 05
80 03 00 E4 19 0A 4E 06 05 80 05 00 E4 19 0A 4E 06 05 80 07 00 E4
19 0A 4E 06 05 80 09 00 E4 19 0A 4E 06 05 80 0B 00 E4 19 0A 4E 06
05 80 0D 00 E4 19 0A 4E 06 05 80 0F 00 E4 19 0A 4E 06 05 80 11 00
E4 19 0A 4E 06 05 80 13 00 E4 19 0A 4E 06 05 80 15 00 E4 19 0A 4E
06 05 80 17 00 E4 19 0A 4E 06 05 80 19 00 E4 19 0A 4E 06 05 80 1B
00 E4 19 0A 4E 06 05 80 1D 00 E4 19 0A 4E 06 05 0F 02 00 74 37 0A
4E 06 05 0F 02 00 84 37 0A 4E 06 05 0F 02 00 84 37 0A 4E 06 05 B4
06 00 84 37 0A 4E 06 05 01 06 00 C0 37 0A 4E 06 05 80 03 00 E0 00
0B 4E 06 05 80 05 00 E0 00 0B 4E 06 05 80 07 00 E0 00 0B 4E 06 05
80 09 00 E0 00 0B 4E 06 05 80 0B 00 E0 00 0B 4E 06 05 80 0D 00 E0
00 0B 4E 06 05 0B 16

主站：10 5A 01 00 5B 16

子站：68 F3 F3 68 08 01 00 01 1A 05 01 00 00 80 0F 00 E0 00 0B 4E 06 05
80 11 00 E0 00 0B 4E 06 05 80 13 00 E0 00 0B 4E 06 05 80 15 00 E0
00 0B 4E 06 05 80 17 00 E0 00 0B 4E 06 05 80 19 00 E0 00 0B 4E 06
05 80 1B 00 E0 00 0B 4E 06 05 80 1D 00 E0 00 0B 4E 06 05 B4 06 00
50 37 0D 4E 06 05 01 06 00 CC 38 0D 4E 06 05 B4 06 00 28 39 0D 4E
06 05 01 06 00 14 3A 0D 4E 06 05 80 03 00 E4 00 0E 4E 06 05 80 05
00 E4 00 0E 4E 06 05 80 07 00 E4 00 0E 4E 06 05 80 09 00 E4 00 0E
4E 06 05 80 0B 00 E4 00 0E 4E 06 05 80 0D 00 E4 00 0E 4E 06 05 80
0F 00 E4 00 0E 4E 06 05 80 11 00 E4 00 0E 4E 06 05 80 13 00 E4 00
0E 4E 06 05 80 15 00 E4 00 0E 4E 06 05 80 17 00 E4 00 0E 4E 06 05
80 19 00 E4 00 0E 4E 06 05 80 1B 00 E4 00 0E 4E 06 05 80 1D 00 E4
00 0E 4E 06 05 48 16

主站：10 7A 01 00 7B 16

子站：68 13 13 68 08 01 00 66 01 0A 01 00 00 00 00 0E 06 05 00 0E 0E 06
05 BB 16 (镜像帧结束)

报文解析：

主站：68 13 13 68 73 01 00

　　 66　　　　　　　　　　　　　// ASDU 类型标识,0x66=102,读一个选定时间范围的

带时标的单点信息的记录

```
  01 06 01 00 00
  00 00 0E 06 05              // 起始时间
  00 0E 0E 06 05              // 结束时间
  22 16
```

子站：E5

主站：10 5A 01 00 5B 16   // 控制字 C,5A,其中 0xA 是召唤 I 级用户数据。

子站：68 13 13 68 08 01 00 66 01 07 01 00 00 00 00 00 0E 06 05 00 0E 0E 06

05 B8 16(镜像帧确认)

主站：10 7A 01 00 7B 16   // 控制字 C,7A,其中 0xA 是召唤 I 级用户数据。

子站：68 F3 F3 68 08 01 00 01 1A 05 01 00 00

```
01 06 00 C4 15 0A 4E 06 05      // 01=启动系统
80 03 00 E4 19 0A 4E 06 05      // 0x80=128,通讯失败;SPQ=1 电能表序号;
                                      SPI=1。

80 05 00 E4 19 0A 4E 06 05
80 07 00 E4 19 0A 4E 06 05
80 09 00 E4 19 0A 4E 06 05
80 0B 00 E4 19 0A 4E 06 05
80 0D 00 E4 19 0A 4E 06 05
80 0F 00 E4 19 0A 4E 06 05
80 11 00 E4 19 0A 4E 06 05
80 13 00 E4 19 0A 4E 06 05
80 15 00 E4 19 0A 4E 06 05
80 17 00 E4 19 0A 4E 06 05
80 19 00 E4 19 0A 4E 06 05
80 1B 00 E4 19 0A 4E 06 05
80 1D 00 E4 19 0A 4E 06 05
0F 02 00 74 37 0A 4E 06 05
0F 02 00 84 37 0A 4E 06 05
0F 02 00 84 37 0A 4E 06 05
B4 06 00 84 37 0A 4E 06 05
01 06 00 C0 37 0A 4E 06 05
80 03 00 E0 00 0B 4E 06 05
80 05 00 E0 00 0B 4E 06 05
80 07 00 E0 00 0B 4E 06 05
80 09 00 E0 00 0B 4E 06 05
80 0B 00 E0 00 0B 4E 06 05
80 0D 00 E0 00 0B 4E 06 05
0B 16
```

主站：10 5A 01 00 5B 16

子站：68 F3 F3 68 08 01 00 01 1A 05 01 00 00 80 0F 00 E0 00 0B 4E 06 05 80

11 00 E0 00 0B 4E 06 05 80 13 00 E0 00 0B 4E 06 05 80 15 00 E0 00

0B 4E 06 05 80 17 00 E0 00 0B 4E 06 05 80 19 00 E0 00 0B 4E 06 05

80 1B 00 E0 00 0B 4E 06 05 80 1D 00 E0 00 0B 4E 06 05 B4 06 00 50

37 0D 4E 06 05 01 06 00 CC 38 0D 4E 06 05 B4 06 00 28 39 0D 4E 06

```
05 01 06 00 14 3A 0D 4E 06 05 80 03 00 E4 00 0E 4E 06 05 80 05 00
E4 00 0E 4E 06 05 80 07 00 E4 00 0E 4E 06 05 80 09 00 E4 00 0E 4E
06 05 80 0B 00 E4 00 0E 4E 06 05 80 0D 00 E4 00 0E 4E 06 05 80 0F
00 E4 00 0E 4E 06 05 80 11 00 E4 00 0E 4E 06 05 80 13 00 E4 00 0E
4E 06 05 80 15 00 E4 00 0E 4E 06 05 80 17 00 E4 00 0E 4E 06 05 80
19 00 E4 00 0E 4E 06 05 80 1B 00 E4 00 0E 4E 06 05 80 1D 00 E4 00
0E 4E 06 05 48 16
```

主站：10 7A 01 00 7B 16p

采集量地址：1-4；

累计时段：05年06月14日10时00分-05年06月14日11时00分。

主站：68 15 15 68 73 01 00 78 01 06 01 00 0B 01 04 00 0A 0E 06 05 00 0B
0E 06 05 4B 16

子站：E5

主站：10 5A 01 00 5B 16

子站：68 15 15 68 28 01 00 78 01 07 01 00 0B 01 04 00 0A 0E 06 05 00 0B
0E 06 05 01 16 (镜像帧确认)

主站：10 7A 01 00 7B 16

子站：68 2A 2A 68 28 01 00 02 04 05 01 00 0B 01 00 00 00 00 89 FB 02 00
00 00 00 89 FC 03 00 00 00 00 89 FD 04 00 00 00 00 89 FE 00 0A 4E
06 05 C3 16

主站：10 5A 01 00 5B 16

子站：68 2A 2A 68 28 01 00 02 04 05 01 00 0B 01 00 00 00 00 8A 0B 02 00
00 00 00 8A 0C 03 00 00 00 00 8A 0D 04 00 00 00 00 8A 0E 0F 0A 4E
06 05 16 16

主站：10 7A 01 00 7B 16

子站：68 2A 2A 68 28 01 00 02 04 05 01 00 0B 01 0F 0E 00 00 8B 38 02 00
00 00 00 8B 1C 03 52 5E 01 00 8B CE 04 C3 0C 01 00 8B EE 1E 0A 4E
06 05 A5 16

主站：10 5A 01 00 5B 16

子站：68 2A 2A 68 28 01 00 02 04 05 01 00 0B 01 0F 0E 00 00 8C 48 02 00
00 00 00 8C 2C 03 52 5E 01 00 8C DE 04 C3 0C 01 00 8C FE 2D 0A 4E
06 05 F8 16

主站：10 7A 01 00 7B 16

子站：68 2A 2A 68 28 01 00 02 04 05 01 00 0B 01 0F 0E 00 00 8D 1D 02 00

> 00 00 00 8D 01 03 **52 5E 01 00** 8D B3 04 **C3 0C 01 00** 8D D3 <u>00 0B 4E</u>
> <u>06 05 24 16</u>
>
> 主站：10 5A 01 00 5B 16
>
> 子站：68 15 15 68 08 01 00 78 01 0A 01 00 0B 01 04 00 0A 0E 06 05 00 0B
> 0E 06 05 E4 16(镜像帧结束)

子站：68 13 13 68 08 01 00 66 01 0A 01 00 00 00 00 0E 06 05 00 0E 0E 06
05 BB 16(镜像帧结束)

6. 采集电能数据

报文解析：

主站：68 15 15 68 73 01 00

78	// 类型标识(主站侧),120,读选定时间范围、选定地址范围的积分电能量–表底值。
01 06 01 00	
0B	// 记录地址(RAD),11,电能累计量累计时段1。
01 04	// 起始和结束地址(取值1-255),起01,止04。
00 0A 0E 06 05	// 起始时间,时间信息a。
00 0B 0E 06 05	// 结束时间,时间信息a。
4B 16	

子站：E5

主站：10 5A 01 00 5B 16

子站：68 15 15 68 28 01 00 78 01 07 01 00 0B 01 04 00 0A 0E 06 05 00 0B
0E 06 05 01 16(镜像帧确认)

主站：10 7A 01 00 7B 16

子站：68 2A 2A 68 28 01 00 02 04 05 01 00

0B	// 记录地址(RAD),11,电能累计量累计时段1。
01 00 00 00 00 89 FB	// 电能数据,低字节在前,高字节在后,转换顺序后16进制换算10进制。
02 00 00 00 00 89 FC	
03 00 00 00 00 89 FD	
04 00 00 00 00 89 FE	
00 0A 4E 06 05	
C3 16	

主站：10 5A 01 00 5B 16

子站：68 2A 2A 68 28 01 00 02 04 05 01 00 0B 01 00 00 00 00 8A 0B 02 00
00 00 00 8A 0C 03 00 00 00 00 8A 0D 04 00 00 00 00 8A 0E <u>0F 0A 4E</u>
<u>06 05</u> 16 16

主站：10 7A 01 00 7B 16

子站：68 2A 2A 68 28 01 00 02 04 05 01 00 0B

```
01 0F 0E 00 00 8B 38  // 转换顺序，0x 00000E0F=3599,小数位按实际主站
                         增加。
02 00 00 00 00 8B 1C
03 52 5E 01 00 8B CE
04 C3 0C 01 00 8B EE
1E 0A 4E 06 05
A5 16
```

主站：10 5A 01 00 5B 16

子站：68 2A 2A 68 28 01 00 02 04 05 01 00 0B 01 0F 0E 00 00 8C 48 02 00
00 00 00 8C 2C 03 52 5E 01 00 8C DE 04 C3 0C 01 00 8C FE 2D 0A 4E
06 05 F8 16

主站：10 7A 01 00 7B 16

子站：68 2A 2A 68 28 01 00 02 04 05 01 00 0B 01 0F 0E 00 00 8D 1D 02 00
00 00 00 8D 01 03 52 5E 01 00 8D B3 04 C3 0C 01 00 8D D3 00 0B 4E
06 05 24 16

主站：10 5A 01 00 5B 16

子站：68 15 15 68 08 01 00 78 01 0A 01 00 0B 01 04 00 0A 0E 06 05 00 0B
0E 06 05 E4 16(镜像帧结束)

7. 采集分时电量
报文解析：

采集量地址：1-4；
累计时段：05 年 06 月 12 日 23 时 00 分-05 年 06 月 13 日 01 时 00 分。

主站：68 15 15 68 73 02 00 AA 01 06 02 00 0B 01 04 00 17 0C 06 05 00 01
0D 06 05 7F 16

子站：E5

主站：10 5A 02 00 5C 16

子站：68 15 15 68 28 02 00 AA 01 07 02 00 0B 01 04 00 17 0C 06 05 00 01
0D 06 05 35 16(镜像帧确认)

主站：10 7A 02 00 7C 16

子站：68 7A 7A 68 28 02 00 A0 04 05 02 00 0B 01 64 1D 00 00 00 00 00 00
2A 0E 00 00 A0 04 00 00 9A 0A 00 00 00 BD 02 00 00
00 00 00 00 00 00 00 00 00 00 00 00 00 00 00 00 00 00 00 00 00
BD 03 91 6D 03 00 00 00 00 00 24 20 01 00 F6 3D 01 00 77 0F 01 00
00 00 00 00 00 BF 04 59 CC 02 00
00 00 00 00 00 00 00 00 00 00 E6 00 17 0C 06 05 60 16

主站：10 5A 02 00 5C 16

子站: 68 7A 7A 68 28 02 00 A0 04 05 02 00 0B 01 **65 1D 00 00** **00 00 00 00**

2A 0E 00 00 **A0 04 00 00** **9B 0A 00 00** **00 00 00 00** 01 EA 02 00 00 00

00 00 00 00 00 00 00 00 00 00 00 00 00 00 00 00 00 00 00 00 00 01

E8 03 **CA 6D 03 00** 00 00 00 00 **24 20 01 00** **F6 3D 01 00** **B0 0F 01 00**

00 00 00 00 01 5C 04 **C8 CC 02 00** 00 00 00 00 00 00 00 00 00 00 00

00 00 00 00 00 00 00 00 00 01 80 00 00 <u>00 00 0D 06 05</u> C0 16

主站: 10 7A 02 00 7C 16

子站: 68 7A 7A 68 28 02 00 A0 04 05 02 00 0B 01 **66 1D 00 00** **00 00 00 00**

2A 0E 00 00 **A0 04 00 00** **9B 0A 00 00** **00 00 00 00** 02 ED 02 00 00 00

00 00 00 00 00 00 00 00 00 00 00 00 00 00 00 00 00 00 00 00 00 02

EA 03 **DB 6D 03 00** 00 00 00 00 **24 20 01 00** **F6 3D 01 00** **C1 0F 01 00**

00 00 00 00 02 80 04 **45 CD 02 00** 00 00 00 00 00 00 00 00 00 00 00

00 00 00 00 00 00 00 00 00 02 00 <u>00 01 0D 06 05</u> 0F 16

主站: 10 5A 02 00 5C 16

子站: 68 15 15 68 28 02 00 AA 01 0A 02 00 0B 01 04 00 17 0C 06 05 00 01

0D 06 05 38 16(镜像帧结束)

主站: 68 15 15 68 73 02 00

       AA   // 类型标识(主站侧),170,读指定地址范围和时间范围
                          的复费率积分电能量–表底值。

       01 06 02 00 0B

       01 04

       <u>**00 17 0C 06 05**</u>   // 起始时间,时间信息 a。

       <u>**00 01 0D 06 05**</u>   // 结束时间,时间信息 a。

       7F 16

子站: E5

主站: 10 5A 02 00 5C 16

子站: 68 15 15 68 28 02 00 AA 01 07 02 00 0B 01 04 00 17 0C 06 05 00 01

0D 06 05 35 16(镜像帧确认)

主站: 10 7A 02 00 7C 16

子站: 68 7A 7A 68 28 02 00 A0 04 05 02 00 0B

       01   // 信息体地址。

       64 1D 00 00   // 总电量(4 字节),0x 00001D64=7524;

       00 00 00 00   // 费率1 (4 字节) – 尖,0x 00000000=0;

       2A 0E 00 00   // 费率2 (4 字节) – 峰,0x 00000E2A=3626;

       A0 04 00 00   // 费率3 (4 字节) – 平,0x 000004A0=1184;

       9A 0A 00 00   // 费率4 (4 字节) – 谷,0x 00000A9A=2714;

       00 00 00 00   // 费率5 (4 字节) – 暂未使用

       00 BD

```
      02 00 00 00 00 00 00 00 00 00 00 00 00 00 00 00 00 00 00 00 00 00
00 00 00 00 BD
      03 91 6D 03 00 00 00 00 00 24 20 01 00 F6 3D 01 00 77 0F 01 00 00
00 00 00 00 BF
      04 59 CC 02 00 00 00 00 00 00 00 00 00 00 00 00 00 00 00 00 00 00
00 00 00 00 E6
00 17 0C 06 05
60 16
```

主站：10 5A 02 00 5C 16

子站：68 7A 7A 68 28 02 00 A0 04 05 02 00 0B 01 65 1D 00 00 00 00 00 00

2A 0E 00 00 A0 04 00 00 9B 0A 00 00 00 00 00 00 01 EA 02 00 00

00 00 00 00 00 00 00 00 00 00 00 00 00 00 00 00 00 00 00 01

E8 03 CA 6D 03 00 00 00 00 00 24 20 01 00 F6 3D 01 00 B0 0F 01 00

00 00 00 00 01 5C 04 C8 CC 02 00 00 00 00 00 00 00 00 00 00

00 00 00 00 00 00 00 00 01 80 00 00 0D 06 05 C0 16

主站：10 7A 02 00 7C 16

子站：68 7A 7A 68 28 02 00 A0 04 05 02 00 0B 01 66 1D 00 00 00 00 00 00

2A 0E 00 00 A0 04 00 00 9B 0A 00 00 00 00 00 00 00 02 ED 02 00 00 00

00 00 00 00 00 00 00 00 00 00 00 00 00 00 00 00 00 00 02

EA 03 DB 6D 03 00 00 00 00 00 24 20 01 00 F6 3D 01 00 C1 0F 01 00

00 00 00 00 02 80 04 45 CD 02 00 00 00 00 00 00 00 00 00 00

00 00 00 00 00 00 00 00 00 02 00 00 01 0D 06 05 0F 16

主站：10 5A 02 00 5C 16

子站：68 15 15 68 28 02 00 AA 01 0A 02 00 0B 01 04 00 17 0C 06 05 00 01

0D 06 05 38 16 (镜像帧结束)

5.5 《多功能电能表通信协议》DL/T 645—2007

《多功能电能表通信协议》DL/T 645—2007 是根据《国家发展和改革委员会办公厅关于印发 2006 年行业标准项目计划的通知》（发改办工业〔2006〕1093 号）的安排，对《多功能电能表通信规约》DL/T 645—1997 的修订；规定了多功能电能表与手持单元或其他数据终端设备之间的物理连接、通信链路及应用技术规范；适用于本地系统中多功能电能表与手持单元或其他数据终端设备进行点对点的或一主多从的数据交换方式。

本协议为主—从结构的半双工通信方式。手持单元或其他数据终端为主站，多功能电能表为从站。每个多功能电能表均有各自的地址编码。通信链路的建立与解除均由主站发出的信息帧来控制。每帧由帧起始符、从站地址域、控制码、数据域长度、数据域、帧信息纵向校验码及帧结束符 7 个域组成。每部分由若干字节组成。

5.5.1 字节格式

每字节含 8 位二进制码，传输时加上一个起始位（0）、一个偶校验位和一个停止位（1），共 11 位。字节传输序列如图 5-29 所示，D0 是字节的最低有效位，D7 是字节的最高有效位，先传低位，后传高位。

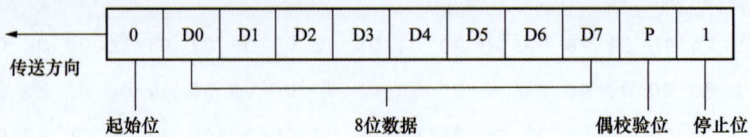

←	0	D0	D1	D2	D3	D4	D5	D6	D7	P	1

传送方向　　　　起始位　　　　　　　　8位数据　　　　　　　偶校验位　停止位

图 5-29　字节传输序列

5.5.2 帧格式

帧是传送信息的基本单元。帧格式如图 5-30 所示。

说　明	代　码
帧起始符	68H
地址域	A0
	A1
	A2
	A3
	A4
	A5
帧起始符	68H
控制码	C
数据域长度	L
数据域	DATA
校验码	CS
结束符	16H

图 5-30　帧格式

具体说明如下：

（1）帧起始符 68H。标识一帧信息的开始，其值为 68H=01101000B。

（2）地址域 A0～A5。由 6 个字节构成，每字节 2 位 BCD 码，地址长度可达 12 位十进制数。每块表具有唯一的通信地址，且与物理层信道无关。当使用的地址码长度不足 6 字节时，高位用"0"补足 6 字节。通信地址 999999999999H 为广播地址，只针对特殊命令有效，如广播校时、广播冻结等。广播命令不要求从站应答。地址域支持缩位寻址，即从若干低位起，剩余高位补 AAH 作为通配符进行读表操作，从站应答帧的地址域返回实际通信地址。地址域传输时低字节在前，高字节在后。

（3）控制码 C。控制码格式如图 5-31 所示。

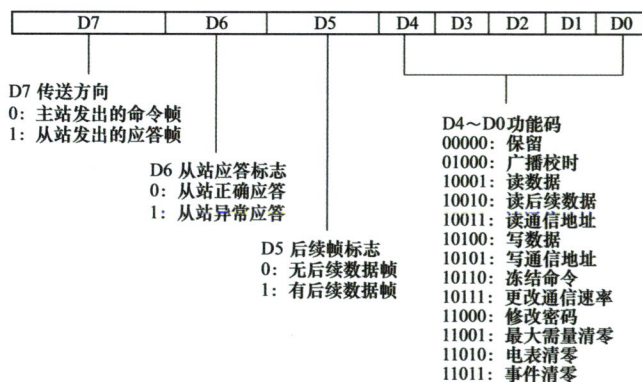

图 5-31　控制码格式

（4）数据域长度 L。为数据域的字节数。读数据时 $L\leqslant 200$，写数据时 $L\leqslant 50$，$L=0$ 表示无数据域。

（5）数据域 DATA。数据域包括数据标识、密码、操作者代码、数据、帧序号等，其结构随控制码的功能而改变。传输时发送方按字节进行加 33H 处理，接收方按字节进行减 33H 处理。

（6）校验码 CS。从第一个帧起始符开始到校验码之前的所有各字节的模 256 的和，即各字节二进制算术和，不计超过 256 的溢出值。

（7）结束符 16H。标识一帧信息的结束，其值为 16H=00010110B。

5.5.3　传输

传输时遵循一定的规则，具体如下：

（1）前导字节。在主站发送帧信息之前，先发送 4 个字节 FEH，以唤醒接收方。

（2）传输次序。所有数据项均先传送低位字节，后传送高位字节。假设电能量值为 123456.78kWh，传输次序如图 5-32 所示。

（3）传输响应。每次通信都是由主站向按信息帧地址域选择的从站发出请求命令帧开始，被请求的从站接收到命令后作出响应。收到命令帧后的响应延时 T_d 范围为 20ms $\leqslant T_d \leqslant 500$ms。字节之间停顿时间 $T_b \leqslant 500$ms。

（4）差错控制。字节校验为偶校验，帧校验为纵向信息校验和，接收方无论检测到偶校验出错或纵向信息校验和出错，均放弃该信息帧，不予响应。

（5）通信速率。标准速率为 600bps、1200bps、2400bps、4800bps、9600bps、19200bps。

默认速率为 2400bps，特殊的速率由厂家自行规定。通信速率特征字如图 5-33 所示，特征字的各位不允许组合使用，0 代表非当前接口通信速率，1 代表当前接口通信速率，修改通信速率时特征字仅在 Bit0～Bit7 一个二进制位为 1 时有效。通信速率的变更首先由主站向从站发变更速率请求，从站发确认应答帧或否认应答帧。收到从站确认帧后，双方以确认的新速率进行以后的通信，并在通信结束后保持更改速率不变。

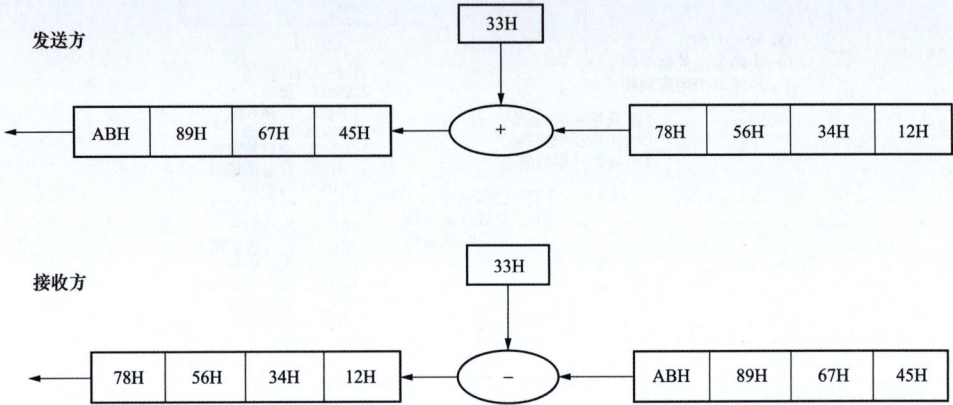

图 5-32　传输次序

Bit7	Bit6	Bit5	Bit4	Bit3	Bit2	Bit1	Bit0
保留	19200bps	9600bps	4800bps	2400bps	1200bps	600bps	保留

图 5-33　通信速率特征字

5.5.4　数据标识

数据标识是《多功能电能表通信协议》DL/T 645—2007 的最核心重要部分，因篇幅限制本小节只做部分指引讲解，详细类型标识内容见 DL/T 645—2007《多功能电能表通信协议》附录数据标识编码表部分。

数据标识说明如下：

（1）数据标识结构。数据标识编码用四个字节区分不同数据项，四字节分别用 DI3、DI2、DI1 和 DI0 代表，每字节采用十六进制编码。数据类型分为电能量、最大需量及发生时间、变量、事件记录、参变量、冻结量、负荷记录七类。

（2）数据标识码标识单个数据项或数据项集合。单个数据项对应的标识码是唯一的标识。当请求访问由若干数据项组成的数据集合时，可使用数据块标识码，实际应用以数据标识编码表定义内容为准。数据项均采用压缩 BCD 码表示（特殊说明的数据项以 ASCⅡ 码表示）。数据标识 DI2、DI1、DI0 中任意一字节取值为 FFH 时（其中 DI3 不存在 FFH 的情况），代表该字节定义的所有数据项与其他三字节组成的数据块。附录数据标识编码使用说明图如图 5-34 所示，包含示例。

图 5-34 附录数据标识编码使用说明图

5.5.5 常用功能举例

1. 读数据

（1）主站请求帧。功能为请求读电能表数据；控制码 C=11H；数据域长度 L=04H+m（数据长度）。

1）帧格式 1（m=0）。主站请求帧帧格式 1 如图 5-35 所示。

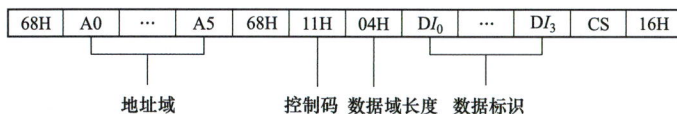

图 5-35 主站请求帧帧格式 1

2）帧格式 2（m=1，读给定块数的负荷记录）。主站请求帧帧格式 2 如图 5-36 所示。

| 68H | A0 | ⋯ | A5 | 68H | 11H | 05H | DI_0 | ⋯ | DI_3 | N | CS | 16H |

负荷记录块数

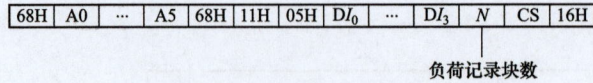

图 5-36　主站请求帧帧格式 2

3）帧格式 3（$m=6$，读给定时间、块数的负荷记录）。主站请求帧帧格式 3 如图 5-37 所示。

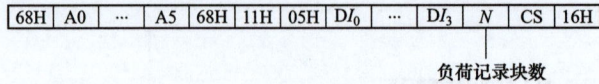

| 68H | A0 | ⋯ | A5 | 68H | 11H | 05H | DI_0 | ⋯ | DI_3 | N | CS | 16H |

负荷记录块数

图 5-37　主站请求帧帧格式 3

（2）从站正常应答帧。控制码 C=91H 时无后续数据帧；C=B1H 时有后续数据帧；数据域长度 L=04H+m（数据长度）。

1）无后续数据帧格式。从站应答无后续数据帧格式如图 5-38 所示。

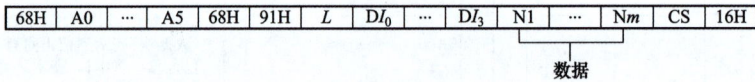

| 68H | A0 | ⋯ | A5 | 68H | 91H | L | DI_0 | ⋯ | DI_3 | N1 | ⋯ | Nm | CS | 16H |

数据

图 5-38　从站应答无后续数据帧格式

2）有后续数据帧格式。从站应答有后续数据帧格式如图 5-39 所示。

| 68H | A0 | ⋯ | A5 | 68H | B1H | L | DI_0 | ⋯ | DI_3 | N1 | ⋯ | Nm | CS | 16H |

图 5-39　从站应答有后续数据帧格式

（3）从站异常应答帧。控制码 C=D1H；数据域长度 L=01H。从站异常应答帧如图 5-40 所示。

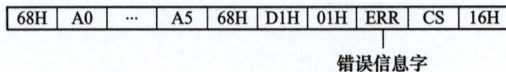

| 68H | A0 | ⋯ | A5 | 68H | D1H | 01H | ERR | CS | 16H |

错误信息字

图 5-40　从站异常应答帧

2. 读后续数据

（1）主站请求帧。功能为请求读后续数据；控制码 C=12H；数据域长度 L=05H。主站请求读后续数据帧格式如图 5-41 所示。

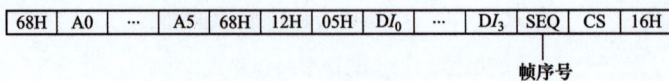

| 68H | A0 | ⋯ | A5 | 68H | 12H | 05H | DI_0 | ⋯ | DI_3 | SEQ | CS | 16H |

帧序号

图 5-41　主站请求读后续数据帧格式

（2）从站正常应答帧。控制码 C=92H 时无后续数据帧；C=B2H 时有后续数据帧；数据域长度 L=05H+m（数据长度）。

1）无后续数据帧格式。从站正常应答无后续数据帧格式如图 5-42 所示。

| 68H | A0 | … | A5 | 68H | 92H | L | DI_0 | … | DI_3 | N1 | … | Nm | SEQ | CS | 16H |

图 5-42　从站正常应答无后续数据帧格式

2）有后续数据帧格式。从站正常应答有后续数据帧格式如图 5-43 所示。

| 68H | A0 | … | A5 | 68H | B2H | L | DI_0 | … | DI_3 | N1 | … | Nm | SEQ | CS | 16H |

图 5-43　从站正常应答有后续数据帧格式

注：读后续数据时，为防止误传、漏传，请求帧、应答帧都要加帧序号。请求帧的帧序号从 1 开始进行加一计数，应答帧的帧序号要与请求帧相同。帧序号占用一个字节，计数范围为 1～255。

（3）从站异常应答帧。控制码 C=D2H；数据域长度 L=01H；从站异常应答帧帧格式如图 5-44 所示。

| 68H | A0 | … | A5 | 68H | D2H | 01H | ERR | CS | 16H |

图 5-44　从站异常应答帧帧格式

3. 读通信地址

（1）主站请求帧。功能为请求读电能表通信地址，仅支持点对点通信；地址域为 AA……AAH；控制码 C=13H；数据域长度 L=00H。主站读通信地址帧格式如图 5-45 所示。

| 68H | AAH | … | AAH | 68H | 13H | 00H | CS | 16H |

图 5-45　主站读通信地址帧格式

（2）从站正常应答帧。控制码 C=93H；数据域长度 L=06H。从站正常应答数据帧格式如图 5-46 所示。从站异常不应答。

| 68H | A0 | … | A5 | 68H | 93H | 06H | A0 | … | A5 | CS | 16H |

图 5-46　从站正常应答数据帧格式

6 采集设备安装及调试

对关口计量点电能信息进行采集的设备，可以实现对电能表信息的采集、存储、处理和传输。按应用场合分为统调电厂采集终端、变电站采集终端、地方电厂采集终端（统称厂站终端），按安装方式不同分为机架式终端、壁挂式终端。机架式终端安插于机柜中，标准占据 3U 空间，而壁挂式终端则与屏位中三相电表体积、固定方式相似。终端可以根据需要灵活配置各种类型采集模块和通信模块，一般安装在标准电量采集屏柜内的采集终端，变电站电能量采集屏如图 6-1 所示。

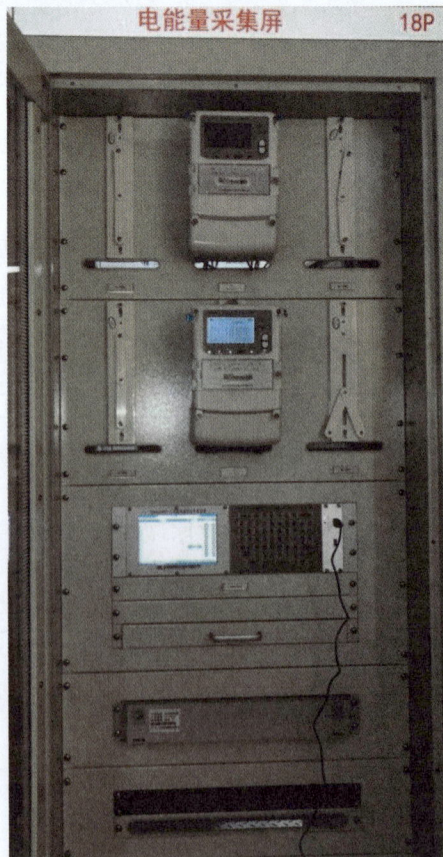

图 6-1 变电站电能量采集屏

6.1　安装调试准备工作

安装前，需要和施工人员确认好以下物品准备：

（1）电源。需要确认现场一路电源还是双电源，电源线需要提前准备。注意，一定要接上接地保护线。

（2）确认与主站的通信方式。如是无线，需准备好 SIM 卡；如是以太网，需准备好网线，并确认好上传到主站时是专用 APN 通道还是以太网通道，还要确认 IP 地址、子网掩码、网关及与主站通信的端口等通信参数。

（3）确认采集组。在主站建档时明确"所属采集组"，主站建档采集组如图 6-2 所示。如使用 SIM 卡走专用 APN 通道，则"所属采集组"填 3，即为三区采集；如使用以太网则走调度数据网，则"所属采集组"填 2，即为二区采集。

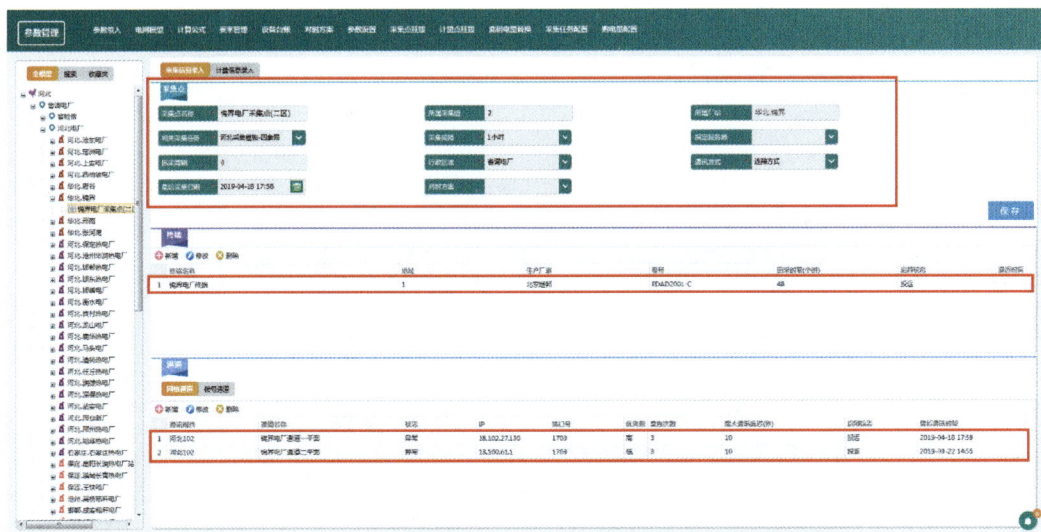

图 6-2　主站建档采集组

6.2　安　装　接　线

（1）接电源线。现场固定好屏柜中厂站位置后，先接电源线。接好交直流两路电源线，尽量使用端子排接线，没条件的可以使用插头接线；需注意，交流电的火线 L、零线 N 及直流的"+""–"，黄绿色 PE 线接地。接好线后，分别打开交直流开关，确认是否能够给设备供电。

（2）485接线。485接线需要注意AB线不能接反，与表端一致。每个485口尽量保持表数在20块以下（没有定数，表的多少影响采集速度，太多可能一个周期不能够采集完全部电表），最多不能超过32块表计。

在现场确认好每块表的协议及表地址，可在屏幕或者使用调试软件配置好档案进行抄表测试。现场不抄表可能出现的问题包括档案中选择的485通道与实际不一致、AB线接反、表地址或者协议选择错误等。

（3）接上行网络通信。如果使用以太网通信，则配置好该口的参数，选择好上行协议。选择GPRS则配置好通信参数。

6.3　上行参数设置

终端上电之后，在上行管理中可以配置上行参数，一般有以太网连接信息、网络测试、无线连接信息、IEC 61850服务设置。上行参数如图6-3所示。

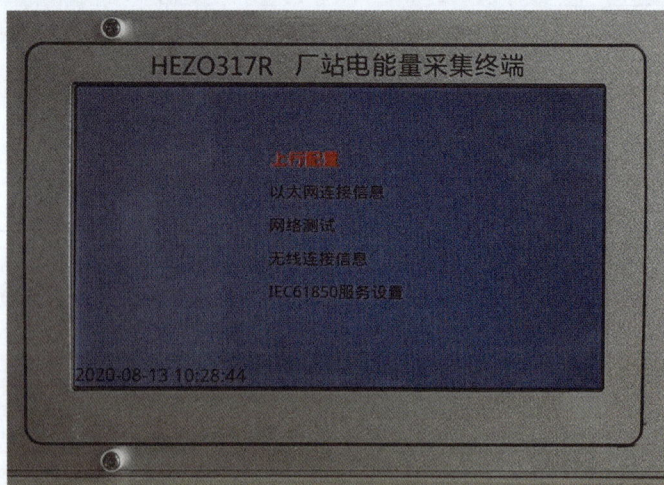

图6-3　上行参数

通道选择分为无线、ETH口、RS232及MODEM类，根据现场使用通道进行配置。此配置需要在现场安装设置，提前与主站沟通好上行方式。

注意，每路通道的终端地址、端口、IP等信息均独立，不会相互影响，支持多主站登录。

与主站通信参数设置"完成"要给主站提供完成的上行信息，包括设备厂家、型号、IP地址及端口、所属采集组、所属行政区域等重要信息，以便主站完成采集点信息、终端信息及通道信息收集。主站按照厂站提供信息进行录入，即可核对通道是否通畅、端口是否可以访问，以便于后期的数据传输。

以太网连接信息如图 6-4 所示，可查询各以太网口的状态、是否登录，用于排查以太网登录问题。

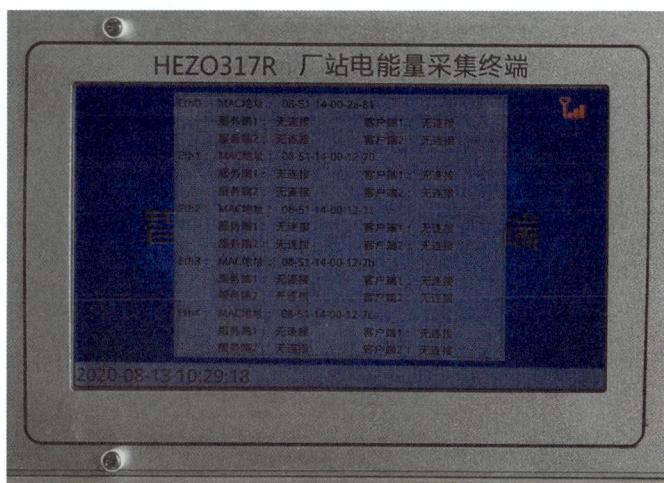

图 6-4 以太网连接信息

网络测试用于终端和主站通信测试功能，用于 ping 主站服务器地址，检查网络是否畅通，网络测试如图 6-5 所示。

图 6-5 网络测试

6.4 对下行参数设置（电表参数设置）

在电量采集终端下行参数中，一般包括档案管理、采集任务、电表通讯状态、通道切换、抄表测试等功能。下行参数如图 6-6 所示。

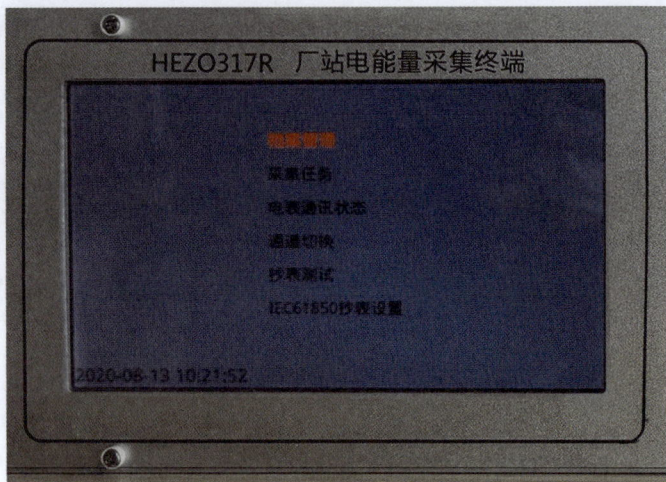

图 6-6　下行参数

一般终端选择添加档案，进入档案填写界面添加，可选择逐个添加或批量添加。添加完后按取消键返回，此时需要选择保存才能输入到终端中。假如输入有问题，可以选择清除表格，将下面的档案清除。就如同 Excel 表格一样，在添加完档案后，需要点击保存，才会存储到终端。

添加档案时需注意配置电表序号、电表速率、规约、地址、接线方式及终端采集通道号等，在添加表计信息完成后可进行通讯测试，检测所配置参数是否能够抄读成功。

由此可见，在现场加表时，要收集每块电表的全部信息，除终端录入采集信息外，主站录入电表信息更为详细，主站录入电表信息如图 6-7 所示。

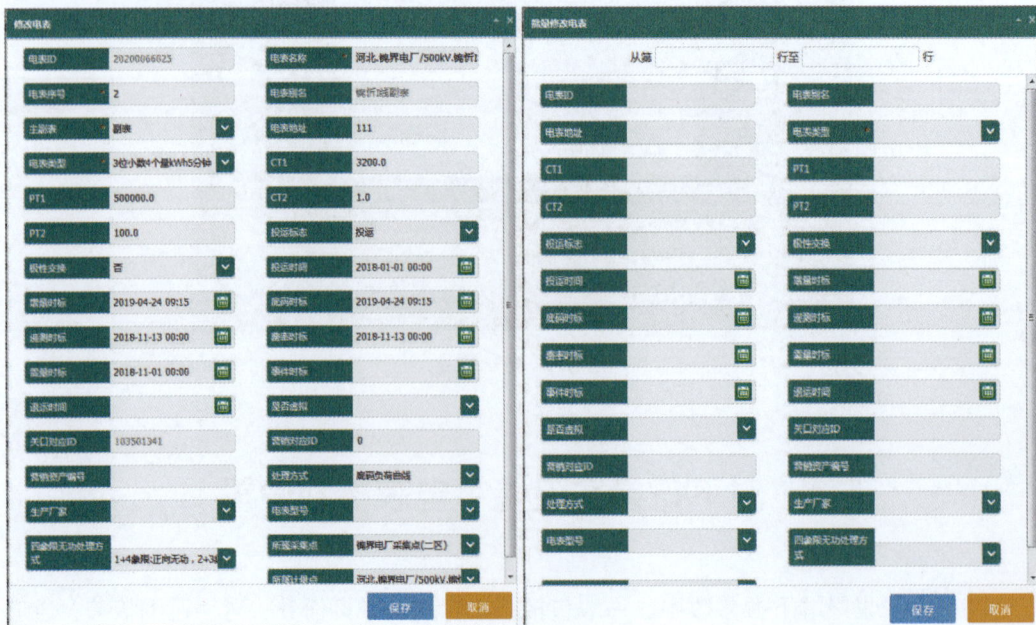

图 6-7　主站录入电表信息

终端在采集电表底码时，只需要电表的通信参数（电表速率、规约、地址、接线方式及终端抄表口）。而在终端将存储的电表底码传送主站时，则需根据终端里电表序号对应到主站计量点信息里的电表序号，以河北 102 规约为例，终端规定按采集分为 3 个缓冲区，终端缓冲区为 1，在主站中电表地址为 111，终端缓冲区为 2，在主站中电表地址为 112，终端缓冲区为 3，在主站中电表地址为 113。电表只采集 4 个量时，录入 1 缓冲区，采集 22 个量时，优先录入 2 缓冲区，当 2 缓冲区满时（11 个电表），录入 3 缓冲区。22 个采集量顺序及代码见表 6-1，4 个采集量顺序及代码见表 6-2。

表 6-1　　　　　　　　　　　22 个采集量顺序及代码

序号	名称	代码	序号	名称	代码
1	正向有功总	+A	12	第二象限无功	R2
2	正向有功尖值	+A1	13	第三象限无功	R3
3	正向有功峰值	+A2	14	第四象限无功	R4
4	正向有功平值	+A3	15	正向有功最大需量	D_{max}
5	正向有功谷值	+A4	16	有功功率总	P
6	反向有功总	−A	17	A 相电流	L_a
7	反向有功尖值	−A1	18	B 相电流	L_b
8	反向有功峰值	−A2	19	C 相电流	L_c
9	反向有功平值	−A3	20	A 相电压	U_a
10	反向有功谷值	−A4	21	B 相电压	U_b
11	第一象限无功	R1	22	C 相电压	U_c

表 6-2　　　　　　　　　　　4 个采集量顺序及代码

序号	名称	代码	序号	名称	代码
1	正向有功总	+A	3	正向无功总	+R（R1+R2）
2	反向有功总	−A	4	反向无功总	−R（R3+R4）

6.5　与主站对数

调试完后，查看电表通讯状态是否成功、数据是否抄读成功，然后和后台核对数据，数据无误后方可离场。与主站对数界面如图 6-8 所示。

图 6-8　与主站对数界面

6.6　信息表填写

每一个变电站调试完成后，都需要做一个变电站终端信息表，变电站电量采集终端档案信息表见表 6-3。

表 6-3　　　　　　　　　变电站电量采集终端档案信息表

<table>
<tr><td colspan="9">变电站电量采集终端档案信息表</td></tr>
<tr><td rowspan="2">厂站
信息</td><td>厂站名称</td><td></td><td>电压等级</td><td></td><td colspan="2">负责人</td><td>联系电话</td><td></td></tr>
<tr><td>地区</td><td></td><td>终端数量</td><td></td><td colspan="2">核查日期</td><td></td><td></td></tr>
</table>

<table>
<tr><td rowspan="4">终端
信息</td><td colspan="2">名称</td><td>厂家</td><td>型号</td><td>终端
地址</td><td>数据
存储期</td><td>缓冲区</td><td>采集周期</td><td>电表数量</td></tr>
<tr><td colspan="2"></td><td></td><td></td><td></td><td></td><td></td><td></td><td></td></tr>
<tr><td colspan="2"></td><td></td><td></td><td></td><td></td><td></td><td></td><td></td></tr>
<tr><td colspan="2"></td><td></td><td></td><td></td><td></td><td></td><td></td><td></td></tr>
</table>

<table>
<tr><td rowspan="3">网络
信息</td><td>通信方法</td><td>通信规约</td><td>IP</td><td>掩码</td><td>网关</td><td>端口</td><td>主站 IP</td><td>备注</td></tr>
<tr><td></td><td></td><td></td><td></td><td></td><td></td><td></td><td></td></tr>
<tr><td></td><td></td><td></td><td></td><td></td><td></td><td></td><td></td></tr>
</table>

续表

电表信息												
缓冲区	电表序号	设备名称	RS-485	表地址	规约	表计厂家	表计型号	PT 变比	CT 变比	类型	精度	营销表资产编号
电表接入的终端缓冲区编号	电表在缓冲区中的序号	请填写调度命名+主副表，如：500kV 清保一线主表	电表连接终端RS485哪个口	终端采集电表所需的表计地址	终端采集电表所用的规约	表计的生产商	电表的型号	220k:100	800:1	河北电表分4个量和22个量的电表	电表的精度，能测量几位小数	营销部门的电表资产编号，电表唯一标志

参 考 文 献

［1］国家电网有限公司. 智能电能表功能规范：Q/GDW 10354—2020［S］. 北京：中国电力出版社，2020.

［2］国家电网有限公司. 三相智能电能表型式规范：Q/GDW 10356—2020［S］. 北京：中国电力出版社，2020.

［3］国家电网有限公司. 三相智能电能表技术规范：Q/GDW 10827—2020［S］. 北京：中国电力出版社，2020.

［4］国家电网有限公司. 变电站电能量采集终端技术规范：Q/GDW 11204—2014［S］. 北京：中国电力出版社，2020.

［5］中华人民共和国国家经济贸易委员会. 远动设备及系统 第5部分 传输规约 第102篇：电力系统电能累计量传输配套标准：DL/T 719—2000［S］. 北京：中国电力出版社，2001.

［6］中华人民共和国电力行业标准. 多功能电能表通信协议：DL/T 645—2007.

［7］王刚. 变电站监控系统实用技术［J］. 北京：中国电力出版社，2020.

［8］樊昌信. 通信原理［J］. 国防工业出版社．2014.

［9］南利平，李学华，王亚飞，等. 通信原理简明教程［J］. 北京：清华大学出版社．2014.

［10］严伟、潘爱民. 计算机网络［J］. 北京．清华大学出版社．2013．216-230.